高等职业教育教材

"十二五"职业教育国家规划教材

经全国职业教育教材审定委员会审定

# 化工生产仿真实训

## 第三版

徐　宏　时光霞　主　编

黄　铃　付长亮　副主编

许重华　主　审

U0230804

化学工业出版社

·北　京·

## 内容简介

本书以"认识化工生产—理解化工基本知识—掌握典型化工单元操作—了解典型化工产品生产"为主线，采用模块化、项目引领、任务驱动的编写模式。内容由四大模块组成，即化工生产仿真实训预备知识、化工单元操作实训、典型化学反应器操作实训、典型化工产品生产操作实训。编写过程注重学生的学习体验，充分利用信息技术，将软件操作方法、工艺过程原理、设备结构和原理等视频动画以二维码的形式链接在相关学习内容中，便于学生理解和掌握。力求通过化工生产仿真实训使学习者对化工过程和化工生产的理解有所提高，初步形成岗位分析能力、岗位操作技能、岗位安全意识。

本书可作为高等职业教育化工、医药、轻工等专业学生的教材，也可作为企业人员技能培训、岗位培训的教材，亦可作为相关专业师生和企业技术人员的参考书。

**图书在版编目（CIP）数据**

化工生产仿真实训/徐宏，时光霞主编. —3 版. —北京：
化学工业出版社，2022.2 （2024.8重印）
高等职业教育教材."十二五"职业教育国家规划教材
ISBN 978-7-122-40340-7

Ⅰ.①化… Ⅱ.①徐… ②时… Ⅲ.①化工生产-系统仿真-
高等职业教育-教材 Ⅳ.①TQ06

中国版本图书馆 CIP 数据核字（2021）第 241958 号

责任编辑：窦 臻 提 岩　　　　　　　　　文字编辑：林 媛
责任校对：宋 玮　　　　　　　　　　　　装帧设计：张 辉

出版发行：化学工业出版社（北京市东城区青年湖南街 13 号　邮政编码 100011）
印　　装：河北延风印务有限公司
787mm×1092mm　1/16　印张 16　字数 409 千字　2024 年 8 月北京第 3 版第 6 次印刷

购书咨询：010-64518888　　　　　　　　售后服务：010-64518899
网　　址：http://www.cip.com.cn
凡购买本书，如有缺损质量问题，本社销售中心负责调换。

定　　价：46.00 元

# 前 言

　　本教材由南京科技职业学院徐宏教师牵头，组织徐州工业职业技术学院、湖南化工职业技术学院、河南应用技术职业学院四所高职院校教学一线的教师、两家企业一线的生产技术人员组成的编写团队完成。宗旨是满足职业院校化工类专业学生实训、实习的需求，同时满足企业岗位一线生产人员岗位技能培训的需要。本书第一版自 2010 年正式出版以来被不同的职业院校和企业培训中心采用。于 2012 年获得中国石油和化学工业优秀出版物奖（教材奖）二等奖，本书第二版被评为"十二五"职业教育国家规划教材和江苏省"十二五"高等学校重点教材。

　　根据多年的教学实践及使用者反馈的意见表明，本书原有的编写架构和模式能够满足学校教学和企业人员培训的需要。随着信息技术和移动网络技术的飞速进步，远程学习、随时学习成为现实。本次修订对部分内容进行了删减、修改，删除了原第四模块中的项目三乙醛氧化生产乙酸操作实训，因该生产方法在现有的生产工艺中已经淘汰，修订了模块一第一章的部分内容，取消了原有教材配套的学习资源光盘。本次修订的特色就是随教学内容增配了软件操作方法、工艺过程原理、重点单元设备运行原理、各类控制阀操作原理等视频动画，并通过二维码的形式呈现给读者，读者可使用手机扫码学习。

　　本次修订再版工作仍然由原编写团队完成。书中二维码链接的素材资源均由北京东方仿真软件技术有限公司提供技术支持，在此表示感谢！

　　由于编者水平有限，书中的不妥之处，敬请读者提出批评、建议和改进意见，编者不胜感激。

编　者
2021 年 10 月

# 第一版前言

化学工业作为国民经济的支柱产业，其生产技术日新月异。生产能力的不断提高使得生产装置大型化、生产过程连续化、控制过程高度自动化。而化工生产过程自身的不安全因素——高温、高压、易燃易爆等，也对化工行业的从业人员提出了更高的技能和素质的要求。因此，采用安全、有效、经济的人员培训手段是职业教育孜孜以求的。化工仿真技术提供了一种人员培训平台，其与当前化工行业一致的主流操作系统风格，良好的人机界面和操作练习系统，适用的教学评价系统，都为学生的技能培训、企业人员培训提供了全新的技术手段。

本书以"认识化工生产—化工生产基本知识—典型化工单元操作—典型化工生产项目"为主线，结合当前高职院校教学改革的思路采用模块化、项目引领、任务驱动的编写模式；注重学生在学中练，在练中学；并将教学过程中，所需理论知识以知识点的形式列出，帮助学生加深对化工生产过程的理解；力求通过化工仿真实训提高学生对化工过程的理解能力，使学生初步形成化工生产过程的分析能力和岗位技能，为学生未来更好地适应工作岗位打下良好的基础。同时，在教材的编写过程中，每个项目都提出了安全要求，注重学生安全习惯和安全理念的培养。

全书共由四个模块组成，第一个模块化工仿真实训预备知识；第二个模块化工单元操作实训，共由3个单元、12个项目组成；第三个模块典型反应器操作实训，共由3个项目组成；第四个模块典型化工产品生产操作实训，共由4个单元、11个项目组成。

在教学过程中，各院校可根据专业培养目标、教学大纲、授课时数，并结合本地区化工行业的实际等因素对教材的内容进行取舍。

本书由南京化工职业技术学院徐宏担任主编，徐州工业职业技术学院时光霞、湖南化工职业技术学院黄铃任副主编，北京东方仿真软件技术有限公司许重华任主审。全书共由四个模块组成，模块一、模块三由徐宏编写；模块二中第一单元、模块四中第三单元由时光霞编写；模块二中第二单元、第三单元，模块四中第四单元由黄铃、包巨南（湖南化工职业技术学院）编写；模块四中第一单元、第二单元由戴斌（南京化工职业技术学院）编写。北京东方仿真软件技术有限公司许声标、覃阳等为本书的编写做了大量的工作。同时，在本书的编写过程中得到了化学工业出版社及各编者老师所在单位，以及南京化工职业技术学院许宁教授大力支持，在此一并表示感谢！

由于编者水平有限，书中的不妥之处，敬请读者提出批评、建议和改进意见，编者不胜感激。

编　者
2010 年 4 月

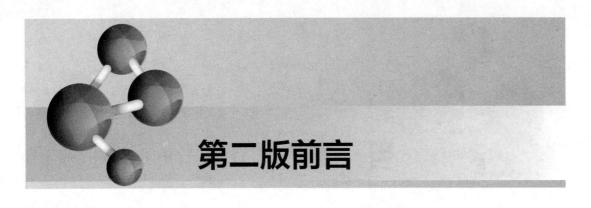

# 第二版前言

本书第一版于 2010 年 6 月出版，编写主线是以化工产品为教学项目，生产过程为教学任务，较好地把握了职业教育的教学规律和特点，并借助现代信息、仿真、控制等技术，将复杂、危险的化工生产过程再现于教学课程，基本上解决了学生实训、实习难的问题。整本教材编排科学合理、内容实用，因此在高职院校以及企业员工培训中得到了广泛的应用。2012 年本教材荣获中国石油和化学工业优秀出版物奖（教材奖）二等奖。

经过两年的教学实践，编者根据实际使用情况反馈，将第一版教材中的部分内容做了适当的调整，并在新版的修订过程中，邀请了有经验的一线教师和化工生产企业的工程技术人员参与编写工作，在内容的编排上由浅入深、重点突出、学以致用，将仿真操作、设备操作与理论知识相互渗透，尽可能地体现当前高职高专的"做中学、学中教"的教学模式，进一步强化了学生的岗位安全意识。经全国职业教育教材审定委员会审定为"'十二五'职业教育国家规划教材"。

全书主要内容由四个模块组成：第一个模块为化工生产仿真实训预备知识，共分四章；第二个模块为化工单元操作实训，共由三个单元、十二个项目组成；第三个模块为典型反应器操作实训，共由三个项目组成；第四个模块为典型化工产品生产操作实训，共由七个项目组成。

本次修订还增加了配套光盘，内容包括：教师站软件使用说明、网上仿真学习资源、化工生产仿真实训教学案例、化工生产仿真实训单元详细介绍、仿真在线客户端等，以方便教师教学和学生自学。

本次修订由南京化工职业技术学院徐宏和徐州工业职业技术学院时光霞任主编，湖南化工职业技术学院黄铃、河南化工职业技术学院付长亮任副主编，北京东方仿真软件技术有限公司总经理许重华任主审。全书共由四个模块组成，模块一中第一章一和三、第二章、第三章中第一节和第二节、第四章，模块三由徐宏编写；模块一中第一章二、第三章第三节，模块四中项目三、四由付长亮编写；模块二中第一单元，模块四中项目五、六、七由时光霞编写；模块二中第二单元、第三单元，模块四中项目一由黄铃、包巨南（湖南化工职业技术学院）编写；模块四中项目二由江苏联化科技有限公司戴斌编写。教材的编写过程得到了北京东方仿真软件技术有限公司的大力支持，北京东方仿真软件技术有限公司陈思、覃阳等为本书的编写做了大量的工作。同时，在本书的编写过程中得到了化学工业出版社及各编者老师所在单位的大力支持，在此一并表示感谢！

由于编者水平有限，书中的不妥之处，敬请读者提出批评、建议和改进意见，编者不胜感激。

编　者
2014 年 2 月

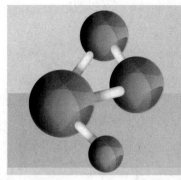

# 目 录

## 模块一 化工生产仿真实训预备知识

# 模块二　化工单元操作实训

## 模块三　典型反应器操作实训

# 模块四　典型化工产品生产操作实训

## 二维码资源目录

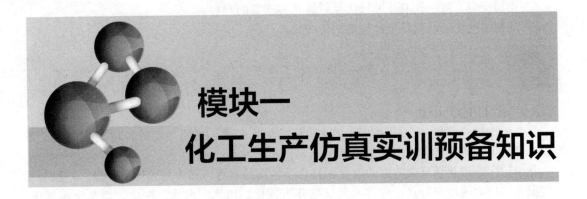

# 模块一
# 化工生产仿真实训预备知识

**学习指南**

**知识目标** 认识化工生产过程、DCS 系统、STS 仿真培训系统，了解相关知识。
**能力目标** 能正确地使用 STS 仿真培训系统，掌握一种专用键盘的操作方法。
**素质目标** 注意严谨的学习态度和操作习惯的培养。

# 第一章　化工生产过程与操作

　　人们利用化学过程和物理过程，将自然界中存在的天然资源转变为满足社会需要的产品的过程就是化工生产过程。一般其过程大致由三个部分组成：
　　① 原料的预处理，按化学反应的要求，将原料进行净化等操作；
　　② 化学反应，将一种或几种反应原料转化为所需的产物；
　　③ 产物的纯化，以获得符合规格的纯净化工产品。

## 第一节　化工生产过程

### 一、化工生产工序

　　化工生产过程是将多个单元化学反应和化工单元操作，按照一定的规律组成的生产系统。其系统中包括化学、物理的加工工序。

　　化学工序：以化学反应的方式改变物料化学性质的过程，称为单元反应过程。一般单元反应根据其反应规律和特点，可将单元反应分为磺化、硝化、卤化、酰化、烷基化、氧化、还原、缩合、水解等。

　　物理工序：只改变物料的物理性质而不改变其化学性质的生产操作过程，称为化工单元操作过程。一般化工单元操作过程根据其操作过程的特点和规律可分为流体输送、传热、蒸馏、蒸发、干燥、结晶、萃取、吸收、吸附、过滤、破碎等。

### 二、化工生产过程组成

　　化工产品种类名目繁多，性质各异。不同的产品，其生产过程差异比较大。即使同一产品，原料路线的选择和加工方法不同，其生产过程也不尽相同。但无论产品和生产方法如何变化，一个化工生产过程一般都包括：原料的预处理和净化、化学反应过程、产品的分离与提纯、"三废"处理与综合利用等，如图 1-1 所示。

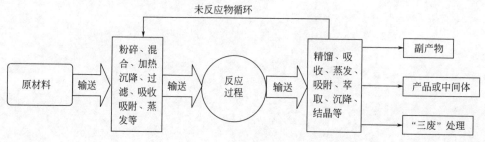

图 1-1　化工生产过程

## 三、化工生产基本知识

### 1. 化工原料

（1）化工基础原料　基础原料指用来加工化工基本原料和产品的天然原料。通常指石油、天然气、煤和生物质以及空气、水、盐、矿物质和金属类矿等自然资源。

（2）化工基本原料　基本原料指自然界不存在，经过加工后得到的原料。一般是指低碳原子的烷烃、烯烃、炔烃、芳香烃和合成气、三酸（硫酸、盐酸、硝酸）、二碱（氢氧化钠、碳酸钠）、无机盐等。

（3）辅助材料　在化工生产中，除了必须有原料外，还必须消耗各类辅助材料，它在生产的各个环节都可能用到。常用的辅助材料主要有助剂、溶剂、添加剂、催化剂等。

### 2. 化工产品

（1）化工产品的概念　原料经过一系列化学、物理过程所得到的目的产物称为化工产品。一种物质是原料还是产品不是绝对的，要根据实际生产过程的需要才能确定，可能有时是原料，有时又是产品。

（2）化工生产主要产品　化工产品是原料经过一系列的化学过程转化而来的，它是为了满足某种需要生产的。因此，产品的多样性是必然的。一般主要有无机化工产品、基本有机化工产品、高分子化学品、精细化学品等。

### 3. 化工生产过程

（1）化工生产工艺指标

① 反应时间。指反应物的停留时间或接触时间，一般用空间速率和接触时间两项指标表示。

② 操作周期。在化工生产中，某一产品从原料准备、投料升温、各步单元反应，直到出料，所有操作时间之和为操作周期，也称之为生产周期。

③ 生产能力与生产强度。生产能力一般指一台装置、一台设备或一个工厂，在单位时间内生产的产品量或处理的原料量。生产强度指单位容积或单位面积的设备在单位时间内生产的产品量或加工的原料量。

④ 反应转化率、选择性、收率。它们分别反映了原料通过反应器后的反应程度、原料生成目的产物的量，即原料的利用率。

⑤ 消耗定额。主要有原料消耗定额和公用工程的消耗定额。

（2）化工生产过程影响因素

① 生产能力影响因素。主要有设备、人员素质和化学反应进行的状况等。

② 化学反应过程影响因素。温度、压力、原料配比、物料的停留时间、反应过程工艺优化的目标。

（3）化工生产过程检测与操作控制

① 工艺参数的确定。温度、压力、原料配比、反应时间和转化率、催化剂等。

② 操作控制。主要控制点和控制范围。

a. 一般主要控制点。温度、压力、压差、流量、液位等。

b. 控制方法。测量指标、测量记录、给定自调、自动控制、控制阀的位置、仪表自控、自调装置的位置及操作等。

c. 控制范围。主要工艺参数的控制范围。

d. 工艺操作规程。

③ 操作控制方案。操作人员根据工艺操作规程所要求的控制点，以及相关的工艺参数操作控制，完成合格产品的生产。

## 一、化工生产装置的基本操作

根据装置所处的状态，可将化工生产装置分为初始状态、运行状态和事故状态。初始状态指设备内无物料，各生产参数都为常温常压的初始状态。对于连续稳定的生产装置，运行状态指设备内有物料，可以进行生产的状态。运行状态又可分为正常运行状态和非正常运行状态。正常运行状态指设备内各生产参数都基本达到理想值的状态，而非正常运行状态指各生产参数与理想值有偏差的状态。事故状态指设备出现故障或参数超出警戒值，生产无法正常进行的状态。

化工生产操作主要有冷态开车、正常维护、正常停车、事故处理等。冷态开车指将化工生产装置由初始状态操作到正常运行状态的过程，是装置启动的过程，是所有操作过程中最复杂的一个。正常停车指将化工生产装置由正常运行状态操作到初始状态的过程，是将化工生产装置停下来的过程。正常维护指将偏离理想值的参数调回至理想值，使装置由非正常运行状态返回正常运行状态的过程，是生产装置操作工所完成的主要操作。事故处理指将装置由

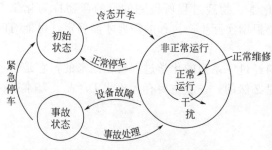

图 1-2　化工生产装置的状态

事故状态恢复到正常运行状态或初始状态的一系列操作。

化工生产装置的状态和化工生产操作密切相关，两者之间的关系可用图 1-2 表示。

## 二、化工生产常用参数的控制与调节

化工生产中最常见的参数是温度、压力、液位、流量，下面仅对它们出现的情况及调节方法给予简单介绍。

### 1. 液位控制与调节

化工生产中常需要控制容器或设备内液位的高低。如图 1-3（a）所示的系统中设备内液位 $H$ 的高低，取决于进入设备的流量 $F_1$ 和流出设备的流量 $F_2$ 的相对大小。如果 $F_1 = F_2$，设备中无物料积累，则液位高度 $H$ 恒定；如果 $F_1 > F_2$，设备中的物料增加，液位高度 $H$ 上升；如果 $F_1 < F_2$，设备中的物料减少，液位高度 $H$ 下降。

如果 $F_1 > 0$（有物料流入），而 $F_2 = 0$（无物料流出），则设备内的液位高度 $H$ 必将不断增长，无论如何都不会静止不动或下降。相反，如果 $F_1 = 0$（无物料流入），而 $F_2 > 0$

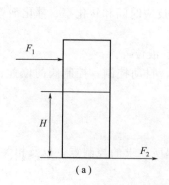

图 1-3　液位控制

（有物料流出），则设备内的液位高度 $H$ 必将不断下降，无论如何都不会静止不动或上升。

要想让设备内的液位高度 $H$ 上升，所能采取的办法是增大 $F_1$，或减小 $F_2$；要想让设备内的液位高度 $H$ 下降，所能采取的办法是减小 $F_1$，或增大 $F_2$。

**2. 压力控制与调节**

如图 1-3(b) 所示的系统中，设备内的压力 $p$ 主要取决于氮气充气量 $F_1$ 和放气量 $F_2$ 的大小。如果 $F_1 = F_2$，不充气也不放出气体，设备内的压力稳定；如果 $F_1 > 0$，$F_2 = 0$，只充气，不放气，设备内的压力升高；如果 $F_1 = 0$，$F_2 > 0$，只放气，不充气，设备内的压力下降。

当 $F_1 > 0$，$F_2 = 0$ 时，设备内的压力 $p$ 将一直上升，不可能下降；当 $F_1 = 0$，$F_2 > 0$ 时，设备内的压力 $p$ 将一直下降，不可能上升。

当设备内的压力 $p$ 偏高时，需开大 $F_2$ 放气，可使设备内的压力 $p$ 减小；当设备内的压力 $p$ 偏低时，需开大 $F_1$ 充气，可使设备内的压力增大。

另外，设备内的压力 $p$ 还与液位高度 $H$ 有关。当设备内的液位高度 $H$ 上升，设备上部的空间被压缩，设备内的压力 $p$ 升高；当设备内的液位高度 $H$ 下降，设备上部的空间扩张，设备内的压力 $p$ 下降。

**3. 流量控制与调节**

如图 1-4 所示，管路中流体的流量 $F$ 主要取决于阀门的开度 OP 及阀门前后的压力差 $\Delta p$。在阀门前后的压力差 $\Delta p$ 不变时，开大阀门的开度，则管路中流体的流量增加；减小阀门的开度，则管路中流体的流量减小。

在阀门的开度 OP 不变时，若阀门前后的压力差 $\Delta p$ 增加，管路中流体的流量 $F$ 增加；相反，当阀门前后的压力差 $\Delta p$ 减小时，管路中流体的流量 $F$ 减小。

**4. 温度控制与调节**

温度控制主要出现在热量交换的过程中。如图 1-5 所示，冷热两股流体在热交换器进行热量交换，热流体将热量传递给冷流体，温度降低；冷流体从热流体获得热量，温度升高。

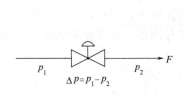

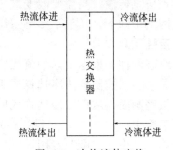

图 1-4　$\Delta p$ 与流量的关系　　　　　图 1-5　冷热液体交换

根据操作的目的不同，热交换的过程可分为加热过程和冷却过程。

加热过程指选择合适的加热剂，将一定的冷流体加热，使其达到期望的温度的过程。此时，温度控制的核心是冷流体出口的温度。冷却过程指选择合适的冷却剂，将一定的热流体降温，使其达到期望的温度的过程。此时，温度控制的核心是热流体出口的温度。

对于加热过程，影响冷流体出口温度的主要因素是加热剂的变化及冷负荷的波动。加热剂的流量增大及进口温度升高有利于被加热流体出口温度的升高；冷流体流量变大或进口温度降低，都会使冷流体出口温度变低。

对于冷却过程，影响热流体出口温度的主要因素是冷却剂的变化及热负荷的波动。冷却剂的流量增大及进口温度降低有利于被冷却流体出口温度的降低；热流体流量变大或进口温度升高，都会使热流体出口温度升高。

第二章 DCS 控制系统及化工仿真实训系统

DCS（Distributed Control System）是集散控制系统的简称，是一个由过程控制级和过程监控级组成的以通信网络为纽带的多级计算机系统。它是综合了计算机（Computer）、通信（Communication）、显示（CRT）和控制（Control）4C 技术的控制系统，其基本思想是分散控制、集中操作、分级管理、配置灵活、组态方便。为了从业人员和化工类专业的学生更好地理解和掌握 DCS 控制系统，人们集成了仿真技术和现代信息技术，以计算机平台为手段实现了化工过程仿真化，为熟练地掌握 DCS 操作方法提供了非常好的技术平台。

 第一节 DCS 控制系统

## 一、DCS 控制系统的特点

### 1. 高可靠性

由于 DCS 将系统控制功能分散在各台计算机上实现，系统结构采用冗余设计，因此某一台计算机出现的故障不会导致系统其他功能的丧失。此外，由于系统中各台计算机所承担的任务比较单一，可以针对需要实现的功能采用具有特定结构和软件的专用计算机，从而使系统中每台计算机的可靠性也得到提高。

### 2. 开放性

DCS 采用开放式、标准化、模块化和系列化设计，系统中各台计算机采用局域网方式通信，实现信息传输，当需要改变或扩充系统功能时，可将新增计算机方便地连入系统通信网络或从网络中卸下，几乎不影响系统其他计算机的工作。

### 3. 灵活性

通过组态软件，根据不同的流程应用对象进行软硬件组态，即确定测量与控制信号及相互间连接关系、从控制算法库选择适用的控制规律以及从图形库调用基本图形组成所需的各种监控和报警画面，从而方便地构成所需的控制系统。

### 4. 易于维护

功能单一的小型或微型专用计算机，具有维护简单、方便的特点，当某一局部或计算机出现故障时，可以在不影响整个系统运行的情况下在线更换，迅速排除故障。

### 5. 协调性

各工作站之间通过通信网络传送各种数据，整个系统信息共享，协调工作，以完成控制系统的总体功能和优化处理。

### 6. 控制功能齐全

控制算法丰富，集连续控制、顺序控制和批处理控制于一体，可实现串级、前馈、解耦、自适应和预测控制等先进控制，并可方便地加入所需的特殊控制算法。

因此，DCS 的主要特点归结为一点就是：分散控制、集中管理。

## 二、DCS 控制系统的组成及功能

### 1. 工作层面

DCS 的构成方式十分灵活，可由专用的管理计算机站、操作员站、工程师站、记录站、现场控制站和数据采集站等组成，也可由通用的服务器、工业控制计算机和可编程控制器构成。处于底层的过程控制级一般由分散的现场控制站、数据采集站等就地实现数据采集和控制，并通过数据通信网络传送到生产监控级计算机。生产监控级对来自过程控制级的数据进行集中操作管理，如各种优化计算、统计报表、故障诊断和显示报警等。随着计算机技术的发展，DCS 可以按照需要与更高性能的计算机设备通过网络连接，实现更高级的集中管理功能，如计划调度、仓储管理和能源管理等。

**2. DCS 的结构**

包括过程级、操作级和管理级。过程级主要由过程控制站、I/O 单元和现场仪表组成，是系统控制功能的主要实施部分。操作级包括操作员站和工程师站，完成系统的操作和组态。管理级主要是指工厂管理信息系统（MIS 系统）。DCS 控制系统如图 1-6 所示。

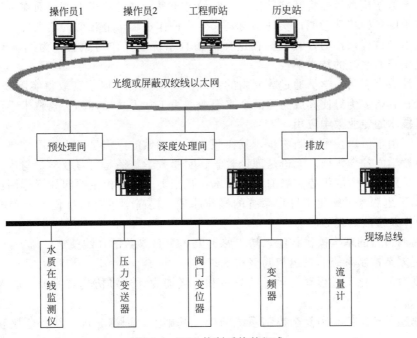

图 1-6　DCS 控制系统的组成

## 三、DCS 系统的主要生产商

目前 DCS 的主要制造商，国内有浙江中控软件技术有限公司、北京国电智深控制技术有限公司、玖阳自动化科技有限公司、山东鲁能控制工程有限公司、厦门安东电子有限公司、浙江威盛自动化有限公司。国外有 Bailey（美国）、Westinghouse（美国）、HITACH（日本）、LEEDS & NORTHRMP（美国）、SIEMENS（德国）、Foxboro（美国）、ABB（瑞士）、Hartmann & Braun（德国）、Yokogawa（日本）、Honeywell（美国）、Taylor（美国）等。

 **第二节　化工仿真技术**

## 一、仿真技术

仿真技术与计算机技术密切相关，它是以相似理论、模型理论、系统技术、信息技术以及仿真应用领域的相关专业技术为基础，以计算机系统、与应用有关的物理效应设备及仿真器为工具，利用模型系统（实际或假想的）进行研究的多学科综合性技术。根据所用模型的分类，仿真可分为物理仿真和数字仿真。物理仿真是以真实物体和系统，按一定的比例或规律进行缩小或扩大后的物理模型为实验对象，进行仿真研究。数字仿真是以真实物体或系统规律为依据，构建数学模型后，在仿真机上完成研究工作。

## 二、仿真技术的应用

### 1. 仿真技术的工业应用

仿真系统依所服务的对象而划分为不同的行业，如航空航天、核能发电、火力发电、石油化工、冶金、轻工等。石化仿真系统是在航空航天、电站仿真系统之后，从20世纪60年代末由国外开始开发应用的，它是建立在化学工程、计算机技术、控制工程和系统工程等学科基础上的综合性实用技术。石化仿真系统是以计算机软硬件技术为基础，在深入了解石油化工各种工艺过程、设备、控制系统及其生产操作的条件下，开发出石油化工各种工艺过程与设备的动态数学模型，并将其软件化，同时设计出易于在计算机上实现而在传统教学与实践中无法实现的各种培训功能，实现了与真实生产操作过程十分相似的培训环境，从而让从事石油化工生产过程操作的各类人员在这样的仿真系统上操作与试验，为熟练地掌握DCS操作方法提供了非常好的技术手段。

大量统计数字表明，学员通过数周内的系统仿真培训，可以使其取得实际现场2～5年的工作经验。其诸多优势使其成为当前众多企业新员工和人员培训的必要技术手段。

### 2. 仿真技术的专业教学应用

近年来，由于仿真技术不断进步，其在职业教育领域的应用呈星火燎原之势，仿真技术已经渗透到教学的各个领域。无论是理论教学、实验教学，还是实习教学，与传统的教学手段相比无不显示其强大的优势。当前仿真技术在化工类职业院校主要起如下作用：

① 帮助学生深入了解化工过程系统的操作原理，提高学生对典型化工过程的开车、运行、停车操作及事故处理的能力；

② 掌握调节器的基本操作技能，初步熟悉P、I、D参数的在线整定；

③ 掌握复杂控制系统的投运和调整技术；

④ 提高对复杂化工过程动态运行的分析和决策能力，通过仿真实习训练能够提出最优开车方案；

⑤ 在熟悉了开、停车和复杂控制系统的操作基础上，训练分析、判断事故和处理事故的能力；

⑥ 科学地、严格地考核与评价学生经过训练后所达到的操作水平以及理论联系实际的能力；

⑦ 安全性，在教学过程中，学生在仿真器上进行事故训练不会发生人身危险，不会造成设备破坏和环境污染等经济损失。因此，仿真实习是一种最安全的实习方法。

## 三、化工仿真实训系统的组成

所有化工仿真实训系统均由硬件和软件＋网络系统组成。根据培训的对象和任务不同，目前主要有两类。

### 1. 企业人员培训PTS（Plant Training System）系统

硬件部分：一台上位机（教师指令机）＋数十台下位机（学员操作站）。

网络部分：采用点对点的拓扑形式组网。

软件部分：工艺仿真软件、仿DCS软件、操作质量评分系统软件。

主要适用于化工企业的在岗人员在职针对装置级的系统进行培训。

### 2. 学生培训（STS）（School Teaching System）系统

硬件部分：一台上位机（教师指令机）＋数十台下位机（学员操作站）。

学员操作站：工艺仿真软件、仿DCS软件、操作质量评分系统软件。

主要适用于职业技术院校的学生教学和企业新员工的培训。

## 四、化工仿真实训的一般方法

### 1. 下厂认识实习

为了加强仿真实习的效果，尤其对于从未见过真实化工过程的学生而言，仿真实习前到工厂进行短期的认识实习是十分必要的。通过认识实习，学生可以了解各种化工单元设备的结构特点、空间几何形状、工艺过程的组成、控制系统的组成、管道走向、阀门的大小和位置等，从而建立起一个完整的、真实的化工过程的概念。

### 2. 理论讲授工艺流程、控制系统及开车规程

在认识实习的基础上，还需采用授课的方式让学生对将要仿真实习的工艺流程、设备位号、检测控制点位号、正常工况的工艺参数范围、控制系统原理以及开车规程等知识进行讲授。必要时，可采取书画流程图填空的方法进行测验，以便了解学生对工艺流程的掌握情况。

### 3. 仿真实习操作训练

在下厂认识实习、熟悉流程和开、停车规程的基础上，进入仿真实习阶段。为了达到较好的仿真实习效果，一般从常见的典型化工单元操作开始，经过工段级的操作实习，最后进行大型复杂工业过程的开、停车及事故实训。同时，对于大型复杂的工业过程仿真，可采用学员联合操作的模式进行培训，以增强学生的团队配合意识。越复杂的流程系统，操作过程中可能出现的非正常工况越多，必须训练出对动态过程的综合分析能力，各变量之间的协调控制（包括手动和自动）能力，掌握时机的能力，以及对将要产生的操作和控制后果的预测能力等，才能自如地驾驭整个工艺过程。

对于复杂的工艺过程，尤其是首次仿真开车，学生出现顾此失彼的情况是正常现象。教师可采用多媒体教学手段，在教师机上完成开车过程，同学们在学员站上同步地、完整地看到老师的全部开车过程，从而增强学生的自信心，激发学生的学习兴趣，体会教师所策划的开车方法，提高仿真实习的效率。

计算机图形技术是仿真技术的重要技术手段，通过对仿真模型实体的运动过程进行动画显示。利用图形描述系统的特性，采用动漫的技术手段能使学生在屏幕上直接看见仿真系统的运行过程，学生可准确地把握住实际情况，在屏幕上直接看见操作错误，加深了学生对系统运行概念化理解，实现了教与学的互相融合。

在化工仿真训练中，通过人-机对话，能够及时地获得反馈信息，学生可主动地调整自己的学习进程和速度。教学效果得到提高的同时，也把学生从被动听讲、消极接受教师灌输知识的状态中解放出。教师站和学生站点对点的教学功能，为因材施教提供了技术手段。

由于仿真训练评分采用反馈控制，正反馈在教学中有利于学生形成新的认识，形成良好的操作习惯。负反馈有利于对错误的认识或不良操作的纠正，排除了教与学的盲目性，使适当而有力的教学调控成为可能，从而形成了有效的激励强化作用。

化工仿真实训系统再现了一个真实的化工过程，学生在课堂上，操纵与管理了生产中流量、温度、压力、液位、组分等数据的生成及变化。学生在反复的训练过程中，通过观察、联想、识别、探索，实现从感性到理性，从直观到思维。也帮助学生对化工过程进行多方位的思考，培养学生分析、综合能力。学生透过各种过程参数变化的表象，初步认识化工过程运行的本质；把握化工过程控制的属性及其联系，提高认识能力。

## 五、化工仿真实训系统一般操作方法

① 熟悉生产工艺流程、操作设备、控制系统、各项操作规程。

② 分清调整变量和被动变量，直接关系和间接关系，分清强顺序性和非顺序性操作步骤。

③ 了解变量的上下限，注意阀门应当开大还是开小，把握粗调和细调的分寸，操作时

切忌大起大落。

④ 开车前要做好准备工作，再行开车。

⑤ 蒸汽管线先排凝后运行，高点排气、低点排液。

⑥ 理解流程，跟着流程式走、注意关联类操作，先低负荷开车到正常工况，再缓慢提升负荷。

⑦ 建立推动力和过热保护的概念，建立物料量的概念，同时了解物料的性质。

⑧ 以动态的思维理解过程运行、利用自动控制系统开车，控制系统有问题立即改成手动。

⑨ 故障处理时要从根本上解决问题、投联锁系统时要谨慎。

# 第三章　化工单元实习仿真培训系统的使用方法

## 第一节　仿真培训系统学员站

### 一、仿真培训系统学员站的启动

在正常运行的计算机上，完成如下操作，启动化工单元实习仿真培训系统学员站。

开始→程序→××软件→单击化工单元实习仿真软件（或双击桌面化工单元实习仿真软件快捷图标），启动如图 1-7 所示的学员站登录界面。

CSTS使用
方法

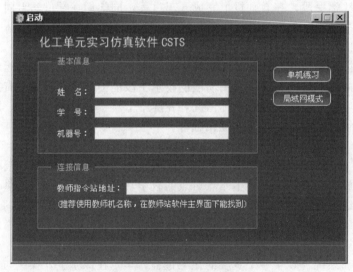

图 1-7　学员站登录界面

根据培训要求或技术条件的需要，学员可选择练习的模式。

单机练习：学员自主学习，根据统一的教学安排完成培训任务。

局域网模式：通过网络老师可对学员的培训过程统一安排、管理，使学员的学习更加有序、高效。

### 二、培训参数的选择

在启动的界面上，单击"单机练习"后进入培训参数选择界面，如图 1-8 所示。共有如下选项：

图 1-8　培训参数的选择

① 项目类别；
② 培训工艺；
③ 培训项目；
④ DCS 风格。

### 1. 培训工艺的选择

仿真培训系统为学员提供了 6 类、15 个培训操作单元，如图 1-9 所示。根据教学计划的安排可确定培训单元，用鼠标左键点击选中单元，点击对象高亮显示，完成培训工艺选择。

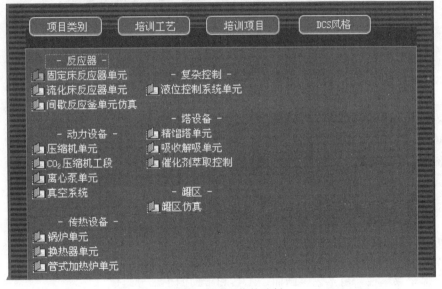

图 1-9　培训工艺的选择

### 2. 培训项目的选择

完成了培训工艺的选择，单击"培训项目"，进入具体的培训项目，如图 1-10 所示。

仿真培训系统为学员提供了模拟化工生产中的冷态开车、正常开车、事故处理状态。根据教学计划的安排，学员可选择学习需要选定培训项目，用鼠标左键点击选中单元，点击对象高亮显示，完成培训项目的选择。

### 3. DCS 风格的选择

点击 DCS 风格选项，共有四种 DCS 风格可选，如图 1-11 所示。

以上 DCS 风格中，通用 DCS、TDC3000、IA、CS3000 均为标准 Windows 窗口。

① 通用 DCS 风格：界面可分为四个区域，上方为菜单选项，主体为主操作区域，下方为功能选项和程序运行当前信息。

② TDC3000 风格：界面可分为三个区域，上方为菜单选项，中部为主要显示区域，下

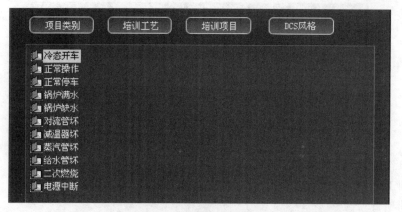

图 1-10　培训项目的选择

图 1-11　DCS 风格

方为主操作区。

③ IA 风格：界面可分为四个区域，上方为菜单选项，中部为主操作区，左边为多功能按钮，最下方为状态栏，以显示当前程序运行信息。

④ CS3000 风格：CS3000 是一个多窗口操作界面，最多时可显示五个窗口。

以上各项选择完毕后，单击主界面左上角的"启动项目"图标，进入仿真教学界面。

## 三、教学系统画面及菜单功能

启动化工单元实习仿真培训系统后，其主界面是一个标准的 Windows 窗口。

整个界面由上、中、下和最下面四个部分组成。

① 上部是菜单栏，由工艺、画面、工具和帮助四个部分组成。

② 中部是主操作区，由若干个功能按钮组成，点击后弹出功能画面，可完成相应的任务。

③ 下部是状态栏，显示当前程序运行信息，每个状态栏中均包含 DCS 图和现场图。

④ 最下部是一个 Windows 任务栏，DCS 集散控制系统和操作质量评分系统，这两个系统可以通过点击图标进行相互切换。

### 1. 工艺菜单

鼠标点击主菜单上的"工艺"，弹出如图 1-12 所示的下拉菜单。工艺菜单中包含了当前信息总览、重做当前任务、培训项目选择、切换工艺内容等功能。

（1）当前信息总览　点击"当前信息总览"后，弹出如图 1-13 所示界面，显示当前项目信息，有当前工艺、当前培训和操作模式。

（2）重做当前任务　点击"重做当前任务"选项后，系统重新初始化当前运行项目，各项数据回到当前培训项目的初始态，重新进行当前项目的培训。

（3）培训项目选择　此选项是进行培训项目的重新选择，运行过程会出现如图 1-14 所

 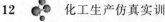

图 1-12　工艺下拉菜单

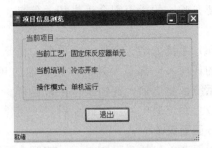

图 1-13　当前项目信息

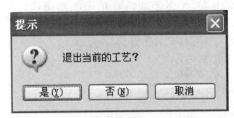

图 1-14　退出当前工艺

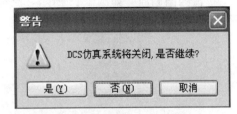

图 1-15　确认退出当前 DCS 仿真

示提示，可根据提示完成各项操作。如确认重新选择培训项目后，出现图 1-15 界面，并重新回到图 1-9 的界面，选择新的培训项目后，点击"启动项目"即可。

（4）切换工艺内容　点击"切换工艺内容"，根据图中提示完成培训工艺内容的切换或重新选择工艺内容，操作过程同上。

（5）进度存盘和进度重演　由于项目完成时间的原因或其他原因要停止当前培训状态，但又要保留当前培训信息，可用此选项完成。具体操作如图 1-16 所示，注意进度存盘的文

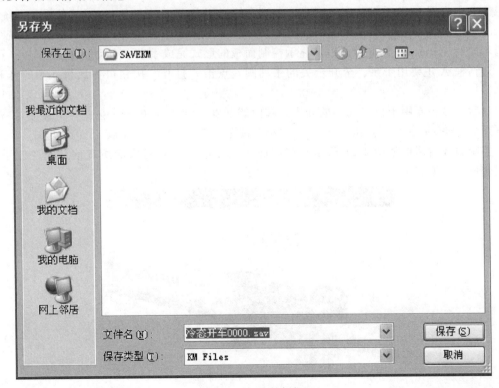

图 1-16　进度存盘

件名要是唯一的，否则会丢失相关信息。进度重演时只要点击进度存盘的文件名就可回到原培训进度。

（6）系统冻结　点击此选项后，仿真系统的工艺过程处于"系统冻结"状态。此时，对工艺的任何操作都是无效的，但其他的相关操作是不受影响的。再点击"系统冻结"选项时，系统恢复培训，各项操作正常运行。

（7）系统退出　点击此项后，关闭化工单元实习仿真培训系统，回到 Windows 画面。

**2. 画面菜单**

画面菜单包括流程图画面、控制组画面、趋势画面、报警画面，如图 1-17 所示。

（1）流程图画面　如图 1-18 所示，流程图画面由 DCS 图画面、现场图画面组成。

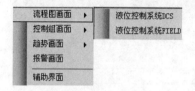

图 1-17　画面下拉菜单　　　　　　　　　　图 1-18　流程图画面

流程图画面是主要的操作区域，包括了流程图、显示区域、操作区域。

① 显示区域。显示了与操作有关的设备、控制系统的图形、位号、数据的实时信息等。在显示流程中的工艺变量时，采用了数字显示和图形显示两种形式。数字显示相当于现场的数字仪表，图形显示相当于现场的显示仪表。

② 操作区域。完成了主控室与现场的全部手动、自动仿真操作，其操作模式采用了触屏和鼠标点击的方式。对于不同风格的操作系统，会出现不同的操作方式，本教材根据目前化工行业中应用 DCS 系统的主要产品，分别介绍通用 DCS 和 TDC3000 风格的操作系统。

a. 通用 DCS 风格的操作系统。如图 1-19～图 1-21 所示，通用 DCS 风格的操作系统采用弹出不同的 Windows 标准对话框、显示控制面板的形式完成手动和自动制作。

对话框 A 主要用于泵、全开全关的手动阀，点击"打开"按钮可完成泵、阀的开和关操作。

对话框 B 主要用于设置阀门的开度，阀门的开度（OP）为 0～100%。可直接输入数据，按下回车键确认；也可以点击"开大""关小"按钮，点击一次，阀位以 5% 的量增减。

控制面板对话框如图 1-21 所示，在此面板上显示了控制对象的所有信息和控制手段。控制变量参数见表 1-1。

图 1-19　泵、全开全关的手动阀

图 1-20　可调阀

图 1-21　控制面板

注意:如果直接输入开度,请按回车确认。

表 1-1　通用 DCS 风格控制面板信息一览

| 变量参数 | PV(测量值) | SP(设定值) | OP(输出值) |
|---|---|---|---|
| 控制模式 | MAN(手动) | AUTO(自动) | CAS(串级) |

以上操作均为所见即所得的 Windows 界面操作方式,但每一项操作完成后,按回车键确认后才有效,否则各项设置无效。

b. TDC3000 风格的操作系统。如图 1-22~图 1-24 所示,TDC3000 风格的操作系统共有三种形式的操作界面。图 1-22 的操作界面主要是显示控制回路中所控制的变量参数及控制模式,控制变量参数见表 1-1。在操作区点击控制模式按钮可完成手动/自动/串级方式切换,手动状态下可完成输出值的输入等。

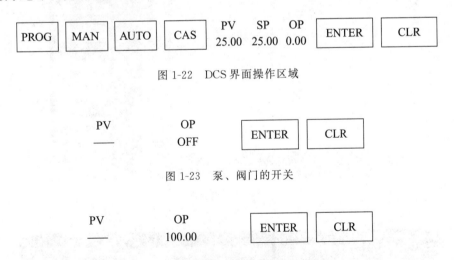

图 1-22　DCS 界面操作区域

图 1-23　泵、阀门的开关

图 1-24　阀门的开关

图 1-23 操作界面的功能是设置泵、阀门的开关(全开、全关型),点击"OP",按其提示完成操作。以上操作均需点击"ENTER"键或键盘回车才有效,点击"CLR"操作界面清除。

图 1-24 操作界面的功能是设置阀门开度连续变化的量,点击"OP",按其提示完成操作。

以上操作均需点击"ENTER"键或键盘回车才有效,点击"CLR"操作界面清除。

(2)控制组画面 如图 1-25 所示,包括流程中所有的控制仪表和显示仪表。对应的每一块仪表反映了以下信息。

① 仪表信息。控制点的位号、变量描述、相应指标(PV、SP、OP)。

② 操作状态。手动、自动、串级、程序控制。

(3)趋势画面 如图 1-26 所示,反映了当前控制组画面中的控制对象的实时或历史趋势,由若干个趋势图组成。趋势图的横坐标表示时间,纵坐标表示变量。一幅画面可同时显示八个变量的趋势,分别用不同的颜色表示,每一个被测变量的位号、描述、测量值、单位等,可用图中的箭头移动查看任一变量的运行趋势。如图 1-27 所示。

(4)报警画面 点击"报警画面"出现如图 1-28 所示窗口,在报警列表中,列出了报

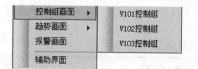

图 1-25 控制组画面

图 1-26 趋势画面

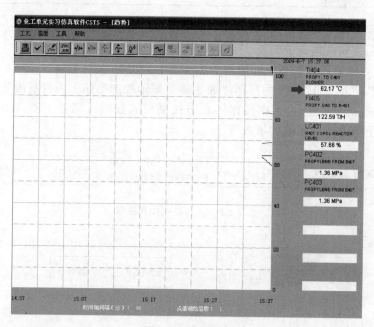

图 1-27 趋势图

| | | | | | |
|---|---|---|---|---|---|
| 09-8-7 | 15:57:43 | FI404 | PROPYLENE TO R401 | PVLO | 200.00 |
| 09-8-7 | 15:56:27 | JI401 | C401 RECYCLE COMPRESSOR | PVHI | 320.00 |
| 09-8-7 | 15:56:27 | LI402 | R401 COPOL.REACTOR LEVEL | PVHI | 80.00 |
| 09-8-7 | 15:56:27 | FI402 | HYDROGEN TO R401 | PVHI | 0.08 |
| 09-8-7 | 15:56:27 | PDI401 | PRESSURE DROP ON C401 | PVLO | 0.40 |
| 09-8-7 | 15:56:27 | AC402 | H2/C2 RATIO IN R401 | PVLO | 0.20 |

图 1-28 报警画面

警时间、报警占的工位号、报警点的描述、报警的级别。一般分为四个级别：高高报（HH）、高报（HI）、低报（LO）、低低报（LL）。以上报警值均为发生报警值时的工艺指标当前值。

### 3. 工具菜单

工具菜单包括变量监视、仿真时钟设置等，如图1-29所示。

（1）变量监视　如图1-30所示，该窗口可实时监测各个点对应变量的当前值和当前变量值，为学员在学习过程中判断工艺过程的变化趋势提供数据。通过相应的菜单可完成培训文件的生成、查询、退出等操作。

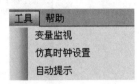

图1-29　工具菜单

（2）仿真时钟设置　如图1-31所示，通过选择时标，可使仿真进程加快或减慢，从而满足教学和培训的需要。

**变量监视**

文件　查询

| ID | 点名 | 描述 | 当前点值 | 当前变量值 | 点值上限 | 点值下限 |
|----|------|------|---------|-----------|---------|---------|
| 1 | FT1425 | CONTROL C$_2$H$_2$ | 0.000000 | 0.000000 | 70000.000000 | 0.000000 |
| 2 | FT1427 | CONTROL H2 | 0.000000 | 0.000000 | 300.000000 | 0.000000 |
| 3 | TC1466 | CONTROL T | 25.000000 | 25.000000 | 80.000000 | 0.000000 |
| 4 | TI1467A | T OF ER424A | 25.000000 | 25.000000 | 400.000000 | 0.000000 |
| 5 | TI1467B | T OF ER424B | 25.000000 | 25.000000 | 400.000000 | 0.000000 |
| 6 | PC1426 | P OF EV429 | 0.030000 | 0.030000 | 1.000000 | 0.000000 |
| 7 | LI1426 | H OF 1426 | 0.000000 | 0.000000 | 100.000000 | 0.000000 |

图1-30　变量监视

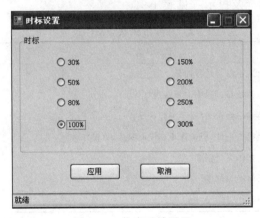

图1-31　仿真时钟设置

### 4. 帮助菜单

帮助菜单包括帮助主题、产品反馈、激活管理、关于等信息。

## 四、操作质量评价系统

操作质量评价系统是独立的子系统，它和化工单元实习仿真培训系统同步启动，可以对学员的操作过程进行实时跟踪，对组态结果进行分析诊断，对学员的操作过程、步骤进行评定，最后将评断结果一一列举，显示在如图1-32所示的信息框中。

在操作质量评价系统中，详细地列出当前对象的具体操作步骤，每一步诊断信息采用得失分的形式显示在界面上。在质量诊断栏目中，显示操作的起始条件和终止条件，以有利于学员的操作、分析、判断。

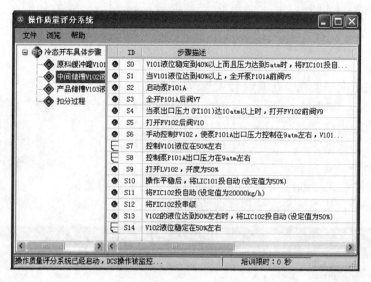

图 1-32 操作质量评价系统

**1. 操作状态解析**

在操作质量评价系统中，系统对当前对象的操作步骤、操作质量采用不同的颜色、图标表示。具体方法见表1-2和表1-3。

（1）操作步骤状态图标及提示　见表1-2。

（2）操作质量状态图标及提示　见表1-3。

表 1-2　操作步骤状态图标及提示

| 图　　标 | 说　　明 | 备　　注 |
|---|---|---|
| ◈ | 起始条件不满足,不参与过程评分 | 红色 |
| ◈ | 起始条件满足,开始对过程中的步骤进行评分 | 绿色 |
| ● | 一般步骤,没有满足操作条件,不可强行操作 | 红色 |
| ● | 一般步骤,满足操作条件,但操作步骤没有完成,可操作 | 绿色 |
| ✔ | 操作已经完成,操作完全正确 | 得满分 |
| ✕ | 操作已经完成,但操作错误 | 得 0 分 |
| ⊙ | 条件满足,过程终止 | 强迫结束 |

表 1-3　操作质量状态图标及提示

| 图　　标 | 说　　明 | 备　　注 |
|---|---|---|
| 🖥 | 起始条件不满足,质量分没有开始评分 | |
| 🖥 | 起始条件满足,质量分开始记评分 | 无终止条件时,始终处于评分状态 |
| ⊙ | 条件满足,过程终止 | 强迫结束 |
| 🗎 | 扣分步骤,从已得总分中扣分,提示相关指标的高限。操作严重不当,引发重大事故 | 关键步骤 |
| 🗎 | 条件满足,但出现严重失误的操作 | 开始扣分 |

## 2. 操作方法指导

操作质量评价系统具有在线指导功能，可以适时地指导学员练习。具体的操作步骤采用了 Windows 界面操作风格，学习中所需的操作信息，点击相应的操作步骤即可。此处，注意的是关于操作质量信息的获取。双击质量栏图标，出现如图 1-33 所示对话框，通过对话框可以查看所需质量指标的标准值和该质量步骤开始评分与结束评分的条件。质量评分是对所控制工艺指标的时间积分值，是对控制质量的一个直观反映。

## 3. 操作诊断

由于操作质量评价系统是一个智能化的在线诊断系统，所以系统可以对操作过程进行实时的跟踪评判，并将评判的结果实时地显示在

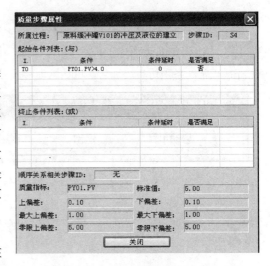

图 1-33　操作质量信息对话框

界面上。学员在学习过程中，可根据学习的需要对操作过程的步骤和质量逐一加以研读。统计各种操作错误信息，学员可以及时地查找错误的原因，并对出现错误的步骤和质量操作加以强化，从而深化学习的效果。具体信息如图 1-34 所示。

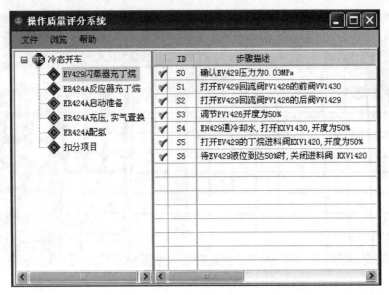

图 1-34　操作过程评判结果

## 4. 操作评定

操作质量评价系统在对操作过程进行实时跟踪的同时，不仅对每一步进行评判，而且对评判的结果进行定量计分，并对整个学习过程进行综合评分。系统将所有的评判分数加以综合，可以采用文本格式或电子表格生成评分文件。

## 5. 其他辅助功能

① 生成学员成绩单。

② 学员成绩单的读取和保存。

③ 退出系统。

④ 帮助信息。

以上操作均采用 Windows 风格操作。

## 五、仿真培训系统的正常退出

完成正常的各项仿真培训后，可从培训参数界面（图 1-35）退出，或从工艺菜单下选择退出。

图 1-35　仿真培训系统的正常退出

## 第二节　专用操作键盘

当前化工行业主流的专业操作键盘是 TDC3000 专用、通用键盘，本教材以 TDC3000 专用键盘为例说明其用法。

### 一、TDC3000 专用键盘

#### 1. 键盘

键盘实物图如图 1-36 所示。

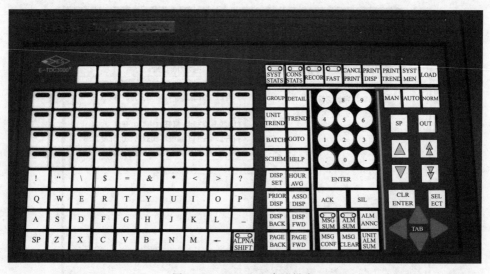

图 1-36　TDC3000 专用键盘

#### 2. 键盘布置

键盘布置图如图 1-37 所示。

#### 3. 键盘各键功能

键盘各键功能说明见表 1-4。

### 二、CS3000 键盘

CS3000 专用键盘如图 1-38 所示。

### 三、I/A 专用键盘

I/A 专用键盘如图 1-39 所示。

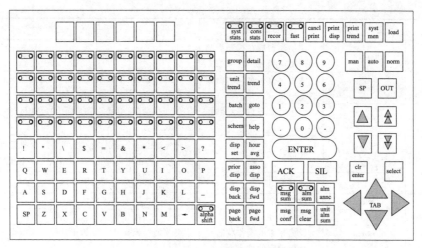

图 1-37　TDC3000 专用键盘布置图

**表 1-4　TDC3000 键盘各键功能说明**

| 类　型 | 键　名 | 功　能 | 备　注 |
|---|---|---|---|
| 可组态功能键 | 生产厂家根据用户需要在此定义的组态图,键名由使用厂自行定义 | 直接调出分配给键的画面 | 可组态的功能键包括键盘左半部最上面的 6 个不带灯的键及下面四排带报警灯的功能键。其 46 个键可通过组态定义成某一幅画面,在操作时可直接通过该键调出分配给该键的画面<br>带报警灯的键可以反映出该画面的报警状态,黄灯亮表示该画面有高报,红灯亮表示该画面有紧急报警 |
| 字符键 | SP | 用来输入一个空格 | 键盘左侧下部四排键为字符键,可通过这些键可输入相应的 ASCII 码字符 |
| | ← | 退格键 | |
| | alpha shift | 字符键/功能键切换键 | |
| 系统功能键 | | | 系统功能键为键盘右侧最上面一排键,在仿真培训系统中这些键没有定义 |
| 输入确认键 | ENTER | 确认输入信息 | 用于数据输入状态下 |
| 输入清除键 | clr enter | 清除当前输入框中的信息 | 只能清除没有确认的输入信息 |
| 画面调用键 | group | 调出控制组画面 | 按此键,屏幕上提示 ENTER GROUP NUMBER,用户输入组号,按 ENTER 键确认后,调出该控制组画面 |
| | detail | 调出细目画面 | 输入控制点位号,确认 |
| | unit trend | 单元趋势图 | 输入单元后,确认 |
| | trend | 调出所选点的趋势曲线 | 在控制组和趋势组画面下可用 |
| | batch | | 未定义 |
| | goto | 选择仪表 | 在控制组画面中用于选择要选中的仪表 |
| | schem | 流程图调用 | |
| | help | 调出当前相关帮助信息 | 系统组态时定义 |
| | disp set | | 未定义 |
| | hour avg | 控制组画面显示切换成相应的小时平均值画面 | 在控制组画面中可用 |
| | prior disp | 调出在当前画面调入前显示的一幅画面 | |
| | asso disp | 调出当前画面的相关画面 | 组态时决定 |
| | disp back | 调出当前所在控制组画面的上一幅控制组画面 | 当前控制组为第一组,则按此键无效 |

| 类　型 | 键　名 | 功　能 | 备　注 |
|---|---|---|---|
| 画面调用键 | disp fwd | 调出当前所在控制组画面的下一幅控制组画面 | 当前控制组为最后一组，则按此键无效 |
| | page back | 调出具有多页显示画面的下一页 | 在细目画面、单元趋势画面、单元和区域报警信息画面中有效 |
| | page fwd | 调出具有多页显示画面的上一页 | 在细目画面、单元趋势画面、单元和区域报警信息画面中有效 |
| 光标键 | ◁▷△▽ | 光标移动键 | 光标键由 4 个分别指向上、下、左、右的三角形组成，在画面中按这些键可以使光标在画面中的各触摸区之间移动 |
| 选择键 | select | 选择 | 选择当前光标所在的触摸区 |
| 回路操作键 | man | 设为手动 | 当前选中的回路操作状态 |
| | auto | 设为自动 | 当前回路操作状态 |
| | norm | 设为正常的操作状态 | 当前回路操作状态设为正常的操作状态 |
| | SP | 呼出设定值输入框 | |
| | OUT | 呼出输出值输入框 | |
| | ▲ | 值增加 | 将正在修改的值增加 0.2% |
| | ▼ | 值减少 | 将正在修改的值减少 0.2% |
| | ⬆ | 值增加 | 将正在修改的值增加 4% |
| | ⬇ | 值减少 | 将正在修改的值减少 4% |

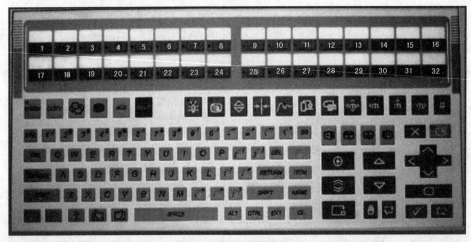

图 1-38　CS3000 专用键盘

图 1-39　I/A 专用键盘

化工仿真培训系统教师站实现了局域网内相连的学员站的仿真软件的激活，可对通过局域网连接的学生机的操作状况进行实时的监控，可编辑考核试卷及策略对学生进行考核，可进行考试成绩的统计与查询。

教师站安装
与使用方法

# 第四章　化工仿真培训网上资源

## 一、相关专业网站

在线仿真网站：www.es-online.com.cn

技术支持网站：www.esst.net.cn

## 二、网上资源在线学习指南

北京东方仿真公司为了方便更多的用户试用仿真软件，在网上建立有多个在线仿真培训班，供不同专业的人员使用。登录该在线仿真系统需要向东方仿真公司电话联系（010-64951832），索取用户名和密码。

以北京东方仿真公司的仿真教学系统为例，说明网上仿真培训资源的使用方法

① 首先登录东方仿真在线仿真平台（https：//www.es-online.com.cn），用鼠标点击"登录"按钮，在登录页面使用账号及密码登录仿真培训系统平台，如图1-40、图1-41所示。

图1-40　东方仿真在线仿真平台

② 登录系统平台后可以查看培训班包含的软件列表及课程列表，并可以查看学习记录，如图1-42所示。

③ 点击"开始学习"按钮进入课程学习界面，在学习界面可以查看相关的操作指导手册、视频及相关知识资源，如图1-43所示。

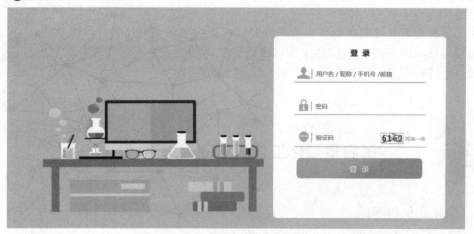

图 1-41　东方仿真在线仿真平台登录页面

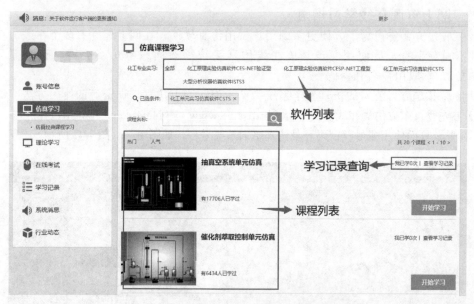

图 1-42　培训班个人学习界面

④ 仿真学习前需要先下载并安装"仿真客户端"才可以进行软件学习，下载安装客户端后，点击"仿真操作"按钮启动仿真软件开始学习，如图 1-43 所示。

【仿真学习】列出本培训班的仿真课程，点击"开始学习"进入课程学习界面。

【个人信息】点击"头像"可进入个人信息编辑界面，编辑个人资料。

【学习记录】查看本人历次练习仿真软件的分数和详细成绩单。

【系统消息】查看管理员发布的公告。

【下载客户端】下载并安装在线仿真系统客户端插件。

【下载操作手册】可在线查看操作手册或下载到本地。

【课程介绍】下载并安装在线仿真系统客户端插件。

【相关知识】本仿真课程操作视频指导及相关的理论知识。

【仿真操作】启动仿真课程，开始仿真学习。

图 1-43　课程学习界面

完成了上述步骤，可以进入相应的学习内容进行在线学习。

## 三、化工资源相关论坛

① 中国化学化工论坛 http：//www.ccebbs.com/

② 中国化工信息网 http：//bbs.cheminfo.cn/

③ 有机化学网 http：//www.organicchem.com/

④ 海川化工论坛 http：//bbs.hcbbs.com/

⑤ 小木虫论坛 http：//muchong.com/bbs/

⑥ 马后炮化工 http：//bbs.mahoupao.com

 **思考题**

1. 什么是化工生产过程、化工生产常见的单元操作、影响化工生产过程的因素？

2. 什么是 DCS 系统、DCS 系统的特点、常见的 DCS 生产厂家？

3. 什么是仿真技术？仿真技术的用途是什么？

4. STS 仿真培训系统的学员站由几部分组成？

5. 操作状态如何进行相互切换？

6. 请列举出三种常见的 DCS 专用键盘。

7. 请说明 STS 仿真系统中操作质量评价系统的功能。

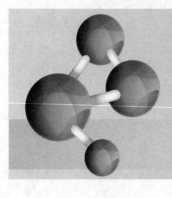

# 模块二
# 化工单元操作实训

# 第一单元 流体输送操作实训

## 学习指南

**知识目标** 通过本单元的学习，了解化工生产中常用的流体输送机械的基本结构、工作原理及操作特性，以便根据生产工艺要求，合理地选择和正确使用输送机械，并使之安全、高效地运行。

**能力目标** 掌握离心泵、压缩机等流体输送设备的操作方法，能对设备的开车、停车、事故处理等进行熟练操作。

**素质目标** 遵守规章制度，养成按章操作的习惯，培养安全操作的理念。

本单元介绍了离心泵、压缩机、喷射泵、真空泵等较常见的流体输送设备，以及每种设备的操作要点，以便根据被输送流体的性质选择合适的流体输送机械。

## 项目一 离心泵操作实训

### 一、生产过程简述

#### 1. 离心泵

流体输送过程是化工生产中最常见的单元操作。流体输送操作必须采用可为流体提高能量的输送设备，以便克服输送过程的机械能损失，提高位能、提高流体的压强。通常，将输送液体的设备称之为泵，而其中靠离心作用的叫离心泵。

离心泵由吸入管、排出管和离心泵主体组成。离心泵主体分为转动部分和固定部分。转动部分由电机带动旋转，将能量传递给被输送的部分，主要包括叶轮和泵轴。固定部分包括泵壳、导轮、密封装置等。叶轮是离心泵中使液体接受外加能量的部件。泵轴的作用是把电动机的能量传递给叶轮。泵壳是通道截面积逐渐扩大的蜗形壳体，它将液体限定在一定的空间里，并将液体大部分动能转化为静压能。导轮是一组与叶轮旋转方向相适应，且固定于泵壳上的叶片。密封装置的作用是防止液体的泄漏或空气倒吸入泵内。

启动灌满了被输送液体的离心泵后，在电机的作用下，泵轴带动叶轮一起旋转，叶轮的叶片推动其间的液体转动，在离心力的作用下，液体被甩向叶轮边缘并获得动能；在导轮的引领下沿流通截面积逐渐扩大的泵壳流向排出管，液体流速逐渐降低，而静压能增大。排出管的增压液体经管路即可送往目的地。与此同时，叶轮中心因为液体被甩出而形成一定的真空，因贮槽液面上方压强大于叶轮中心处，在压力差的作用下，液体不断从吸入管进入泵内，以填补被排出的液体位置。因此，只要叶轮不断旋转，液体便不断地被吸入和排出。由此，离心泵之所以能输送液体，主要是依靠高速旋转的叶轮。

离心泵的操作中有两种现象应当避免：气缚和汽蚀。

气缚是指在启动泵前泵内没有灌满被输送的液体，或在运转过程中泵内渗入了空气，因为气体的密度小于液体，产生的离心力小，导致叶轮中心所形成的真空度不足以将液体吸入泵内，即使启动离心泵也无法输送液体，这种现象称为气缚。

汽蚀是指当贮槽液面的压力一定时，如叶轮中心的压力降低到等于被输送液体当前温度下的饱和蒸气压时，叶轮进口处的液体会产生大量的气泡，这些气泡随液体进入叶轮，由于压力升高气泡在瞬间破裂，形成局部真空，其周围的液体质点以极大的速度冲向气泡中心，造成瞬间冲击压力，从而使得叶轮部分很快损坏，同时伴有泵体振动，发出噪声，泵的流量、扬程和效率明显下降。这种现象叫汽蚀。

### 2. 工艺流程简介

约 40℃的带压液体经调节阀 LV101 进入带压贮罐 V101，罐液位由液位控制器 LIC101 通过调节 V101 的进料量来控制；罐内压力由 PIC101 分程控制，PV101A、PV101B 分别调节进入 V101 和排出 V101 的氮气量，从而保持罐压恒定在 5.0atm（表，1atm＝101325Pa）。罐内液体由泵 P101A/B 抽出，泵出口流量在流量调节器 FIC101 的控制下输送到其他工段。在化工生产中，为保证突发事故出现时仍能正常生产，大多数设备都有备用，所以，泵 P101A 与泵 P101B，只选择其中一台正常使用，另一台为备用。

离心泵 PID 工艺流程图如图 2-1 所示，离心泵 DCS 流程图如图 2-2 所示，离心泵现场图如图 2-3 所示。

单级离心泵
原理

## 二、主要设备、仪表和阀件

### 1. 主要设备

主要设备见表 2-1。

### 2. 仪表及报警

各类仪表及报警说明见表 2-2。

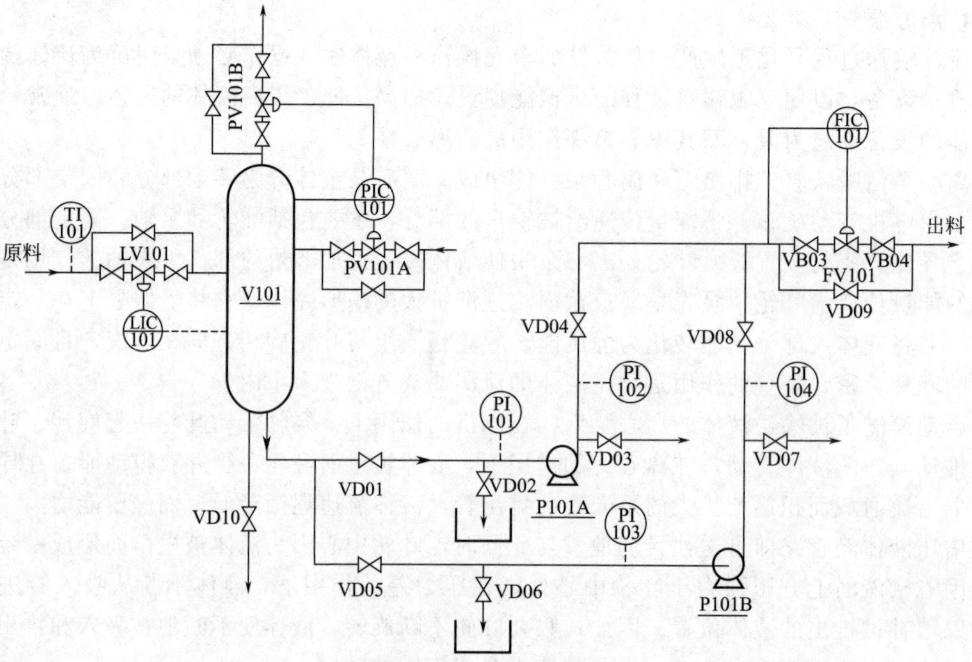

图 2-1　离心泵 PID 工艺流程图

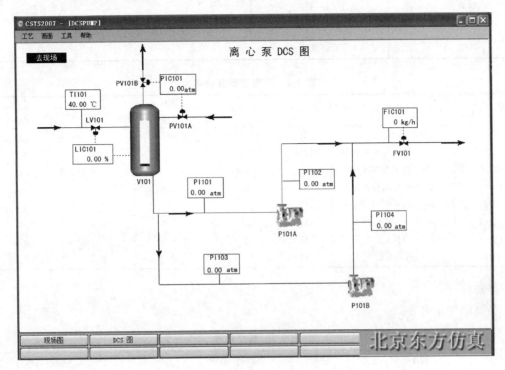

图 2-2　离心泵 DCS 流程图

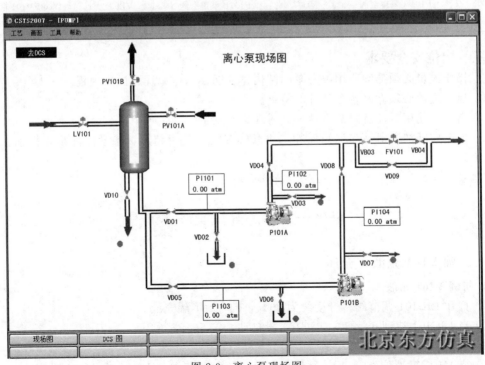

图 2-3　离心泵现场图

表 2-1　主要设备

| 设备位号 | 设备名称 | 设备位号 | 设备名称 |
|---|---|---|---|
| V101 | 离心泵前罐 | P101B | 离心泵 B(备用泵) |
| P101A | 离心泵 A | | |

表 2-2　仪表及报警说明

| 位　号 | 说　明 | 类　型 | 目标值 | 量程高限 | 量程低限 | 工程单位 |
|---|---|---|---|---|---|---|
| FIC101 | 离心泵出口流量 | PID | 20000.0 | 40000.0 | 0.0 | kg/h |
| LIC101 | V101 液位控制系统 | PID | 50.0 | 100.0 | 0.0 | % |
| PIC101 | V101 压力控制系统 | PID | 5.0 | 10.0 | 0.0 | atm |
| PI101 | 泵 P101A 入口压力 | AI | 4.0 | 20.0 | 0.0 | atm |
| PI102 | 泵 P101A 出口压力 | AI | 12.0 | 30.0 | 0.0 | atm |
| PI103 | 泵 P101B 入口压力 | AI | 4.0 | 20.0 | 0.0 | atm |
| PI104 | 泵 P101B 出口压力 | AI | 12.0 | 30.0 | 0.0 | atm |
| TI101 | 进料温度 | AI | 40.0 | 100.0 | 0.0 | ℃ |

**3. 阀件**

各类阀件见表 2-3。

表 2-3　各类阀件

| 位号 | 阀件名称 | 位号 | 阀件名称 | 位号 | 阀件名称 |
|---|---|---|---|---|---|
| VD01 | P101A 泵入口阀 | VD05 | P101B 泵入口阀 | VD09 | 调节阀 FV101 的旁通阀 |
| VD02 | P101A 泵前泄液阀 | VD06 | P101B 泵前泄液阀 | VD10 | V101 泄液阀 |
| VD03 | P101A 泵排空阀 | VD07 | P101B 泵排空阀 | VB03 | 调节阀 FV101 前阀 |
| VD04 | P101A 泵出口阀 | VD08 | P101B 泵出口阀 | VB04 | 调节阀 FV101 后阀 |

## 三、岗位安全要求

① 操作人员必须熟知所用离心泵的结构、性能、工作原理及操作规程。

② 启动之前必须做好各个部件的检查。

③ 离心泵使用时注意防范汽蚀、气缚现象的发生。

④ 要定期补加润滑油和维修保养，注意检查电机是否超温、各紧固件是否松动、有无异常声音等。

⑤ 泵在运转过程中严禁触及或擦拭转动部件。

# 任务一　冷态开车操作实训

## 一、罐 V101 充液、充压

### 1. 向罐 V101 充液

① 打开 LIC101 调节阀，开度约为 30%，向 V101 罐充液。

② 当 LIC101 达到 50% 时，LIC101 投自动，定 50%。

### 2. 罐 V101 充压

① 待 V101 罐液位＞5% 后，缓慢打开分程压力调节阀 PV101A 向 V101 罐充压。

② 当压力升高到 5.0atm 时，PIC101 投自动，设定为 5.0atm。

注1：V101 罐的液位受进料阀 LV101 的开度及出料阀 FV101 开度的影响，同时，罐 V101 为一带压贮罐，所以单纯地调节某一阀门不能达到液位控制效果，必须同时将两个阀门的流量大小和贮罐的压强进行综合判断。

注2：PIC101 分程控制，此处分程结构是 PIC101 的 OP 值初始开度为 50，此时 PIC101A 和 PIC101B 都关闭，由 50 到 0 的变化过程中，PIC101A 逐渐开大；由 50 到 100 的变化过程中，PIC101B 逐渐开大。在投自动后，当压力过低时 PV101A 会打开，进行充压操作，在过高的时候 PV101B 会打开进行放压操作，此处使用一个控制器的目的是避免在充压的同时放压，以维持罐内的压力。

## 二、启动 A 泵（或 B 泵）

### 1. 启动 A 泵

① 待罐 V101 压力达到正常后，打开 P101A 泵前阀 VD01（或 VD05），向离心泵充液。

② 打开排气阀 VD03（或 VD07）排放不凝气，观察 P101A 泵后排气阀 VD03（或 VD07）的出口，当有液体溢出时，显示标志变为绿色，标志着 P101A（P101B）泵已无不凝气体，关闭 P101A（P101B）泵后排空阀 VD03（或 VD07）。

③ 启动 P101A（或 B）泵。

④ 待 PI102（或 PI104）指示比入口压力大 1.5～2.0 倍后，打开 P101A（或 P101B）泵出口阀 VD04（或 VD08）。

### 2. 启动 B 泵

正常情况下不用，启动过程与 A 泵一样。

## 三、出料

① 打开 FIC101 的前阀 VB03。

② 打开 FIC101 的后阀 VB04。

③ 打开调节阀 FIC101。

④ 调节 FIC101 阀，使流量控制到 20000kg/h 时投自动。

 **任务二　正常停车操作实训**

### 1. V101 罐停进料

LIC101 置手动，并手动关闭调节阀 LV101，停 V101 罐进料。

### 2. 停泵

① 待罐 V101 液位小于 10％时，关闭 P101A 泵的出口阀 VD04。

② 停 P101A 泵。

③ 关闭 P101A 泵前阀 VD01。

④ FIC101 置手动并关闭调节阀 FV101 及其前阀 VB03、后阀 VB04。

### 3. 泵 P101A 泄液

打开泵 P101A 泄液阀 VD02，观察 P101A 泵泄液阀 VD02 的出口，当不再有液体泄出时，显示标志变为红色，关闭 P101A 泵泄液阀 VD02。

### 4. V101 罐泄压、泄液

① 待罐 V101 液位小于 10％时，打开 V101 罐泄液阀 VD10。

② 待 V101 罐液位小于 5％时，打开 PIC101 泄压阀。

③ 观察 V101 罐泄液阀 VD10 的出口，当不再有液体泄出时，显示标志变为红色，待罐 V101 液体排净后，关闭泄液阀 VD10。

## 任务三 正常运行管理和事故处理操作实训

### 一、正常运行管理

在实训过程中，密切注意各工艺参数的变化，维持生产过程运行稳定。

正常工况下的工艺参数指标见表2-4。

**表2-4 正常工况工艺参数指标**

| 工位号 | 正常指标 | 备 注 |
| --- | --- | --- |
| PI102 | 12.0atm | P101A 泵出口压力 |
| LIC101 | 50.0% | V101 罐液位 |
| PIC101 | 5.0atm | V101 罐内压力 |
| FIC101 | 20000kg/h | 泵出口流量 |

### 二、事故处理操作实训

**1. P101A 泵坏**

事故现象：① P101A 泵出口压力急剧下降；

② FIC101 流量急剧减小。

处理方法：切换到备用泵 P101B。

① 全开 P101B 泵入口阀 VD05，向泵 P101B 灌液，全开排空阀 VD07 排 P101B 的不凝气，当显示标志为绿色后，关闭 VD07。

② 灌泵和排气结束后，启动 P101B。

③ 待泵 P101B 出口压力升至入口压力的 1.5~2 倍后，打开 P101B 出口阀 VD08，同时缓慢关闭 P101A 出口阀 VD04，以尽量减少流量波动。

④ 待 P101B 进出口压力指示正常，按停泵顺序停止 P101A 运转，关闭泵 P101A 入口阀 VD01，并通知维修工。

**2. 调节阀 FV101 阀卡**

事故现象：FIC101 的液体流量不可调节。

处理方法：① 打开 FV101 的旁通阀 VD09，调节流量使其达到正常值；

② 手动关闭调节阀 FV101 及其后阀 VB04、前阀 VB03；

③ 通知维修部门。

**3. P101A 入口管线堵**

事故现象：① 泵 P101A 入口、出口压力急剧下降；

② FIC101 流量急剧减小到零。

处理方法：按泵的切换步骤切换到备用泵 P101B，并通知维修部门进行维修。

**4. 泵 P101A 汽蚀**

事故现象：① 泵 P101A 入口、出口压力上下波动；

② 泵 P101A 出口流量波动（大部分时间达不到正常值）。

处理方法：按泵的切换步骤切换到备用泵 P101B。

**5. 泵 P101A 气缚**

事故现象：① P101A 泵入口、出口压力急剧下降；

② FIC101 流量急剧减少。

处理方法：按泵的切换步骤切换到备用泵 P101B。

### 思考题

1. 什么叫汽蚀现象？汽蚀现象有什么破坏作用？
2. 为什么启动前一定要将离心泵灌满被输送液体？
3. 离心泵在启动和停止运行时泵的出口阀应处什么状态？为什么？
4. 离心泵出口压力过高或过低应如何调节？
5. 离心泵入口压力过高或过低应如何调节？
6. 一台离心泵在正常运行一段时间后，流量开始下降，可能会由哪些原因导致？

# 项目二　单级压缩机操作实训

## 一、生产过程简述

### 1. 单级压缩机

输送和压缩气体的设备统称为气体压送机械，作用与液体输送机械相类似，都是对流体做功，以提高流体的压强。

以气体压送机械出口气体的压力或压缩比来分类，可大致分为：

通风机　终压$<1.47\times10^3$Pa（表），压缩比$\varepsilon=1\sim1.15$；

鼓风机　终压$1.47\times10^3\sim2.94\times10^3$Pa（表），压缩比$\varepsilon<4$；

压缩机　终压$>2.94\times10^3$Pa（表），压缩比$\varepsilon>4$；

真空泵　将低于大气压的气体从容器式设备中抽至大气。

气体压送机械按作用原理还可以分为容积式和速度式两类。容积式气体压送机械是利用往复运动的活塞或旋转的转子在气缸中改变气体体积来工作的。主要有活塞式、隔膜式、罗茨式、液环式等。而速度式气体压送机械，是靠高速旋转的叶轮对气体做功，使气体获得动能，再用扩压器降低其速度，使动能转化为静压能，而提高出口气体的压力。常见的有离心式、轴流式等。

透平压缩机是进行气体压缩的常用设备。它以汽轮机（蒸汽透平）为动力，蒸汽在汽轮机内膨胀做功驱动压缩机主轴，主轴带动叶轮高速旋转。被压缩气体从轴向进入压缩机叶轮，在高速转动的叶轮作用下随叶轮高速旋转并沿半径方向甩出叶轮，叶轮在汽轮机的带动下高速旋转把所得到的机械能传递给被压缩气体。因此，气体在叶轮内的流动过程中，一方面受离心力作用增加了气体本身的压力，另一方面得到了很大的动能。气体离开叶轮进入流通面积逐渐扩大的扩压器，气体流速急剧下降，动能转化为压力能（势能），使气体的压力进一步提高，使气体压缩。

在压缩机的操作中应注意喘振现象。喘振就是压缩机实际流量小于性能曲线所表明的最小流量时出现的不稳定工作状态。

### 2. 工艺流程简介

压力为$1.2\sim1.6$kgf/cm$^2$（绝压）（1kgf/cm$^2=98.0665$kPa）、温度为30℃左右的低压甲烷经阀VD11、阀VD01进入甲烷贮罐FA311，罐内压力控制在300mmH$_2$O（表）（1mmH$_2$O$=9.80665$Pa）。甲烷从贮罐FA311出来，进入压缩机GB301，经过压缩机压缩，出口排出压力为$4.03$kgf/cm$^2$（绝压）、温度为160℃的中压甲烷，然后经过手动控制阀VD06进入燃料系统。

为防止压缩机发生喘振，本单元设计了由压缩机出口至贮罐FA311的返回管路，即由压缩机出口经过换热器 EA305 和 PV304B 阀到贮罐的管线。返回的甲烷经冷却器 EA305 冷却。另外贮罐 FA311 有一超压保护控制器 PIC303，当 FA311 压力超高时，低压甲烷可以经 PIC303 打开阀门控制放火炬，使罐中压力降低。压缩机 GB301 由蒸汽透平 GT301 同轴驱动，蒸汽透平的供汽为压力 15kgf/cm$^2$（绝压）、温度为 290℃的来自管网的中压蒸汽，排汽为压力 3kgf/cm$^2$（绝压）、温度为 200℃的降压蒸汽，进入低压蒸汽管网。

单级压缩机 PID 工艺流程图如图 2-4 所示，单级压缩机 DCS 流程图如图 2-5 所示，单级压缩机现场流程图如图 2-6 所示，单级压缩机公用工程图如图 2-7 所示。

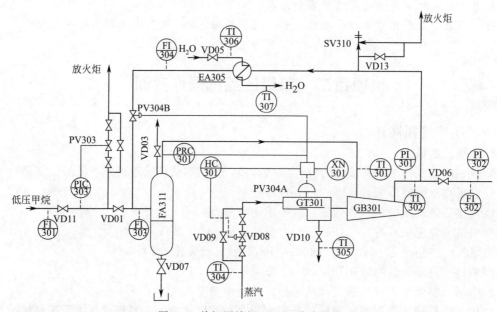

图 2-4 单级压缩机 PID 工艺流程图

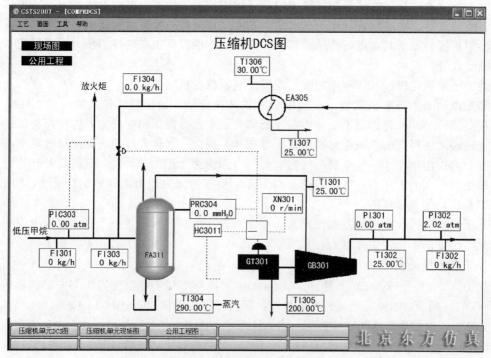

图 2-5 单级压缩机 DCS 流程图

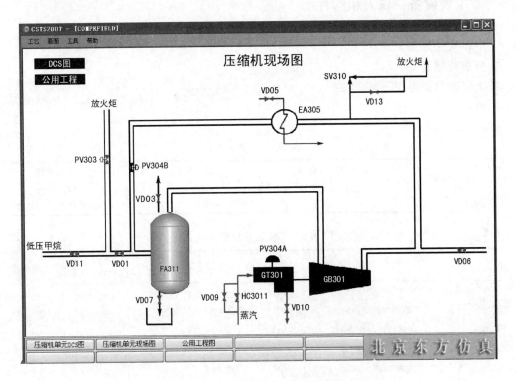

图 2-6　单级压缩机现场流程图

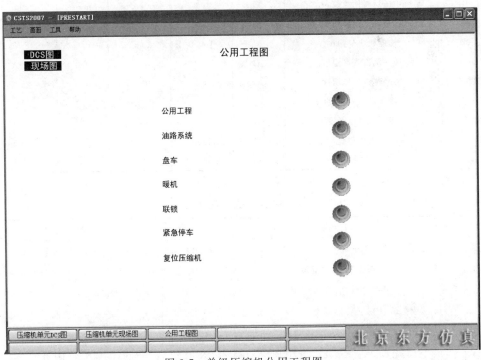

图 2-7　单级压缩机公用工程图

## 二、主要设备、仪表和阀件

### 1. 主要设备
主要设备见表 2-5。

### 2. 仪表及报警
各类仪表及报警说明见表 2-6。

### 3. 阀件
各类阀件见表 2-7。

表 2-5　主要设备

| 设备位号 | 设备名称 | 设备位号 | 设备名称 |
|---|---|---|---|
| FA311 | 低压甲烷贮罐 | GB301 | 单级压缩机 |
| GT301 | 蒸汽透平 | EA305 | 压缩机回流冷却器 |

表 2-6　仪表及报警说明

| 位号 | 说　明 | 类型 | 正常值 | 量程上限 | 量程下限 | 工程单位 |
|---|---|---|---|---|---|---|
| PIC303 | 放火炬控制系统 | PID | 0.1 | 4.0 | 0.0 | atm |
| PIC304 | 贮罐压力控制系统 | PID | 295.0 | 40000.0 | 0.0 | mmH$_2$O |
| PI301 | 压缩机出口压力 | AI | 3.03 | 5.0 | 0.0 | atm |
| PI302 | 燃料系统入口压力 | AI | 2.03 | 5.0 | 0.0 | atm |
| FI301 | 低压甲烷进料流量 | AI | 3233.4 | 5000.0 | ppm[①] | kg/h |
| FI302 | 燃料系统入口流量 | AI | 3201.6 | 5000.0 | ppm | kg/h |
| FI303 | 低压甲烷入罐流量 | AI | 3201.6 | 5000.0 | ppm | kg/h |
| FI304 | 中压甲烷回流流量 | AI | 0.0 | 5000.0 | ppm | kg/h |
| TI301 | 低压甲烷入压缩机温度 | AI | 30.0 | 200.0 | 0.0 | ℃ |
| TI302 | 压缩机出口温度 | AI | 160.0 | 200.0 | 0.0 | ℃ |
| TI304 | 透平蒸汽入口温度 | AI | 290.0 | 400.0 | 0.0 | ℃ |
| TI305 | 透平蒸汽出口温度 | AI | 200.0 | 400.0 | 0.0 | ℃ |
| TI306 | 冷却水入口温度 | AI | 30.0 | 100.0 | 0.0 | ℃ |
| TI307 | 冷却水出口温度 | AI | 30.0 | 100.0 | 0.0 | ℃ |
| XN301 | 压缩机转速 | AI | 4480 | 4500 | 0 | r/min |
| HX311 | FA311 罐液位 | AI | 50.0 | 100.0 | 0.0 | % |

① 非我国法定计量单位，1ppm=$10^{-6}$。

表 2-7　各类阀件

| 阀件位号 | 阀件名称 | 阀件位号 | 阀件名称 |
|---|---|---|---|
| VD01 | 低压甲烷进罐 FA311 入口阀 | VD11 | 低压甲烷原料阀 |
| VD03 | 罐 FA311 放空阀 | VD13 | 安全旁通阀 |
| VD06 | 中压甲烷送燃料系统阀 | VD15 | 冷却器 EA305 进水阀 |
| VD07 | 罐 FA311 排凝阀 | SV310 | 安全阀 |
| VD08 | 蒸汽透平中压蒸汽入口阀 | HC3011 | 蒸汽透平手动调速器 |
| VD09 | 蒸汽透平中压蒸汽入口旁通阀 | XN301 | 调速器切换开关 |
| VD10 | 蒸汽透平低压蒸汽出口阀 | | |

### 三、岗位安全要求

① 时刻注意压缩机的压力、温度等各项工艺指标是否符合要求，如有超标现象应及时查找原因，及时处理。

② 经常检查润滑系统，使之通畅、良好。

③ 冷却器和气缸夹套中的冷却水的作用是带走压缩机系统工作过程中产生的热量，要保证冷却器和夹套的水畅通，不得有堵塞现象。

④ 压缩机运转时，如果气缸盖、活门盖、管道连接法兰、阀门法兰等部位漏气，需停机卸掉压力后再行处理。严禁带压松紧螺栓，以防受力不均、负荷较大导致螺栓断裂。

⑤ 压缩机开车前必须盘车。压缩可燃气体的压缩机开车前必须进行置换，分析合格后方可开车。

## 任务一　冷态开车操作实训

**1. 开车前准备工作**

① 启动公用工程。

② 油路开车。

③ 盘车。

④ 待转速升到 199r/min 时，停盘车。

⑤ 开启暖机。

⑥ 打开 VD05，开度为 50%，EA305 冷却水投用。

**2. 罐 FA311 充低压甲烷**

① 打开 FA311 入口阀 VD11，开度为 50%。

② 打开 PIC303 调节阀放火炬，开度为 50%。

③ 逐渐打开 FA311 入口阀 VD01。

④ 打开 PV304B 阀，缓慢向系统充压，调整 FA311 顶部安全阀 VD03 和 VD01，使系统压力维持 300～500mmH$_2$O。

⑤ 调节 PIC303 阀门开度，使压力维持在 0.1atm。

　　**注1：** 由于甲烷气体易燃、易爆，不能随意排放到大气中，所以一般都需要放空到火炬进行燃烧处理。

　　**注2：** 当压缩机的进料减少到一定的值，发生喘振现象，这是由于低压甲烷贮罐压力不足，这时通过防喘振线由压缩机出口至贮罐 FA311 的返回管路，补充甲烷气体，使得压缩机的进料能够达到一个正常流量，防止喘振的发生。

**3. 手动升速**

① 重新手动升速，开透平低压蒸汽出口阀 VD10。

② 手动缓慢打开 HC3011，开始压缩机升速，开度递增级差保持在 10% 以内。使透平压缩机转速在 250～300r/min。

**4. 跳闸实验**

① 按动紧急停车按钮。

② XN301 显示压缩机转速下降为 0 后，HC3011 关闭为 0。

③ 关闭低压蒸汽出口阀 VD10。

④ 等待半分钟后，按压缩机复位按钮。

### 5. 重新手动升速

① 重新手动升速，开透平低压蒸汽出口阀 VD10。

② HC3011 开度递增级差保持在 10% 以内，使压缩机转速缓慢升至 1000r/min。

③ C3011 开度递增级差保持在 10% 以内，升转速至 3350r/min。

④ 进行机械检查（软件中已省略，但实际工作中应完成相关工作）。

### 6. 启动调速系统

① 将调速器切换开关切到 PIC304 方向。

② 调大 PRC304 输出值，使阀 PV304B 缓慢关闭。

③ 同时可适当打开出口安全阀旁路阀 VD13 调节出口压力，使 PI301 压力维持在 3～5atm，防止喘振发生。

> 注：当压缩机切换开关指向 HC3011 时，压缩机转速由 HC3011 控制；当压缩机切换开关指向 PRC304 时，压缩机转速由 PRC304 控制。PRC304 为一分程控制阀，分别控制压缩机转速（主气门开度）和压缩机反喘振线上的流量控制阀。当 PRC304 逐渐开大时，首先压缩机反喘振线上的流量控制阀 PV304B 逐渐关小，当 PRC304 的开度达到 50% 时，PV304B 与 PV304A 的开度都为零，当 PRC304 的开度大于 50% 时，压缩机转速逐渐上升（主气门开度逐渐加大）。

### 7. 调节操作参数到正常值

① 当 PI301 压力指示值为 3.03atm 时，关闭旁路阀 VD13。

② 打开 VD06 去燃料系统阀，同时相应关闭 PIC303 放火炬阀。

③ 逐步开大阀 PV304A，使压缩机慢慢升速，当压缩机转速达到 4480r/min 后，将 PRC304 投自动，设定为 295mmH$_2$O。

④ 将 PIC303 投自动，设定为 0.1atm。

⑤ 联锁投用。

> 注：联锁发生后，在复位（RESET）前，应首先将 HC3011 置零，将蒸汽出口阀 VD10 关闭，同时各控制点应置手动，并设成最低值。

## 任务二 正常停车操作实训

### 1. 停调速系统

① 确认联锁已被摘除。

② 将 PRC304 投手动，逐渐减小 PRC304 的输出值，使 PV304A 关闭。

③ 缓慢打开 PV304B 阀，使压缩机转速降至 3350r/min。

④ 将 PIC303 投手动。

⑤ 调大 PIC303 的输出值，打开 PV303 阀放火炬。

⑥ 开启安全阀旁路阀 VD13。

⑦ 开启去燃料系统阀 VD06。

### 2. 手动降速

① 将 HC3011 开度置为 100.0%。

② 将调速开关切换到 HC3011 方向。

③ 缓慢关闭 HC3011。

④ 当压缩机转速降为 300～500r/min 时，按紧急停车按钮，降低压缩机转速为 0。

⑤ 关闭透平蒸汽出口阀 VD10。

### 3. 关闭 FA311 进料

① 关闭 FA311 入口阀 VD01。

② 用 PIC303 关放火炬阀 PV303。

③ 关闭 FA311 入口阀 VD11。

④ 关换热器冷却水阀 VD05。

 ## 任务三　正常运行管理和事故处理操作实训

### 一、正常运行管理

在实训过程中，应密切注意各工艺参数的变化，维持生产过程运行稳定。

正常工况下的工艺参数指标见表 2-8。

表 2-8　正常工况工艺参数指标

| 工位号 | 正常指标 | 备　　注 |
| --- | --- | --- |
| PIC304 | 295mmH$_2$O | 贮罐 FA311 压力 |
| PI301 | 3.03atm | 压缩机出口压力 |
| PI302 | 2.03atm | 燃料系统入口压力 |
| FI301 | 3232.0kg/h | 低压甲烷流量 |
| FI302 | 3200.0kg/h | 中压甲烷进入燃料系统流量 |
| TI302 | 160.0℃ | 压缩机出口中压甲烷温度 |

### 二、事故处理操作实训

**1. 入口压力过高**

主要现象：FA311 罐中压力上升。

处理方法：手动适当打开 PV303 的放火炬阀。

**2. 出口压力过高**

主要现象：压缩机出口压力上升。

处理方法：开大去燃料系统阀 VD06。

**3. 入口管道破裂**

主要现象：贮罐 FA311 中压力下降。

处理方法：先紧急停车，关闭 VD06，调大 PIC303 输出值，打开放火炬 PV303，关闭 VD10、VD01，关放火炬阀 PV303，关 VD11、VD05。

**4. 出口管道破裂**

主要现象：压缩机出口压力下降。

处理方法：紧急停车。

**5. 入口温度过高**

主要现象：TI301 及 TI302 指示值上升。

处理方法：紧急停车。

 ## 思考题

1. 压缩机有哪几种类型？各有什么特点？

2.什么是喘振？如何防止喘振？

3.在手动调速状态，为什么防喘振线上的防喘振阀 PV304B 全开，可以防止喘振？

4.结合"伯努利"方程，说明压缩机如何做功，进行动能、压力和温度之间的转换。

5.根据本单元，理解盘车、手动升速、自动升速的概念。

# 项目三　多级压缩机操作实训

## 一、生产过程简述

### 1. 离心式多级压缩机

离心式多级压缩机的驱动可以是电动机、汽轮机、燃气轮机和内燃机。常用的是电动机和汽轮机。采用自产蒸汽驱动蒸汽透平取代电动机，是国际流行的节能方法。

离心式压缩机的工作原理和离心泵类似，气体从中心流入叶轮，在高速转动的叶轮的作用下，随叶轮作高速旋转并沿半径方向甩出来。叶轮在驱动机械的带动下旋转，把所得到的机械能通过叶轮传递给流过叶轮的气体，即离心压缩机通过叶轮对气体做了功。气体一方面受到旋转离心力的作用增加了气体本身的压力，另一方面又得到了很大的动能。气体离开叶轮后，这部分速度能在通过叶轮后的扩压器、回流弯道的过程中转变为压力能，进一步使气体的压力提高。

离心式压缩机中，气体经过一个叶轮压缩后压力的升高是有限的。因此在要求升压较高的情况下，通常都有许多级叶轮一个接一个、连续地进行压缩，直到最末一级出口达到所要求的压力为止。压缩机的叶轮数越多，所产生的总压头也越大。气体经过压缩后温度升高，当要求压缩比较高时，常常将气体压缩到一定的压力后，从缸内引出，在外设冷却器冷却降温，然后再导入下一级继续压缩。这样依冷却次数的多少，将压缩机分成几段，一个段可以是一级或多级。

离心压缩机的喘振是由于操作不当，进口气体流量过小产生的一种不正常现象。当进口气体流量不适当地减小到一定值时，气体进入叶轮的流速过低，气体不再沿叶轮流动，在叶片背面形成很大的涡流区，甚至充满整个叶道而把通道塞住，气体只能在涡流区打转而流不出来。这时系统中的气体自压缩机出口倒流进入压缩机，暂时弥补进口气量的不足。虽然压缩机似乎恢复了正常工作，重新压出气体，但当气体被压出后，由于进口气体仍然不足，上述倒流现象重复出现。这样一种在出口处时而倒吸、时而吐出的气流，引起出口管道低频、高振幅的气流脉动，并迅速波及各级叶轮，于是整个压缩机产生噪声和振动，这种现象称为喘振。喘振对机器是很不利的，振动过分会产生局部过热，时间过久甚至会造成叶轮破碎等严重事故。当喘振现象发生后，应设法立即增大进口气体流量。方法是利用防喘振装置，将压缩机出口的一部分气体经旁路阀回流到压缩机的进口，或打开出口放空阀，降低出口压力。

### 2. 工艺流程简介

（1）$CO_2$ 流程说明　来自合成氨装置的原料气 $CO_2$ 压力为 150kPa，温度 38℃，流量由 FR8103 计量，进入 $CO_2$ 压缩机一段分离器 V-111，在此分离掉 $CO_2$ 气相中夹带的液滴后进入 $CO_2$ 压缩机的一段入口，经过一段压缩后，$CO_2$ 压力上升为 0.38MPa、温度 194℃，进入一段冷却器 E-119 用循环水冷却到 43℃，为了保证尿素装置防腐所需氧气，在 $CO_2$ 进入 E-119 前加入适量来自合成氨装置的空气，流量由 FRC8101 调节控制，$CO_2$ 中氧含量

0.25%～0.35%，在一段分离器 V-119 中分离掉液滴后进入二段进行压缩，二段出口 $CO_2$ 压力 1.866MPa，温度为 227℃。然后进入二段冷却器 E-120 冷却到 43℃，并经二段分离器 V-120 分离掉液滴后进入三段。

在三段入口设计有段间放空阀。便于低压缸 $CO_2$ 压力控制和快速泄压，$CO_2$ 经三段压缩后压力升到 8.046MPa，温度 214℃，进入三段冷却器 E-121 中冷却。为防止 $CO_2$ 过度冷却而生成干冰，在三段冷却器冷却水回水管线上设计有温度调节阀 TV8111（TIC8111），用此阀来控制四段入口 $CO_2$ 温度在 50～55℃。冷却后的 $CO_2$ 进入四段压缩后压力升到 15.5MPa，温度为 121℃，进入尿素高压合成系统。为防止 $CO_2$ 压缩机高压缸超压、喘振，在四段出口管线上设计有四回一阀 HV-8162（即 HIC8162）。

（2）蒸汽流程说明　主蒸汽压力 5.882MPa、温度 450℃、流量 82t/h，进入透平做功，其中一大部分在透平中部被抽出，抽汽压力 2.598MPa、温度 350℃、流量 54.4t/h，送至框架，另一部分通过中压调节阀进入透平后气缸继续做功，做完功后的乏汽进入蒸汽冷凝系统。

$CO_2$ 气路系统 DCS 图如图 2-8 所示，$CO_2$ 气路系统现场图如图 2-9 所示，透平及油系统 DCS 图如图 2-10，透平及油系统现场图如图 2-11 所示，辅助控制盘图如图 2-12 所示。

## 二、主要设备、仪表和阀件

### 1. 主要设备
主要设备（E：换热器；V：分离器）见表 2-9。

### 2. 阀件
主要控制阀件见表 2-10。

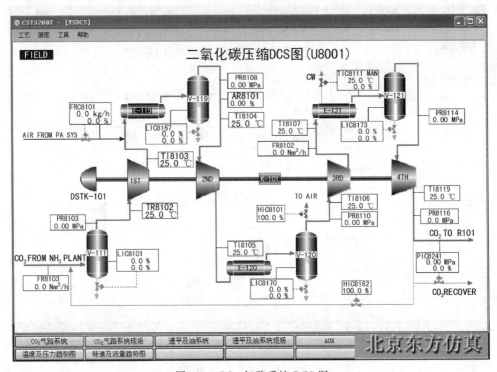

图 2-8　$CO_2$ 气路系统 DCS 图

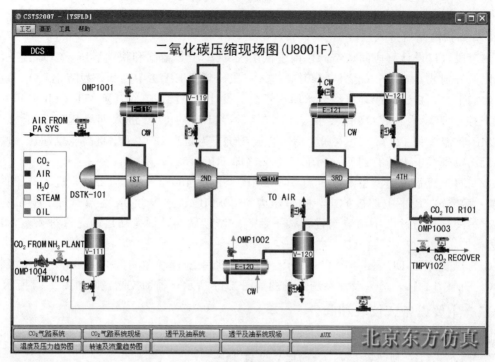

图 2-9　$CO_2$ 气路系统现场图

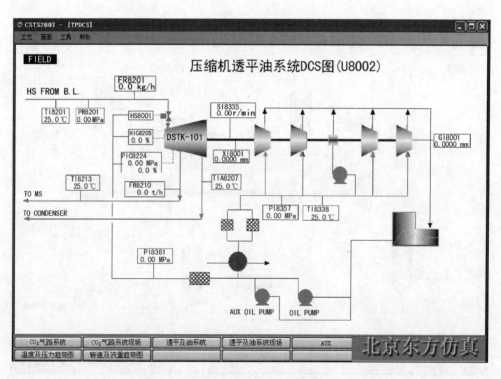

图 2-10　透平及油系统 DCS 图 （U8002）

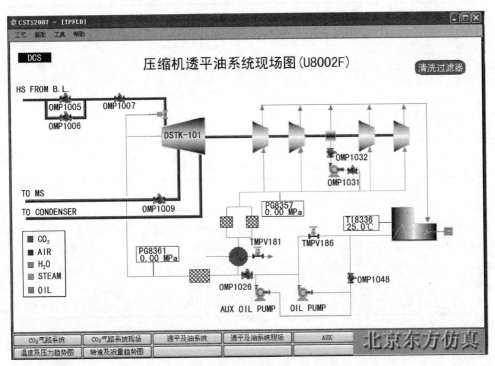

图 2-11　透平及油系统现场图（U8002F）

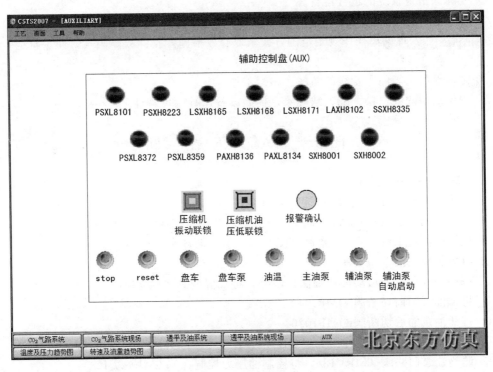

图 2-12　辅助控制盘图

表 2-9　主要设备一览

| 主要设备(U8001) | 主要设备(U8002) |
| --- | --- |
| E-119($CO_2$ 一段冷却器) | DSTK-101 |
| E-120($CO_2$ 二段冷却器) | |
| E-121($CO_2$ 二段冷却器) | |
| V-111($CO_2$ 一段分离器) | |
| V-120($CO_2$ 二段分离器) | 油箱、油泵、油冷器、油过滤器盘车油泵 |
| V-121($CO_2$ 三段分离器) | |
| DSTK-101($CO_2$ 压缩机组透平) | |

表 2-10　主要控制阀件一览

| 位　号 | 说　明 | 位　号 | 说　明 |
| --- | --- | --- | --- |
| FRC8103 | 配空气流量控制 | HIC8162 | 四回一防喘振阀 |
| LIC8101 | V-111 液位控制 | PIC8241 | 四段出口压力控制 |
| LIC8167 | V-119 液位控制 | HS8001 | 透平蒸汽速关阀 |
| LIC8170 | V-120 液位控制 | HIC8205 | 调速阀 |
| LIC8173 | V-121 液位控制 | PIC8224 | 抽出中压蒸汽压力控制 |
| HIC8101 | 段间放空阀 | TIC8111 | E-121 出口温度 |

## 三、岗位安全要求

① 要经常检查润滑系统各部位温度、压力、压差和液位的指示值，发现偏离操作指标时，要及时进行调节，以利于润滑系统的正常运行。

② 要确保密封系统的正常运行。

③ 主机是检查维护的主体，要定期严格检查各轴承的振动、回油情况，转速和轴位移的指示情况，如发现偏离操作规定范围，要采取有效措施，排除故障因素，使主机运行转为正常。

④ 做好设备、阀门和管线的防冻、防凝工作。

⑤ 避免设备的脏、松、乱、缺现象，提高设备运行的可靠性。

# 任务一　冷态开车操作实训

### 1. 准备工作——引循环水

① 压缩机岗位 E119 开循环水阀 OMP1001，引入循环水。

② 压缩机岗位 E120 开循环水阀 OMP1002，引入循环水。

③ 压缩机岗位 E121 开循环水阀 TIC8111，引入循环水。

### 2. $CO_2$ 压缩机油系统开车

① 在辅助控制盘上启动油箱油温控制器，将油温升到 40℃左右。

② 打开油泵的前切断阀 OMP1048。

③ 打开油泵的后切断阀 OMP1026。

④ 从辅助控制盘上开启主油泵"OIL PUMP"。

⑤ 调整油泵回路阀 TMPV186，将控制油压力控制在 0.9MPa 以上。

### 3. 盘车

① 开启盘车泵的前切断阀 OMP1031。

② 开启盘车泵的后切断阀 OMP1032。

③ 从辅助控制盘启动盘车泵。

④ 在辅助控制盘上按盘车按钮，盘车至转速大于 150r/min。

⑤ 检查压缩机有无异常响声，检查振动、轴位移等。

**4. 停止盘车**

① 在辅助控制盘上按盘车按钮停盘车。

② 从辅助控制盘停盘车泵。

③ 关闭盘车泵的后切断阀 OMP1032。

④ 关闭盘车泵的前切断阀 OMP1031。

**5. 联锁试验**

（1）油泵自启动试验　主油泵启动且将油压控制正常后，在辅助控制盘上将辅助油泵自动启动按钮按下，按一下"RESET"按钮，打开透平蒸汽速关阀 HS8001，再在辅助控制盘上按停主油泵，辅助油泵应该自行启动，联锁不应动作。

（2）低油压联锁试验　主油泵启动且将油压控制正常后，确认在辅助控制盘上没有将辅助油泵设置为自动启动，按一下"RESET"按钮，打开透平蒸汽速关阀 HS8001，关闭四回一阀和段间放空阀，通过油泵回路阀缓慢降低油压，当油压降低到一定值时，仪表盘 PSXL8372 应该报警，按确认后继续开大阀降低油压，检查联锁是否动作，动作后透平蒸汽速关阀 HS8001 应该关闭，关闭四回一阀和段间放空阀应该全开。

（3）停车试验　主油泵启动且将油压控制正常后，按一下"RESET"按钮，打开透平蒸汽速关阀 HS8001，关闭四回一阀和段间放空阀，在辅助控制盘上按一下"STOP"按钮，透平蒸汽速关阀 HS8001 应该关闭，关闭四回一阀和段间放空阀应该全开。

**6. 暖管暖机**

① 在辅助控制盘上点辅油泵自动启动按钮，将辅油泵设置为自启动。

② 打开入界区蒸汽副线阀 OMP1006，准备引蒸汽。

③ 打开蒸汽透平主蒸汽管线上的切断阀 OMP1007，压缩机暖管。

④ 全开 $CO_2$ 放空截止阀 TMPV102。

⑤ 全开 $CO_2$ 放空调节阀 PIC8241。

⑥ 透平入口管道内蒸汽压力上升到 5.0MPa 后，开入界区蒸汽阀 OMP1005。

⑦ 关副线阀 OMP1006。

⑧ 打开 $CO_2$ 进料总阀 OMP1004。

⑨ 全开 $CO_2$ 进口控制阀 TMPV104。

⑩ 打开透平抽出截止阀 OMP1009。

⑪ 从辅助控制盘上按一下"RESET"按钮，准备冲转压缩机。

⑫ 打开透平速关阀 HS8001。

⑬ 逐渐打开阀 HIC8205，将转速 SI8335 提高到 1000r/min，进行低速暖机，控制转速 1000r/min，暖机 15min（模拟为 2min）。

⑭ 打开油冷器冷却水阀 TMPV181。

⑮ 暖机结束，将机组转速缓慢提到 2000r/min，检查机组运行情况，检查压缩机有无异常响声，检查振动、轴位移等，控制转速 2000r/min，停留 15min（模拟为 2min）。

**7. 过临界转速**

① 继续开大 HIC8205，将机组转速缓慢提到 3000r/min，准备过临界转速（3000～

3500r/min)。

② 继续开大 HIC8205，用 20～30s 的时间将机组转速缓慢提到 4000r/min，通过临界转速。

③ 逐渐打开 PIC8224 到 50%。

④ 缓慢将段间放空阀 HIC8101 关小到 72%。

⑤ 将 V-111 液位控制 LIC8101 投自动，设定值在 20%左右。

⑥ 将 V-119 液位控制 LIC8167 投自动，设定值在 20%左右。

⑦ 将 V-120 液位控制 LIC8170 投自动，设定值在 20%左右。

⑧ 将 V-121 液位控制 LIC8173 投自动，设定值在 20%左右。

⑨ 将 TIC8111 投自动，设定值在 52℃左右。

**8. 升速升压**

① 继续开大 HIC8205，将机组转速缓慢提到 5500r/min。

② 缓慢将段间放空阀 HIC8101 关小到 50%。

③ 继续开大 HIC8205，将机组转速缓慢提到 6050r/min。

④ 缓慢将段间放空阀 HIC8101 关小到 25%。

⑤ 缓慢将四回一阀 HIC8162 关小到 75%。

⑥ 继续开大 HIC8205，将机组转速缓慢提到 6400r/min。

⑦ 缓慢将段间放空阀 HIC8101 关闭。

⑧ 缓慢将四回一阀 HIC8162 关闭。

⑨ 继续开大 HIC8205，将机组转速缓慢提到 6935r/min，调整 HIC8205，将机组转速 SI8335 稳定在 6935r/min。

**9. 投料**

① 逐渐关小 PIC8241，缓慢将压缩机四段出口压力提升到 14.4MPa，平衡合成系统压力。

② 打开 $CO_2$ 出口阀 OMP1003。

③ 继续手动关小 PIC8241，缓慢将压缩机四段出口压力提升到 15.4MPa，将 $CO_2$ 引入合成系统。

④ 当 PIC8241 控制稳定在 15.4MPa 左右后，将其投自动设定在 15.4MPa。

# 任务二　正常停车操作实训

**1. $CO_2$ 压缩机停车**

① 调节 HIC8205 将转速降至 6500r/min。

② 调节 HIC8162，将负荷（标准态）减至 21000m³/h。

③ 继续调节 HIC8162 抽汽与注汽量，直至 HIC8162 全开。

④ 手动缓慢打开 PIC8241，将四段出口压力降到 14.5MPa 以下，$CO_2$ 退出合成系统。

⑤ 关闭 $CO_2$ 入合成总阀 OMP1003。

⑥ 继续开大 PIC8241 缓慢降低四段出口压力到 8.0～10.0MPa。

⑦ 调节 HIC8205 将转速降至 6403r/min。

⑧ 继续调节 HIC8205 将转速降至 6052r/min。

⑨ 调节 HIC8101，将四段出口压力降至 4.0MPa。

⑩ 继续调节 HIC8205 将转速降至 3000r/min。

⑪ 继续调节 HIC8205 将转速降至 2000r/min。

⑫ 在辅助控制盘上按"STOP"按钮，停压缩机。

⑬ 关闭 $CO_2$ 入压缩机控制阀 TMPV104。

⑭ 关闭 $CO_2$ 入压缩机总阀 OMP1004。

⑮ 关闭蒸汽抽出至 MS 总阀 OMP1009。

⑯ 关闭蒸汽至压缩机工段总阀 OMP1005。

⑰ 关闭压缩机蒸汽入口阀 OMP1007。

**2. 油系统停车**

① 从辅助控制盘上取消辅油泵自启动。

② 从辅助控制盘上停运主油泵。

③ 关闭油泵进口阀 OMP1048。

④ 关闭油泵出口阀 OMP1026。

⑤ 关闭油冷器冷却水阀 TMPV181。

⑥ 从辅助控制盘上停油温控制。

## 任务三　正常运行管理和事故处理操作实训

### 一、正常运行管理

在实训过程中，密切注意各工艺参数的变化，维持生产过程运行稳定。

正常工况下的工艺参数指标见表 2-11。

**表 2-11　正常工况工艺参数指标**

| 位号 | 测量点位置 | 常值 | 位号 | 测量点位置 | 常值 |
|---|---|---|---|---|---|
| TR8102 | $CO_2$ 原料气温度 | 40℃ | TIC8111 | $CO_2$ 压缩机三段冷却器出口温度 | 52℃ |
| TI8103 | $CO_2$ 压缩机一段出口温度 | 190℃ | TI8119 | $CO_2$ 压缩机四段出口温度 | 120℃ |
| PR8108 | $CO_2$ 压缩机一段出口压力 | 0.28MPa | PIC8241 | $CO_2$ 压缩机四段出口压力 | 15.4MPa |
| TI8104 | $CO_2$ 压缩机一段冷却器出口温度 | 43℃ | PIC8224 | 出透平中压蒸汽压力 | 2.5MPa |
| FRC8101 | 二段空气补加流量 | 330kg/h | FR8201 | 入透平蒸汽流量 | 82t/h |
| FR8103 | $CO_2$ 吸入流量 | 27000m³/h（标准态） | FR8210 | 出透平中压蒸汽流量 | 54.4t/h |
| FR8102 | 三段出口流量 | 27330m³/h（标准态） | TI8213 | 出透平中压蒸汽温度 | 350℃ |
| AR8101 | 含氧量 | 0.25%～0.3% | TI8338 | $CO_2$ 压缩机油冷器出口温度 | 43℃ |
| TE8105 | $CO_2$ 压缩机二段出口温度 | 225℃ | PI8357 | $CO_2$ 压缩机油滤器出口压力 | 0.25MPa |
| PR8110 | $CO_2$ 压缩机二段出口压力 | 1.8MPa | PI8361 | $CO_2$ 控制油压力 | 0.95MPa |
| TI8106 | $CO_2$ 压缩机二段冷却器出口温度 | 43℃ | SI8335 | 压缩机转速 | 6935r/min |
| TI8107 | $CO_2$ 压缩机三段出口温度 | 214℃ | XI8001 | 压缩机振动 | 0.022mm |
| PR8114 | $CO_2$ 压缩机三段出口压力 | 8.02MPa | GI8001 | 压缩机轴位移 | 0.24mm |

## 二、事故处理操作实训

### 1. 压缩机振动大

事故原因：机械方面的原因，如轴承磨损，平衡盘密封环，找正不良，轴弯曲，连轴节松动等设备本身的原因；转速控制方面的原因，机组接近临界转速下运行产生共振；工艺控制方面的原因，主要是操作不当造成压缩机喘振。

处理方法：模拟中只有 20s 的处理时间，处理不及时就会发生联锁停车。机械方面故障需停车检修；产生共振时，需改变操作转速，另外在开停车过程中过临界转速时应尽快通过；当压缩机发生喘振时，找出发生喘振的原因，并采取相应的措施。

① 入口气量过小。打开防喘振阀 HIC8162，开大入口控制阀开度。

② 出口压力过高。打开防喘振阀 HIC8162，开大四段出口排放调节阀开度。

③ 操作不当，开关阀门动作过大。打开防喘振阀 HIC8162，消除喘振后再精心操作。

预防措施：① 离心式压缩机一般都设有振动检测装置，在生产过程中应经常检查，发现轴振动或位移过大，应分析原因，及时处理。

② 喘振预防。应经常注意压缩机气量的变化，严防入口气量过小而引发喘振。在开车时应遵循"升压先升速"的原则，先将防喘振阀打开，当转速升到一定值后，再慢慢关小防喘振阀，将出口压力升到一定值，然后再升速，使升速、升压交替缓慢进行，直到满足工艺要求。停车时应遵循"降压先降速"的原则，先将防喘振阀打开一些，将出口压力降低到某一值，然后再降速，降速、降压交替进行，直到泄完压力再停机。

### 2. 压缩机辅助油泵自动启动

事故原因：油泵出口过滤器有堵塞，油泵回路阀开度过大。

处理方法：关小油泵回路阀，按过滤器清洗步骤清洗油过滤器，从辅助控制盘停辅助油泵。

预防措施：油系统正常运行是压缩机正常运行的重要保证，因此，压缩机的油系统也设有各种检测装置，如油温、油压、过滤器压降、油位等，生产过程中要对这些内容经常进行检查，油过滤器要定期切换清洗。

### 3. 四段出口压力偏低，$CO_2$ 打气量偏少

事故原因：压缩机转速偏低；防喘振阀未关死；压力控制阀 PIC8241 未投自动，或未关死。

处理方法：将转速调到 6935r/min；关闭防喘振阀；关闭压力控制阀 PIC8241。

预防措施：压缩机四段出口压力和下一工段的系统压力有很大的关系，下一工段系统压力波动也会造成四段出口压力波动，也会影响到压缩机的打气量，所以在生产过程中下一系统——合成系统压力应该控制稳定，同时应该经常检查压缩机的吸气流量、转速以及排放阀、防喘振阀和段间放空阀的开度，正常工况下这三个阀应该尽量保持关闭状态，以保持压缩机的最高工作效率。

### 4. 压缩机因喘振发生联锁跳车

事故原因：操作不当，压缩机发生喘振，处理不及时。

处理方法：关闭 $CO_2$ 去尿素合成总阀 OMP1003；在辅助控制盘上按一下"RESET"按钮；按冷态开车步骤中暖管暖机冲转开始重新开车。

预防措施：按振动过大中喘振预防措施预防喘振发生，一旦发生喘振要及时按其处理措施进行处理，及时打开防喘振阀。

### 5. 压缩机三段冷却器出口温度过低

事故原因：冷却水控制阀 TIC8111 未投自动，阀门开度过大。

处理方法：关小冷却水控制阀 TIC8111，将温度控制在 52℃ 左右；控制稳定后将

TIC8111 设定在 52℃投自动。

预防措施：二氧化碳在高压下温度过低会析出固体干冰，干冰会损坏压缩机叶轮，而影响到压缩机的正常运行，因而压缩机运行过程中应该经常检查该点温度，将其控制在正常工艺指标范围之内。

### 思考题

1. 离心式压缩机的优点是什么？
2. 离心式压缩机的喘振现象及防止措施有哪些？
3. 哪些操作会引起四段出口压力偏低？
4. 在正常工况下，$CO_2$ 压缩机油滤器出口压力低于正常值 0.25MPa 时如何处理？
5. 当压缩机升速升压后机组转速 SI8335 达到 6935r/min 左右后，观察到 $CO_2$ 压缩机各段出口压力如 PR8114 等下降低于正常值后并发生剧烈波动，如何处理？

## 项目四　液位控制系统操作实训

## 一、生产过程简述

### 1. 液位控制

多级液位控制和原料的比例混合，是化工生产中经常遇到的问题，要求做到平稳、准确地控制。首先，按流程中主物料流向逐渐建立液位；其次，应准确分析流程，找出主、副控制变量；最后，选择合理的自动控制方案，并进行正确的控制操作。

本单元涉及的主要控制包括：分程控制系统、比值控制系统、串级控制系统。

分程控制回路是指一台控制器的输出可以同时控制两只甚至两只以上的控制阀，控制器的输出信号被分割成若干个信号的范围段，而由每一段信号去控制一只控制阀。

本单元的分程控制回路有：PIC101 分程控制冲压阀 PV101A 和泄压阀 PV101B。

比值控制系统是指实现两个或两个以上参数符合一定比例关系的控制系统，通常以保持两种或几种物料的流量为一定比例关系的系统。比值控制系统可分为：开环比值控制系统、单闭环比值控制系统，双闭环比值控制系统，变比值控制系统，串级和比值控制组合的系统等。

本单元 FFIC104 为一比值调节器。根据 FIC1103 的流量，按一定的比例，相适应比例调整 FI103 的流量。

串级控制系统是指系统中不止采用一个控制器，而且控制器间相互串联，一个控制器的输出作为另一个控制器的给定值。

在本单元中罐 V101 的液位是由液位调节器 LIC101 和流量调节器 FIC102 串级控制。

### 2. 工艺流程简介

原料缓冲罐 V101 只有一股来料，$8kgf/cm^2$ 压力的液体通过调节阀 FIC101 向罐 V101 充液，此罐压力由调节阀 PIC101 分程控制，缓冲罐压力高于分程点（5.0atm）时，PV101B 自动打开泄压，压力低于分程点时，PV101B 自动关闭，PV101A 自动打开给罐充压，使 V101 压力控制在 5atm。缓冲罐 V101 液位调节器 LIC101 和流量调节阀 FIC102 串级调节，一般液位正常控制在 50％左右，自 V101 底抽出液体通过泵 P101A 或 P101B（备用泵）打入罐 V102，该泵出口压力一般控制在 9atm，FIC102 流量正常控制在 20000kg/h。

罐 V102 有两股来料，一股为 V101 通过 FIC102 与 LIC101 串级调节后来的流量；另一股为通过调节阀 LIC102 进入罐 V102，一般 V102 液位控制在 50％左右，V102 底液抽出通过调节阀 FIC103 进入 V103，正常工况时 FIC103 的流量控制在 30000kg/h。

罐 V103 也有两股进料，一股来自于 V102，另一股为通过 FIC103 与 FI103 比值调节进入 V103 的料液，比值系数为 2∶1，V103 中的液体通过 LIC103 调节阀输出，正常时罐 V103 液位控制在 50％左右。

液位控制 PID 工艺流程图如图 2-13 所示，液位控制流程 DCS 图如图 2-14 所示，液位控制现场图如图 2-15 所示。

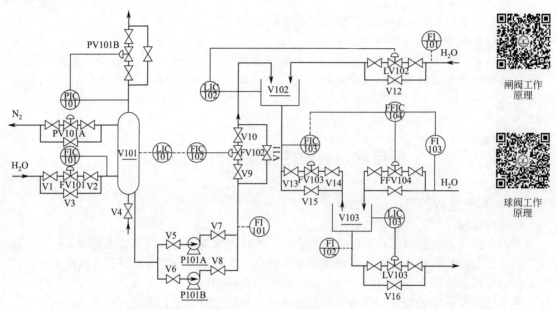

图 2-13　液位控制 PID 工艺流程图

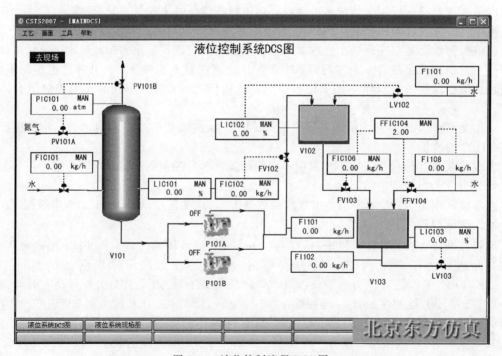

图 2-14　液位控制流程 DCS 图

　化工生产仿真实训

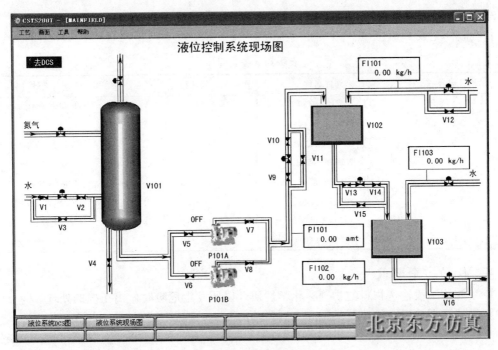

图 2-15　液位控制现场图

## 二、主要设备、仪表和阀件

### 1. 主要设备

主要设备见表 2-12。

### 2. 仪表

各类仪表见表 2-13。

表 2-12　主要设备

| 设备位号 | 设备名称 | 设备位号 | 设备名称 |
|---|---|---|---|
| V101 | 缓冲罐 | P101A | 缓冲罐 V101 底抽出泵 |
| V102 | 恒压中间罐 | P101B | 缓冲罐 V101 底抽出备用泵 |
| V103 | 恒压产品罐 | | |

表 2-13　各类仪表

| 位号 | 说明 | 类型 | 正常值 | 量程高限 | 量程低限 | 工程单位 |
|---|---|---|---|---|---|---|
| FIC101 | V101 进料流量 | PID | 20000.0 | 40000.0 | 0.0 | kg/h |
| FIC102 | V101 出料流量 | PID | 20000.0 | 40000.0 | 0.0 | kg/h |
| FIC103 | V102 出料流量 | PID | 30000.0 | 60000.0 | 0.0 | kg/h |
| FIC104 | V103 进料流量 | PID | 15000.0 | 30000.0 | 0.0 | kg/h |
| LIC101 | V101 液位 | PID | 50.0 | 100.0 | 0.0 | % |
| LIC102 | V102 液位 | PID | 50.0 | 100.0 | 0.0 | % |
| LIC103 | V103 液位 | PID | 50.0 | 100.0 | 0.0 | % |
| PIC101 | V101 压力 | PID | 5.0 | 10.0 | 0.0 | $kgf/cm^2$ |
| FI103 | V103 进料流量 | AI | 15000.0 | 30000.0 | 0.0 | kg/h |
| PI101 | P101A/B 出口压力 | AI | 9.0 | 10.0 | 0.0 | $kgf/cm^2$ |

**3. 阀件**

各类阀件见表 2-14。

表 2-14　各类阀件

| 阀件位号 | 阀件名称 | 阀件位号 | 阀件名称 |
| --- | --- | --- | --- |
| V1 | FV101 前阀 | V9 | FV102 前阀 |
| V2 | FV101 后阀 | V10 | FV102 后阀 |
| V3 | FV101 旁通阀 | V11 | FV102 旁通阀 |
| V4 | V101 排液阀 | V12 | LV102 旁通阀 |
| V5 | P101A 前阀 | V13 | FV103 前阀 |
| V6 | P101B 前阀 | V14 | FV103 后阀 |
| V7 | P101A 后阀 | V15 | FV103 旁通阀 |
| V8 | P101B 后阀 | V16 | LV103 旁通阀 |

## 三、岗位安全要求

① 了解该工段输送物料的物理、化学性质，以便发生危险时做出正确的处理。

② 熟练掌握该工段的控制类型和主副回路的互相影响。

③ 注意工艺上两种或两种以上的物料的比例关系，比例一旦失调，将影响生产或造成事故。

# 任务一　冷态开车操作实训

**1. 缓冲罐 V101 充压及液位建立**

① 在现场图上，打开 V101 进料调节器 FIC101 的前后手阀 V1 和 V2，开度在 100％。

② 在 DCS 图上，打开调节阀 FIC101，阀位一般在 50％左右开度，给缓冲罐 V101 充液。

③ 待 V101 见液位后再启动压力调节阀 PIC101，阀位先开至 20％充压。

④ 待压力达 5atm 左右时，PIC101 投自动。

注：PIC101 为分程控制，当 PIC101 的操作值为 0～50 时冲压阀 PV101A 打开，操作值为 50～100 时泄压阀 PV101B 打开。

**2. 中间贮槽 V102 液位的建立**

① V101 液位达 40％以上，而且压力达 5.0atm 左右时，将 FIC101 投自动（设定值为 20000.0kg/h）。

② 当 V101 液位达到 40％以上，全开泵 P101A 的前手阀 V5。

③ 启动泵 P101A。

④ 全开泵 P101A 的后手阀 V7。

⑤ 当泵出口压力达 10atm 以上时，全开 FV102 的前阀 V9、后阀 V10。

⑥ 打开调节阀 FIC102，手动调节 FV102 开度，使泵出口压力控制在 9.0atm 左右，V101 的液位控制在 50％左右。

⑦ 打开液位调节阀 LV102 至 50％开度，使 FIC101 流量为 10000.0kg/h。操作平稳后，将 LIC101 投自动，设定值为 50％。

⑧ V101 进料流量调整器 FIC102 投自动，设定值为 20000.0kg/h。

⑨ 操作平稳后调节阀 FIC102 投入自动控制并与 LIC101 串级调节 V101 液位。

⑩ V102 液位达 50% 左右，LIC102 投自动，设定值为 50%。

注：罐 V101 的液位是由液位调节器 LIC101 和流量调节器 FIC102 串级控制。LIC101 是主控，控制罐 V101 的液位；FIC102 是副控，控制罐 V101 的出料量。整套系统是主控 LIC101 通过控制副控 FIC102 来调节罐 V101 的出料量，从而控制罐 V101 的液位。

### 3. 产品贮槽 V103 液位的建立

① V102 液位达 50% 左右，全开流量调节器 FIC103 前后手阀 V13 及 V14。

② 打开 FV103，使流经 FV103 物料量为 30000.0kg/h。

③ 打开 FFV104，使 FI103 显示值为 15000.0kg/h。

④ 将 FIC103 投自动（设定值为 30000.0kg/h）。

⑤ 将 FFIC104 投自动（设定值为 2）。

⑥ FFIC104 投串级。

⑦ V103 液位达到 50% 左右时，打开 LV103，开度为 50%。

⑧ 当 V103 液位稳定到 50% 左右时，将 LIC103 投自动（设定值为 50%）。

注：对于比值调节系统，首先是要明确哪种物料是主物料，而另一种物料按主物料来配比。根据 FIC103 的流量，按一定的比例，调整 FI103 的流量。

## 任务二　正常停车操作实训

### 1. 关进料线

① 将调节阀 FIC101 改为手动操作，关闭 FIC101，再关闭现场手阀 V1 及 V2。

② 将调节阀 LIC102 改为手动操作，关闭 LIC102，使 V102 外进料流量 FI101 为 0.0kg/h。

③ 将调节阀 FFIC104 改为手动操作，关闭 FFIC104。

### 2. 将调节器改手动控制

① 将调节器 LIC101 改手动调节，FIC102 解除串级改手动控制。

② 手动调节 FIC102，维持泵 P101A 出口压力，使 V101 液位缓慢降低。

③ 将调节器 FIC103 改手动调节，维持 V102 液位缓慢降低。

④ 将调节器 LIC103 改手动调节，维持 V103 液位缓慢降低。

### 3. V101 泄压及排放

① 罐 V101 液位下降至 10% 时，先关出口阀 FV102，关 V10、V9，关出口阀 V7，停泵 P101A，关 V5。

② 打开排凝阀 V4。

③ 当罐 V101 液位降到 0.0 时，PIC101 置手动调节，打开 PV101 为 100% 放空。

④ 当罐 V102 液位为 0.0 时，关调节阀 FIC103 及现场前后手阀 V13 及 V14。

⑤ 当罐 V103 液位为 0.0 时，关调节阀 LIC103。

## 任务三　正常运行管理和事故处理操作实训

### 一、正常运行管理

正常工况下的工艺参数指标见表 2-15。

表 2-15　正常工况工艺参数指标

| 工位号 | 正常指标 | 备　　注 | 工位号 | 正常指标 | 备　　注 |
|---|---|---|---|---|---|
| FIC101 | 20000.0kg/h | V101 的进料量正常值 | LIC102 | 50% | V102 液位正常值 |
| PIC101 | 5.0atm | V101 的压力(分程控制)正常值 | LIC103 | 50% | V103 液位正常值 |
| LIC101 | 50% | V101 的液位(与 FIC102 串级)正常值 | PI101 | 9.0atm | 泵 P101A(或 P101B)出口压力 |
| FIC102 | 20000.0kg/h | V101 的出料流量正常值 | FI101 | 10000.0kg/h | V102 外进料流量正常值 |
| FIC103 | 30000.0kg/h | V102 的出料流量正常值 | FI102 | 45000.0kg/h | V103 产品输出量 |
| FFIC104 | 2 | FIC103 与 FI103 的比值 | | | |

## 二、事故处理操作实训

### 1. 泵 P101A 坏

事故现象：画面泵 P101A 显示为开，但泵出口压力急剧下降。

事故原因：运行泵 P101A 停。

处理方法：先关小出口调节阀开度，启动备用泵 P101B，调节出口压力，压力达 9.0atm（表）时，关泵 P101A，完成切换。

① 关小 P101A 泵出口阀 V7。

② 打开 P101B 泵入口阀 V6。

③ 启动备用泵 P101B。

④ 打开 P101B 泵出口阀 V8。

⑤ 待 PI101 压力达 9.0atm 时，关阀 V7。

⑥ 关闭 P101A 泵。

⑦ 关闭 P101A 泵入口阀 V5。

### 2. 调节阀 FIC102 卡阀

事故现象：罐 V101 液位急剧上升，FIC102 流量减小。

事故原因：FIC102 调节阀卡，20% 开度不动作。

处理方法：打开副线阀 V11，待流量正常后，关调节阀前后手阀。

① 调节 FIC102 旁路阀 V11 开度。

② 待 FIC102 流量正常后，关闭 FIC102 前后手阀 V9 和 V10。

③ 调节 FIC102 到手动后，关闭调节阀 FIC102。

 思考题

1.通过本单元，理解什么是"过程动态平衡"，掌握通过仪表画面了解液位发生变化的原因和如何解决的方法。

2.本仿真培训单元包括串级、比值、分程三种复杂调节系统，它们的特点分别是什么？它们与简单控制系统的差别是什么？

3.在调节器 FIC103 和 FFIC104 组成的比值控制回路中，哪一个是主动量？为什么？并指出这种比值调节属于开环还是闭环控制回路？

4.在开/停车时，为什么要特别注意维持流经调节阀 FV103 和 FFV104 的液体流量比值为 2？

5.停车时为什么"先排凝后放压"？

# 项目五　真空系统操作实训

## 一、生产过程简述

### 1. 真空泵

从设备或系统中抽出气体使其中的绝对压强低于大气压，所用的设备称为真空泵。真空泵的类型很多，比较常用的有水环真空泵和喷射泵。

水环真空泵的外壳内偏心地装有叶轮，叶轮上有辐射状叶片，泵壳内约充有一半容积的水。当叶轮旋转时，形成水环。水环有液封作用，使叶片间空隙形成大小不等的密封小室。当小室的容积增大时，气体通过吸入口被吸入；当小室变小时，气体由排出口排出。水环真空泵运转时，要不断补充水以维持泵内液封。水环真空泵属湿式真空泵，吸气中可允许夹带少量液体。

喷射泵是利用高速流体射流时静压能和动能之间的转换所造成的真空，将气体吸入泵内，并在混合室通过碰撞、混合以提高吸入气体的机械能，气体和工作流体一起排出泵外。喷射泵的工作流体可以是水蒸气也可以是水。单级蒸汽喷射泵仅仅能达到 90% 的真空度，为了获得更高的真空度可以采用多级蒸汽喷射泵，工程上最多采用五级蒸汽喷射泵，其极限真空（绝压）可以达到 1.3Pa。

### 2. 工艺流程简介

本工段主要完成三个塔体系统真空抽取。液环真空泵 P416 系统负责 A 塔系统真空抽取，正常工作压力为 26.6kPa，并作为 J451、J441 喷射泵的二级泵。J451 是一个串联的二级喷射系统，负责 C 塔系统真空抽取，正常工作压力为 1.33kPa。J441 为单级喷射泵系统，抽取 B 塔系统真空，正常工作压力为 2.33kPa。被抽气体主要成分为可冷凝气相物质和水。由 D417 气水分离后的液相提供给 P416 灌泵，提供所需液环液相补给；气相进入换热器 E417，冷凝出的液体回流至 D417，E417 出口气相进入焚烧单元。生产过程中，主要通过调节各泵进口回流量或泵前被抽工艺气体流量来调节压力。

J441 和 J451A/B 两套喷射真空泵分别负责抽取塔 B 区和 C 区，中压蒸汽喷射形成负压，抽取工艺气体。蒸汽和工艺气体混合后，进入 E418、E419、E420 等冷凝器。在冷凝器内大量蒸汽和带水工艺气体被冷凝后，流入 D425 封液罐。未被冷凝的气体一部分作为液环真空泵 P416 的入口回流，一部分作为自身入口回流，以便压力控制调节。

D425 主要作用是为喷射真空泵系统提供封液。防止喷射泵喷射被压过大而无法抽取真空。开车前应该为 D425 灌液，当液位超过大气腿最下端时，方可启动喷射泵系统。

真空系统 PID 工艺流程图如图 2-16 所示，真空系统 DCS 总览图如图 2-17 所示，P416 真空 DCS 图如图 2-18 所示，P416 真空现场图如图 2-19 所示，J441/J451 真空 DCS 图如图 2-20 所示，J441/J451 真空现场图如图 2-21 所示，封液罐现场图如图 2-22 所示。

## 二、主要设备、仪表和阀件

### 1. 主要设备

主要设备见表 2-16。

### 2. 仪表

各类仪表见表 2-17。

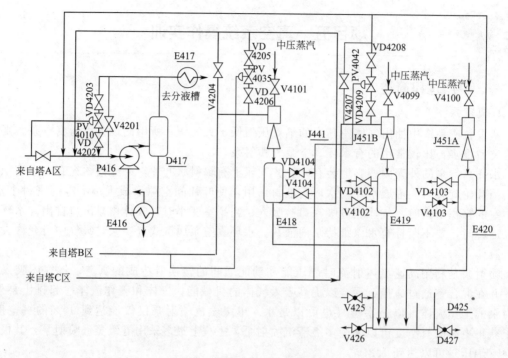

图 2-16 真空系统 PID 工艺流程图

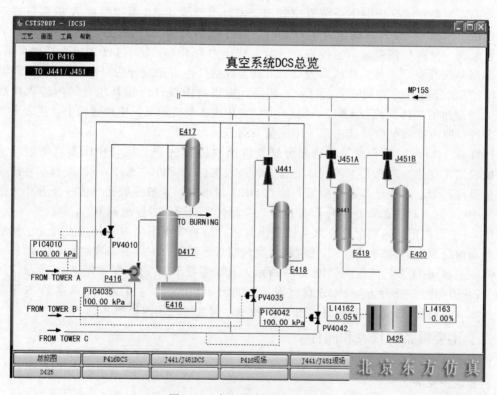

图 2-17 真空系统 DCS 总览图

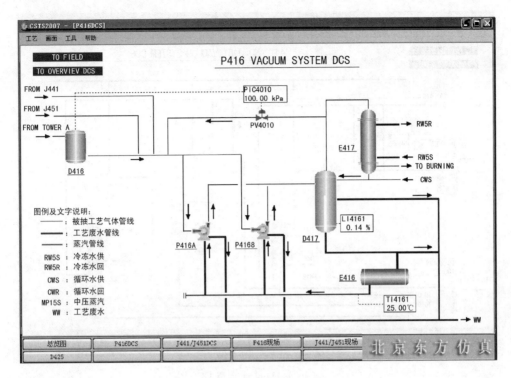

图 2-18  P416 真空 DCS 图

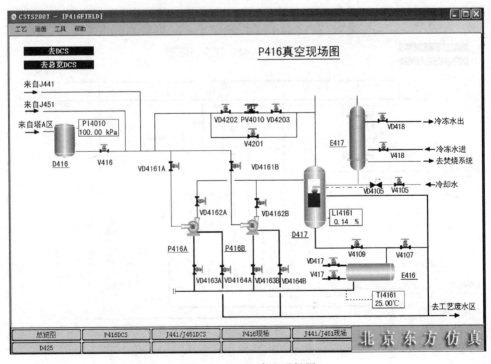

图 2-19  P416 真空现场图

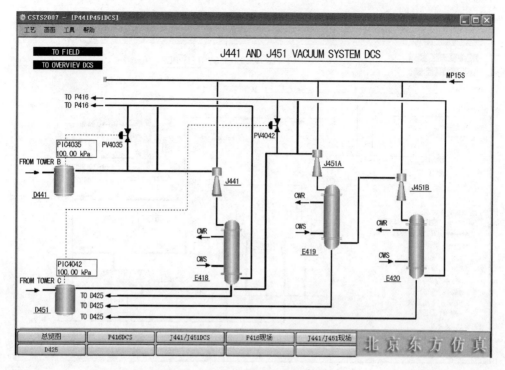

图 2-20　J441/J451 真空 DCS 图

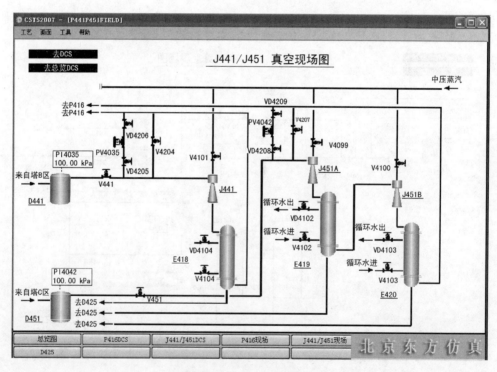

图 2-21　J441/J451 真空现场图

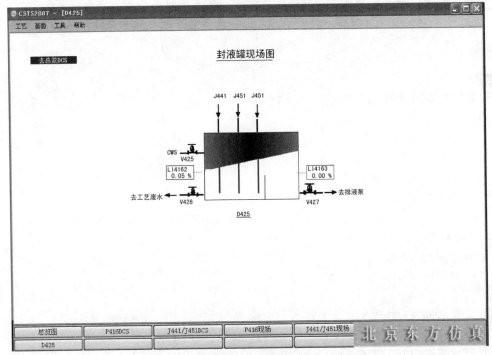

图 2-22　封液罐现场图

表 2-16　主要设备

| 设备位号 | 设备名称 | 设备位号 | 设备名称 |
|---|---|---|---|
| D416 | 压力缓冲罐 | E419 | 换热器 |
| D441 | 压力缓冲罐 | E420 | 换热器 |
| D451 | 压力缓冲罐 | P416 | 液环真空泵 |
| D417 | 气液分离罐 | J441 | 蒸汽喷射泵 |
| E416 | 换热器 | J451A | 蒸汽喷射泵 |
| E417 | 换热器 | J451B | 蒸汽喷射泵 |
| E418 | 换热器 | D425 | 封液罐 |

表 2-17　各类仪表

| 位　号 | 说　明 | 目标值 | 工程单位 |
|---|---|---|---|
| PIC4010 | 水环真空泵 P416 正常工作压力 | 26.6 | kPa |
| PIC4035 | J441 喷射泵正常工作压力 | 3.33 | kPa |
| PIC4042 | J451 喷射泵正常工作压力 | 1.33 | kPa |
| TI4161 | 出口水温 | 8.17 | ℃ |
| LI4161 | 气液分离罐液位 | 68.78 | % |
| LI4162 | 封液罐左室液位 | 80.84 | % |
| LI4163 | 封液罐右室液位 | ≤50 | % |

### 三、岗位安全要求

① 选择合理的管路方案，真空泵与所抽水容器的距离越短越好，管路拐弯越少越好，进口管路应高于泵的入口中心线，出口管应避免有引起较大阻力的因素。

② 安装或维修管路时，防止掉进管路异物，以免真空泵启动以后叶轮被打碎。真空泵

应尽量避免抽除溶剂、水蒸气和有腐蚀性气体等，必须用时须勤检查、勤换油。

③ 如吸入化学气体及溶剂，对泵油污染影响真空后，则必须作清洗换油处理。

 **任务一　冷态开车操作实训**

### 1. 液环真空和喷射真空泵灌水

① 开阀 V4105 为 D417 灌水。

② 待 D417 有一定液位后，开阀 V4109。

③ 开启灌水水温冷却器 E416，开阀 VD417。

④ 开阀 V417，开度 50％。

⑤ 开阀 VD4163A，为液环泵 P416A 灌水。

⑥ 在 D425 中，开阀 V425 为 D425 灌水，液位达到 10％以上。

### 2. 开液环泵

① 开进料阀 V416。

② 开泵前阀 VD4161A。

③ 开泵 P416A。

④ 开泵后阀 VD4162A。

⑤ 开 E417 冷凝系统：开阀 VD418，开度 50％。

⑥ 开回流四组阀：打开 VD4202，打开 VD4203。

⑦ PIC4010 投自动，设置 SP 值为 26.6kPa。

### 3. 开喷射泵

① 开进料阀 V441，开度 100％；开进口阀 V451，开度 100％。

② 在 J441/J451 现场中，开喷射泵冷凝系统，开 VD4104，开度 50％。

③ 开阀 VD4102，开度 50％。

④ 开阀 VD4103，开度 50％。

⑤ 开回流四组阀：开阀 VD4208，开阀 VD4209。

⑥ 投 PIC4042 为自动，输入 SP 值为 1.33kPa。

⑦ 开阀 VD4205，开阀 VD4206。

⑧ 投 PIC4035 为自动，输入 SP 值为 3.33kPa。

⑨ 开启中压蒸汽，开始抽真空，开阀 V4101，开度 50％。

⑩ 开阀 V4099，开度 50％；开阀 V4100，开度 50％。

### 4. 检查 D425 左右室液位

开阀 V427，防止右室液位过高。

> **注 1**：抽真空的操作步骤：
> ① 液环真空和喷射真空泵灌水；
> ② 开液环泵；
> ③ 开喷射泵；
> ④ 检查 D425 左右室液位（右室液位不能过高）。
>
> **注 2**：压力回路调节：PIC4010 检测压力缓冲罐 D416 内压力，调节 P416 进口前回路控制阀 PV4010 开度，调节 P416 进口流量。PIC4035 和 PIC4042 调节压力机理同 PIC4010。
>
> **注 3**：D417 内液位控制：采用浮阀控制系统。当液位低于 50％时，浮球控制的阀门 VD4105 自动打开。在阀门 V4105 打开的条件下，自动为 D417 内加水，满足 P416 灌液所需水位。当液位高于 68.78％时，液体溢流至工艺废水区，确保 D417 内始终有一定液位。

## 任务二　正常停车操作实训

**1. 停喷射泵系统**

① 在 D425 中开阀 V425，为封液罐灌水。

② 关闭进料口阀门，关阀 V441，关阀 V451。

③ 关闭中压蒸汽，关阀 V4101，关阀 V4099，关阀 V4100。

④ 投 PIC4035 为手动，输入 OP 值为 0。

⑤ 投 PIC4042 为手动，输入 OP 值为 0。

⑥ 关阀 VD4205，关阀 VD4206，关阀 VD4208，关阀 VD4209。

**2. 停液环真空系统**

① 关闭进料阀门 V416。

② 关闭 D417 进水阀 V4105。

③ 停泵 P416A。

④ 关闭灌水阀 VD4163A。

⑤ 关闭冷却系统冷媒，关阀 VD417。

⑥ 关阀 V417，关阀 VD418，关阀 V418。

⑦ 关闭回流控制阀组：投 PIC4010 为手动，输入 OP 值为 0。

⑧ 关闭阀门 VD4202，关闭阀门 VD4203。

**3. 排液**

① 开阀 V4107，排放 D417 内液体。

② 开阀 VD4164A，排放液环泵 P416A 内液体。

## 任务三　事故处理操作实训

**1. 喷射泵大气腿未正常工作**

事故现象：PI4035 及 PI4042 压力逐渐上升。

事故原因：由于误操作将 D425 左室排液阀门 V426 打开，导致左室液位太低。大气进入喷射真空系统，导致喷射泵出口压力变大。真空泵抽气能力下降。

处理方法：关闭阀门 V426，升高 D425 左室液位，重新恢复大气腿高度。

**2. 液环泵灌水阀未开**

事故现象：PI4010 压力逐渐上升。

事故原因：由于误操作将 P416A 灌水阀 VD4163A 关闭，导致液环真空泵进液不够，不能形成液环，无法抽气。

处理方法：开启阀门 VD4163，对 P416 进行灌液。

**3. 液环抽气能力下降**（温度对液环真空影响）

事故现象：PI4010 压力上升，达到新的压力稳定点。

事故原因：由于液环介质温度高于正常工况温度，导致液环抽气能力下降。

处理方法：检查换热器 E416 出口温度是否高于正常工作温度 8.17℃。如果是，加大循环水阀门开度，调节出口温度至正常。

**4. J441 蒸汽阀漏**

事故现象：PI4035 压力逐渐上升。

事故原因：由于进口蒸汽阀 V4101 有漏气，导致 J441 抽气能力下降。

处理方法：停车更换阀门。

**5. PV4010 阀卡**

事故现象：PI4010 压力逐渐下降，调节 PV4010 无效。

事故原因：由于 PV4010 卡住，开度偏小，回流调节量太低。

处理方法：减小阀门 V416 开度，降低被抽气量。控制塔 A 区压力。

### 思考题

1. 水环真空泵、喷射真空泵各有哪些特点？
2. 简述喷射真空泵的工作过程。
3. 本单元压力回路是如何控制的？
4. 本单元中 D417 内液位应如何控制？

## 项目六　罐区系统操作实训

### 一、生产过程简述

**1. 罐区**

罐区是化工原料、中间产品及成品的集散地，是大型化工企业的重要组成部分，也是化工安全生产的关键环节之一。大型石油化工企业罐区贮存的化学品之多，是任何生产装置都无法比拟的。罐区的安全操作关系到整个工厂的正常生产，所以，罐区的设计、生产操作及管理都特别重要。

罐区的工作原理如下：产品从上一生产单元中被送到日罐，经过换热器冷却后用离心泵打入产品罐中，进行进一步冷却，再用离心泵打入包装设备。

日罐与产品罐的特点：日罐连续进料，进料来自连续生产线，储量小；产品罐间歇进料，进料来自日罐，储量大。

**2. 工艺过程简述**

来自生产设备的约 35℃ 的带压液体，经过阀门 MV101 进入日罐 T01，由温度传感器 TI101 显示 T01 罐底温度，压力传感器 PI101 显示 T01 罐内压力，液位传感器 LI101 显示 T01 的液位。由离心泵 P01 将日罐 T01 的产品打出，控制阀 FIC101 控制回流量。回流的物流通过换热器 E01，被冷却水逐渐冷却到 33℃ 左右。温度传感器 TI102 显示被冷却后产品的温度，温度传感器 TI103 显示冷却水冷却后温度。由泵打出的少部分产品由阀门 MV102 打回生产系统。当日罐 T01 液位达到 80% 后，阀门 MV101 和阀门 MV102 自动关断。

日罐 T01 打出的产品经过 T01 的出口阀 MV103 和 T03 的进口阀进入产品罐 T03，由温度传感器 TI301 显示 T03 罐底温度，压力传感器 PI301 显示 T03 罐内压力，液位传感器 LI301 显示 T03 的液位。由离心泵 P03 将产品罐 T03 的产品打出，控制阀 FIC301 控制回流量。回流的物流通过换热器 E03，被冷却水逐渐冷却到 30℃ 左右。温度传感器 TI302 显示被冷却后产品的温度，温度传感器 TI303 显示冷却水冷却后温度。少部分回流物料不经换热器 E03 直接打回产品罐 T03；从包装设备来的产品经过阀门 MV302 打回产品罐 T03，控制阀 FIC302 控制这两股物流混合后的流量。产品经过 T03 的出口阀 MV303 到包装设备进行包装。

当日罐 T01 的设备发生故障，马上启用备用日罐 T02 及其备用设备，其工艺流程同 T01。当产品罐 T03 的设备发生故障，马上启用备用产品罐 T04 及其备用设备，其工艺流程同 T03。

罐区 PID 工艺流程图如图 2-23 所示，罐区 DCS 流程图如图 2-24 所示，罐区现场图如图 2-25～图 2-28 所示，罐区联锁系统图如图 2-29 所示。

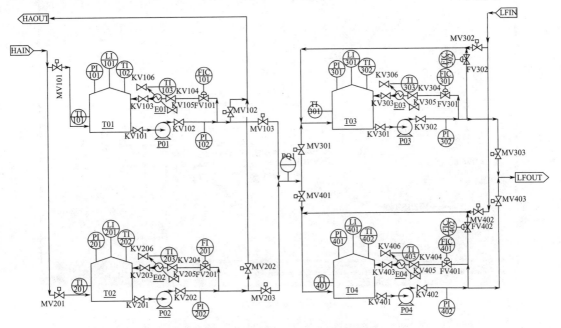

图 2-23　罐区 PID 工艺流程图

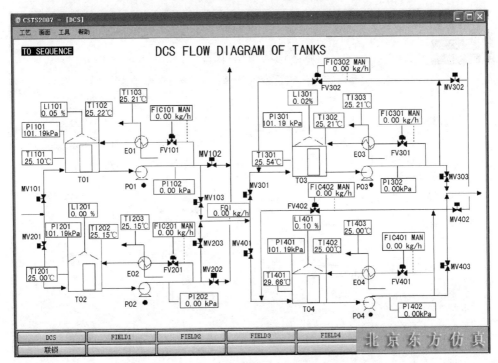

图 2-24　罐区 DCS 流程图

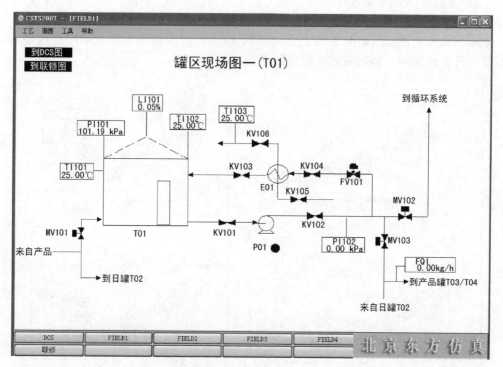

图 2-25　罐区现场图一

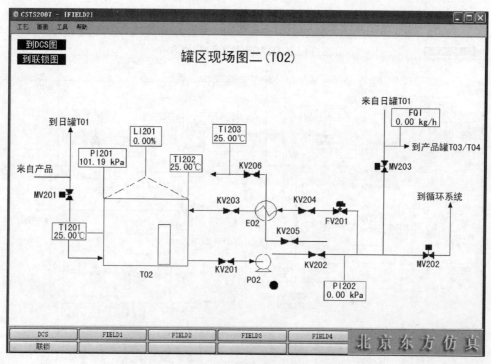

图 2-26　罐区现场图二

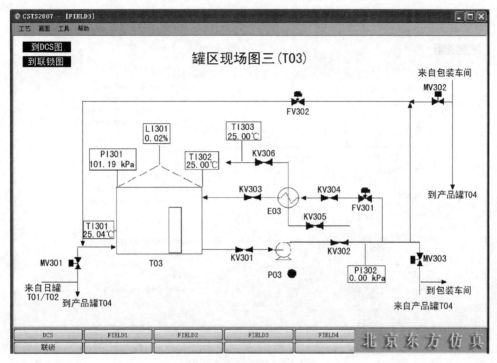

图 2-27　罐区现场图三

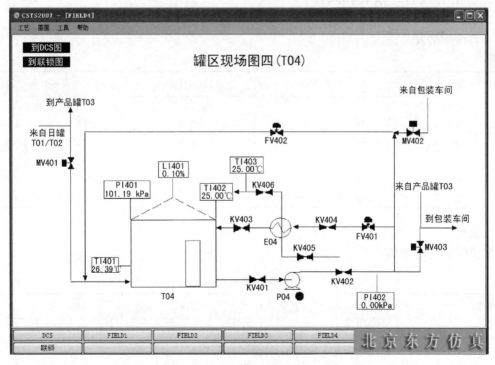

图 2-28　罐区现场图四

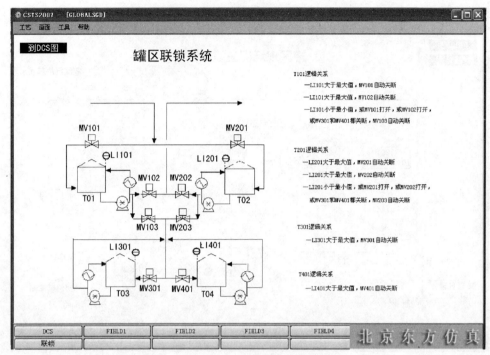

图 2-29　罐区联锁系统图

# 二、主要设备、仪表和阀件

## 1.主要设备

主要设备见表 2-18。

表 2-18　主要设备

| 设备位号 | 设备名称 | 设备位号 | 设备名称 |
|---|---|---|---|
| T01 | 日罐 | T03 | 产品罐 |
| P01 | 日罐 T01 的出口压力泵 | P03 | 产品罐 T03 的出口压力泵 |
| E01 | 日罐 T01 的换热器 | E03 | 产品罐 T03 的换热器 |
| T02 | 备用日罐 | T04 | 备用产品罐 |
| P02 | 备用日罐 T02 的出口泵 | P04 | 备用产品罐 T04 的出口压力泵 |
| E02 | 备用日罐 T02 的换热器 | E04 | 备用产品罐 T04 的换热器 |

## 2.仪表

各类仪表见表 2-19。

表 2-19　各类仪表

| 位号 | 说　　明 | 类型 | 正常值 | 量程上限 | 量程下限 | 工程单位 |
|---|---|---|---|---|---|---|
| TI101 | 日罐 T01 罐内温度 | AI | 33.0 | 60.0 | 0.0 | ℃ |
| TI201 | 日罐 T02 罐内温度 | AI | 33.0 | 60.0 | 0.0 | ℃ |
| TI301 | 产品罐 T03 罐内温度 | AI | 30.0 | 60.0 | 0.0 | ℃ |
| TI401 | 产品罐 T04 罐内温度 | AI | 30.0 | 60.0 | 0.0 | ℃ |

### 3. 阀件

各类阀件见表 2-20。

**表 2-20 各类阀件**

| 位 号 | 说 明 | 位 号 | 说 明 |
|---|---|---|---|
| MV101 | T01 日罐进料阀 | MV302 | T03 进料阀 |
| KV101 | 泵 P01 进口阀 | FV302 | T03 回流阀 |
| KV102 | 泵 P01 出口阀 | KV301 | 泵 P03 的进口阀 |
| KV103 | 换热器 E01 热物流出口阀 | KV302 | 泵 P03 的出口阀 |
| KV104 | 换热器 E01 热物流进口阀 | KV303 | 换热器 E03 热物流出口阀 |
| FV101 | 日罐回流阀 | KV304 | 换热器 E03 热物流进口阀 |
| MV102 | 日罐出口阀 | FV301 | T03 回流控制阀 |
| KV105 | 换热器 E01 冷物流进口阀 | KV305 | 换热器 E03 冷物流进口阀 |
| KV106 | 换热器 E01 冷物流出口阀 | KV306 | 换热器 E03 冷物流出口阀 |
| MV301 | 产品罐 T03 进口阀 | MV303 | T03 出料阀 |
| MV103 | 日贮罐倒罐阀 | | |

## 三、岗位安全要求

① 了解所贮存物料的性质。

② 要全面了解影响罐区安全的诸多因素以及各因素间的相互关系。

③ 注意各种监控测试设备，先进的监控及测试设备是保障罐区安全的硬件条件。

④ 自然环境、罐区的外部自然环境，特别是雷电以及各种地质灾害是影响罐区安全的重要因素。

⑤ 规章制度是罐区安全的制度保障，而组织结构的合理与否也直接影响罐区的安全问题。

## 任务一 冷态开车操作实训

### 1. 向产品日贮罐 T01 进料

打开日罐 T01 的进料阀 MV101，开度大于 50%。

### 2. 建立日罐 T01 的回流

① T01 液位大于 5% 时，打开日罐泵 P01 的进口阀 KV101。

② 打开日罐泵 P01 的开关，启动泵 P01。

③ 打开日罐泵 P01 的出口阀 KV102。

④ 打开日罐换热器 E01 热物流进口阀 KV104。

⑤ 打开日罐换热器 E01 热物流出口阀 KV103。

⑥ 缓慢打开日罐回流控制阀 FIC101，直到开度大于 50%。

⑦ 缓慢打开日罐出口阀 MV102，直到开度大于 50%。

### 3. 冷却日罐物料

① 当 T01 液位大于 10%，打开换热器 E01 冷物流进口阀 KV105。

② 打开换热器 E01 的冷物流出口阀 KV106。

### 4. 向产品罐 T03 进料

① 缓慢打开产品罐 T03 的进料阀 MV301，直到开度大于 50%。

② 缓慢打开日罐 T01 的倒罐阀 MV103，直到开度大于 50％。

③ 缓慢打开产品罐 T03 的包装设备进料阀 MV302，直到开度大于 50％。

④ 缓慢打开产品罐回流阀 FIC302，直到开度大于 50％。

**5. 产品罐 T03 建立回流**

① 当 T03 的液位大于 3％时，打开产品罐泵 P03 的进口阀 KV301。

② 打开产品罐泵 P03 的电源开关，启动泵 P301。

③ 打开产品罐泵 P03 的出口阀 KV302。

④ 打开产品罐换热器 E03 热物流进口阀 KV304。

⑤ 打开产品罐换热器 E03 热物流出口阀 KV303。

⑥ 缓慢打开产品罐回流控制阀 FIC301，直到开度大于 50％，建立回流。

**6. 冷却产品罐物料**

① 当 T03 液位大于 5％时，打开换热器 E03 的冷物流进口阀 KV305。

② 打开换热器 E03 的冷物流出口阀 KV306。

**7. 产品罐出料**

当 T03 液位高于 80％，打开产品罐出料阀 MV303，将产品打入包装车间进行包装。

> **注：**日罐液位高于最高限值，日罐进料阀自动关断，且日罐循环阀自动关断；日罐液位低于最低限值，日罐进料阀或日罐循环阀自动打开，日罐出料阀自动关断，产品罐进料阀自动关断。产品罐液位高于最高限值，产品罐进料阀自动关断。

# 任务二　事故处理操作实训

**1. P01 泵坏**

事故现象：① P01 泵出口压力为零；

② FIC101 流量急骤减小到零。

处理方法：停用日罐 T01，启用备用日罐 T02。

**2. 换热器 E01 结垢**

事故现象：① 冷物流出口温度低于 17.5℃；

② 热物流出口温度降低极慢。

处理方法：停用日罐 T01，启用备用日罐 T02。

**3. 换热器 E03 热物流串进冷物流**

事故现象：① 冷物流出口温度明显高于正常值；

② 热物流出口温度降低极慢。

处理方法：停用产品罐 T03，启用备用产品罐 T04。

 **思考题**

1. 罐区安全生产应注意哪些?

2. 产品罐和日罐各有什么特点?

3. 产品罐、日罐的液位分别应如何控制?

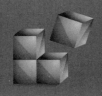

# 第二单元　传热操作实训

## 学习指南

**知识目标**　掌握传热操作的基本知识、基本理论；掌握传热过程的操作要领、常见事故及处理；了解工业换热器的类型、结构、特点、操作原理及适用范围。

**能力目标**　能够根据生产任务对列管式换热器、管式加热炉及锅炉等设备进行基本操作。

**素质目标**　树立工程观念，培养学生严谨的科学态度，培养学生的节能环保意识。培养学生安全生产、严格遵守操作规程的职业意识。

## 项目一　列管式换热器操作实训

### 一、生产过程简述

#### 1. 列管式换热器

传热，即热交换或热传递，是自然界与工业过程中一种最普遍的热传递过程。

传热的基本方式有：热传导、热对流和热辐射。

根据换热器的作用原理的不同，通常可分为：混合式换热器、间壁式换热器、蓄热式换热器。根据换热器的用途可分为：加热器、冷却器、冷凝器、蒸发器、分凝器和再沸器等。根据换热器所用材料可分为：金属材料换热器、非金属材料换热器。

列管式换热器是化工生产中应用最广泛、最典型的间壁式换热器，主要由壳体、管束、管板、折流挡板和封头等组成。管内流动的流体称管程流体。管外流动的流体称壳程流体。管束的壁面为传热面。

优点：单位体积设备所提供的传热面积大，传热效果好，结构简单，操作弹性大，可用多种材料制造，适用性较强，在大型装置中普遍采用。列管式换热器壳体内安装一定数目与管束相垂直的折流挡板，其作用是提高壳程流体的流速，迫使流体按规定路径多次错流，防止流体短路，增加壳程流体的湍动程度。

换热器是进行热交换操作的通用工艺设备，广泛应用于化工、石油、石油化工、动力、冶金等工业部门，特别是在石油炼制和化学加工装置中，占有重要地位。换热器的操作技术培训在整个操作培训中尤为重要。

#### 2. 工艺流程简述

本单元设计采用管壳式换热器。来自界外的 92℃ 冷物流（沸点：198.25℃）由泵 P101A/B 送至换热器 E101 的壳程，被流经管程的热物流加热至 145℃，并有 20% 被汽化。冷物流流量由流量控制器 FIC101 控制，正常流量为 12000kg/h。来自另一设备的 225℃ 热物流经泵 P102A/B 送至换热器 E101 与流经壳程的冷物流进行热交换，热物流出口温度由 TIC101 控制（177℃）。

为保证热物流的流量稳定，TIC101 采用分程控制，TV101A 和 TV101B 分别调节流经 E101 和副线的流量，TIC101 输出 0～100％分别对应 TV101A 开度 0～100％、TV101B 开度 100％～0。PID 工艺流程图如图 2-30 所示，列管式换热器 DCS 图如图 2-31 所示，现场图如图 2-32 所示。

管式换热器原理

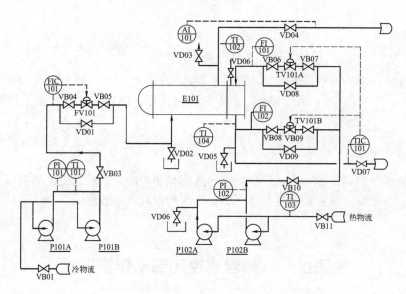

图 2-30　PID 工艺流程图

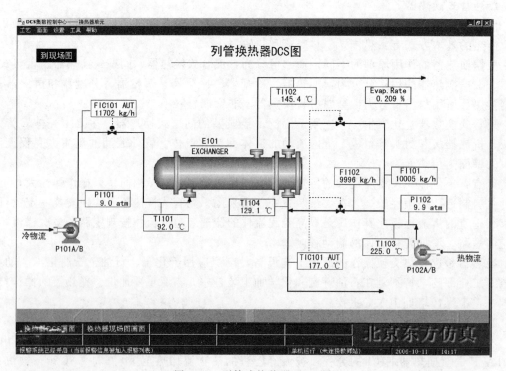

图 2-31　列管式换热器 DCS 图

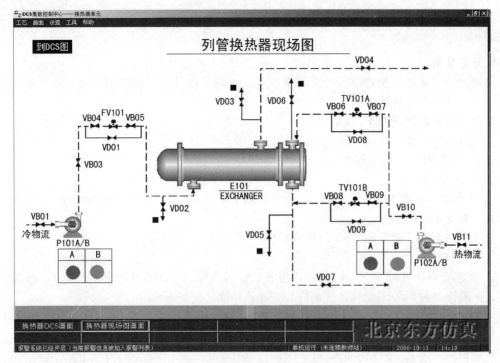

图 2-32 列管式换热器现场图

## 二、主要设备、仪表和阀件

### 1.主要设备

主要设备见表 2-21。

表 2-21 主要设备

| 位号 | 被控变量 | 所控调节阀位号 | 正常值 | 单位 | 正常工况 |
|---|---|---|---|---|---|
| FIC101 | 冷物流进料流量 | FV101 | 12000 | kg/h | 投自动 |
| TIC101 | 热物流进料流量 | TV101A<br>TV101B | 177 | ℃ | 投自动分程控制 |

### 2.仪表

各类仪表见表 2-22。

表 2-22 各类仪表

| 位　号 | 显示变量 | 正常值 | 单　位 | 位　号 | 显示变量 | 正常值 | 单　位 |
|---|---|---|---|---|---|---|---|
| PI101 | 泵 P101A/B 出口压力 | 9.0 | atm | TI102 | 冷物流出口温度 | 145.0 | ℃ |
| PI102 | 泵 P102A/B 出口压力 | 10.0 | atm | TI103 | 热物流入口温度 | 225.0 | ℃ |
| FI101 | 热物流主线流量 | 10000 | kg/h | TI104 | E101 热物流出口温度 | 129.0 | ℃ |
| FI102 | 热物流副线流量 | 10000 | kg/h | EVAPO.<br>RATE | 冷物流出口汽化率 | 20 | % |
| TI101 | 冷物流入口温度 | 92.0 | ℃ | | | | |

## 三、岗位安全要求

① 高压流体宜走管程,以免壳体受压,并且可节省壳体金属的消耗量。

② 饱和蒸汽宜走壳程,以便于及时排出冷凝液,且蒸汽较洁净,不易污染壳程。

③ 有毒流体宜走管程,以减少流体泄漏。

**1. 开车准备**

装置的开工状态为换热器处于常温常压下，各调节阀处于手动关闭状态，各手操阀处于关闭状态，可以直接进冷物流。

**2. 启动冷物流进料泵 P101A**

① 开 E101 壳程排气阀 VD03（开度约 50%）。

② 打开泵 P101A 的前阀 VB01。

③ 启动泵 P101A。

④ 待泵出口压力 PI101 达到 4.5atm 以上后，打开泵 P101A 的出口阀 VB03。

**3. 冷物流 E101 进料**

① 打开 FIC101 的前阀（VB04）和后阀（VB05）。

② 打开 FIC101。

③ 观察壳程排气阀 VD03 的出口，当有液体溢出时（VD03 旁边标志变绿），标志着壳程已无不凝性气体，关闭壳程排气阀 VD03，壳程排气完毕。

④ 打开冷物流出口阀 VD04，开度约 50%。

⑤ 手动调节 FV101，使 FIC101 稳定到 12000kg/h 后，FIC101 投自动，设定值为 12000kg/h。

质量指标：冷流入口流量控制 FIC101，（12000±360）kg/h；冷流出口温度 TI102，（145±5）℃。

**4. 启动热物流入口泵 P102A**

① 开 E101 管程排气阀 VD06（开度约 50%）。

② 打开泵 P102 的前阀 VB11。

③ 启动泵 P102A。

④ 待泵出口压力 PI102 达到 10atm 以上后，打开 P102 泵的出口阀 VB10。

**5. 热物流进料**

① 打开 TV101A 的前阀（VB06）和后阀（VB07），打开 TV101B 的前阀（VB08）和后阀（VB09）。

② 观察 E101 管程排汽阀 VD06 的出口，当有液体溢出时（VD06 旁边标志变绿），标志着管程已无不凝性气体，此时关管程排气阀 VD06，E101 管程排气完毕。

③ 打开 E101 热物流出口阀 VD07（开度约 50%）。

④ 手动控制调节器 TIC101 输出值，逐渐打开调节阀 TV101A 至开度为 50%。

⑤ 调节 TIC101，使热物流温度稳定在 177℃左右，将 TIC101 投自动，设定值为 177℃。

质量指标：热流入口温度控制 TIC101，（177±5）℃。

注 1：① 液体介质进入换热器需换热器下部进入，由于液体的自身整理作用，这样才能使液体能够充满整个空间；

② 气体介质需由换热器上部进入，由于气体密度较低，只有从上部进入方可充满整个空间；

③ 在冷热物流进料前都必须打开相应的放空阀 VD03、VD06，当两个阀门的出口有液体溢出。本单元现场图中现场阀旁边的实心红色圆点代表高点排气和低点排液的指示标志，当完成高点排气和低点排液时实心红色圆点变为绿色。

注 2：本单元有一分程控制，由 TIC101 同时控制 TV101A 与 TV101B，控制线如图 2-33 所示，以确保在进行温度调节时，增加进入换热器内热物流流量的同时，减少蒸汽旁路的流量，避免能量的不合理浪费，以达到最佳能源利用效果。

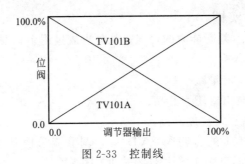

图 2-33　控制线

## 任务二　正常停车操作实训

### 1. 停热物流进料泵 P102A
关闭 P102 泵的出口阀 VB10，停 P102A 泵，关闭 P102 泵入口阀 VB11。

### 2. 停热物流进料
① TIC101 改为手动，关闭 TV101A（即 TIC101 开度为 0）。
② 关闭 TV101A 的前阀（VB06）和后阀（VB07）。
③ 关闭 TV101B 的前阀（VB08）和后阀（VB09）。
④ 关闭 E101 热物流出口阀 VD07。

### 3. 停冷物流进料泵 P101A
关闭泵 P101 的出口阀 VB03，停泵 P101A，关闭泵 P101 入口阀 VB01。

### 4. 停冷物流进料
① FIC101 改手动，关闭 FV101。
② 关闭 FIC101 的前阀（VB04）和后阀（VB05）。
③ 关闭 E101 冷物流出口阀 VD04。

### 5. E101 管程泄液
打开管程泄液阀 VD05，观察管程泄液阀 VD05 的出口，当不再有液体泄出时（VD05 旁边标志变红），关闭泄液阀 VD05。

### 6. E101 壳程泄液
打开壳程泄液阀 VD02，观察壳程泄液阀 VD02 的出口，当不再有液体泄出时（VD02 旁边标志变红），关闭泄液阀 VD02。

## 任务三　正常运行管理和事故处理操作实训

### 一、正常运行管理
在实训过程中，密切注意各工艺参数的变化，维持生产过程运行稳定。
正常工况下的工艺参数指标见表 2-23。

表 2-23　正常工况工艺参数指标

| 工位号 | 正常指标 | 备　注 |
|---|---|---|
| FIC101 | 12000kg/h | 调节冷物流进料量正常值 |
| TI102 | 145℃ | 冷流出口温度 |
| TIC101 | 177℃ | 热流入口温度控制 |

## 二、事故处理操作实训

注重事故现象的分析、判断能力的培养。处理事故过程中，要迅速、准确、无误。

### 1. FIC101 阀卡

主要现象：① FIC101 流量减小；

② P101 泵出口压力升高；

③ 冷物流出口温度升高。

事故处理：打开 FIC101 的旁路阀（VD01），调节流量使其达到正常值 12000kg/h 左右。关闭 FIC101 前后阀，FIC101 置手动，手动关闭 FIC101。

质量指标：冷流入口流量控制，（12000±300)kg/h；热物流温度控制，（177±1)℃。

### 2. P101A 泵坏

主要现象：① P101 泵出口压力急剧下降；

② FIC101 流量急剧减小；

③ 冷物流出口温度升高，汽化率增大。

事故处理：关闭 P101A 泵，开启 P101B 泵。具体操作如下：

① FIC101 切换到手动，并关闭 FV101；

② 关闭 P101A 泵，开启 P101B 泵；

③ 手动调节 FV101，使流量控制在 12000kg/h 后，FIC101 投自动，设定值为 12000kg/h。

质量指标：冷物流流量控制 FIC101，（12000±360)kg/h；热物流温度控制 TIC101，（177±5)℃。

### 3. P102A 泵坏

主要现象：① P102 泵出口压力急剧下降；

② 冷物流出口温度下降，汽化率降低。

事故处理：关闭 P102A 泵，开启 P102B 泵。具体操作如下：

① TIC101 切换到手动，手动关闭 TV101A；

② 关闭 P102A 泵，开启 P102B 泵；

③ 手动调节 TV101A，使热物流出口温度为 177℃ 左右；

④ TIC101 投自动，设定值为 177℃。

质量指标：热物流温度控制 TIC101，（177±5)℃。

### 4. TV101A 阀卡

主要现象：① 热物流经换热器换热后的温度降低；

② 冷物流出口温度降低。

事故处理：判断 TV101A 卡住后，关闭 TV101A 前后阀，打开 TV101A 的旁路阀（VD08 调节流量使其达到正常值）。关闭 TV101B 前后阀，调节旁路阀（VD09）。

质量指标：冷物流出口温度 TI102 稳定到正常值（145±5)℃；热物流温度 TIC101 稳定在正常值（177±4)℃。

### 5. 部分管堵

主要现象：① 热物流流量减小；

② 冷物流出口温度降低，汽化率降低；

③ 热物流 P102 泵出口压力略升高。

事故处理：停车拆换热器清洗，具体操作同正常停车。

**6. 换热器结垢严重**

主要现象：热物流出口温度高。

事故处理：停车拆换热器清洗，具体操作同正常停车。

## 思考题

1. 冷态开车是先送冷物料，后送热物料；而停车时又要先关热物料，后关冷物料，为什么？

2. 开车时不排出不凝气会有什么后果？如何操作才能排净不凝气？

3. 为什么停车后管程和壳程都要高点排气、低点泄液？

4. 你认为本系统调节器 TIC101 的设置合理吗？如何改进？

5. 影响间壁式换热器传热量的因素有哪些？

6. 传热有哪几种基本方式，各自的特点是什么？

7. 工业生产中常见的换热器有哪些类型？

# 项目二 管式加热炉操作实训

## 一、生产过程简述

### 1. 管式加热炉

本单元选择的是石油化工生产中最常用的管式加热炉。管式加热炉是一种直接受热式加热设备，主要用于加热液体或气体化工原料，所用燃料通常有燃料油和燃料气。管式加热炉的传热方式以辐射传热为主，管式加热炉通常由以下几部分构成。

（1）辐射室 通过火焰或高温烟气进行辐射传热的部分。这部分直接受火焰冲刷，温度很高（600~1600℃），是热交换的主要场所（占热负荷的70%~80%）。

（2）对流室 靠辐射室出来的烟气进行以对流传热为主的换热部分。

（3）燃烧器 是使燃料雾化并混合空气，使之燃烧的产热设备；燃烧器可分为燃料油燃烧器、燃料气燃烧器和油-气联合燃烧器。

（4）通风系统 将燃烧用空气引入燃烧器，并将烟气引出炉子，可分为自然通风方式和强制通风方式。

### 2. 工艺流程简述

（1）工艺物料系统 某烃类化工原料在流量调节器 FIC101 的控制下先进入加热炉 F101 的对流段，经对流的加热升温后，再进入 F101 的辐射段，被加热至 420℃后，送至下一工序，其炉出口温度由调节器 TIC106 通过调节燃料气流量或燃料油压力来控制。采暖水在调节器 FIC102 控制下，经与 F101 的烟气换热，回收余热后，返回采暖水系统。

（2）燃料系统 燃料气管网的燃料气在调节器 PIC101 的控制下进入燃料气罐 V105，燃料气在 V105 中脱油脱水后，分两路送入加热炉，一路在 PCV01 控制下送入常明线；一路在 TV106 调节阀控制下送入油-气联合燃烧器。

来自燃料油罐 V108 的燃料油经 P101A/B 升压后，在 PIC109 控制压送至燃烧器火嘴前，用于维持火嘴前的油压，多余燃料油返回 V108。来自管网的雾化蒸气在 PDIC112 的控制压与燃料油保持一定压差情况下送入燃料器。来自管网的吹热蒸汽直接进入炉膛底部。

管式加热炉的 PID 工艺流程图如图 2-34 所示，图 2-35 为管式加热炉 DCS 图，图 2-36 为管式加热炉现场图。

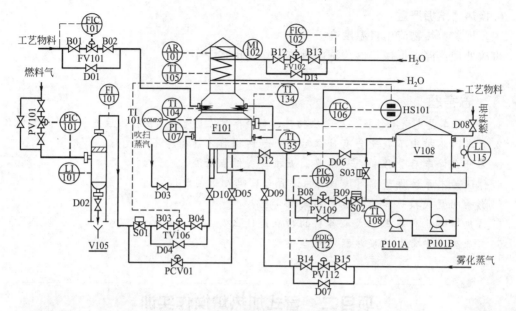

图 2-34 管式加热炉 PID 工艺流程图

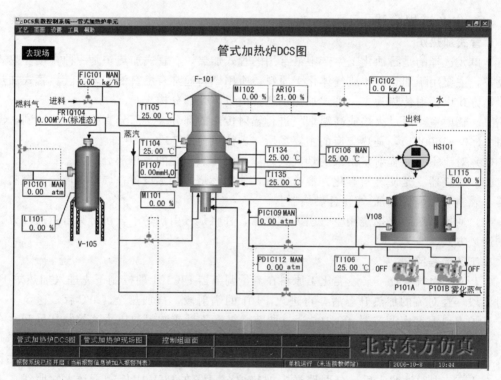

图 2-35 管式加热炉 DCS 图

# 二、主要设备、仪表和阀件

## 1. 主要设备

主要设备见表 2-24。

## 2. 仪表

各类仪表见表 2-25。

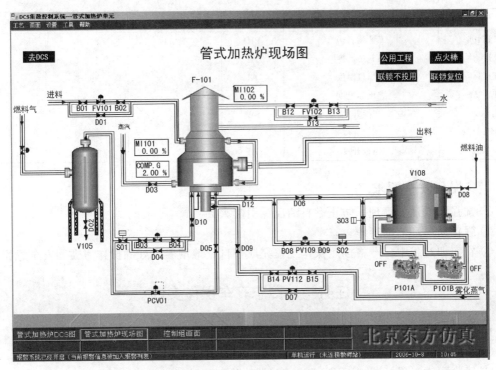

图 2-36　管式加热炉现场图

表 2-24　主要设备

| 设备位号 | 设备名称 | 设备位号 | 设备名称 |
|---|---|---|---|
| V105 | 燃料气分液罐 | P101A | 燃料油 A 泵 |
| V108 | 燃料油贮罐 | P101B | 燃料油 B 泵 |
| F101 | 管式加热炉 | | |

表 2-25　各类仪表

| 位号 | 说　　明 | 类型 | 正常值 | 量程上限 | 工程单位 |
|---|---|---|---|---|---|
| AR101 | 烟气氧含量 | AI | 4.0 | 21.0 | % |
| FIC101 | 工艺物料进料量 | PID | 3072.5 | 6000.0 | kg/h |
| FIC102 | 采暖水进料量 | PID | 9584.0 | 20000.0 | kg/h |
| LI101 | V105 液位 | AI | 40.0～60.0 | 100.0 | % |
| LI115 | V108 液位 | AI | 40.0～60.0 | 100.0 | % |
| PIC101 | V105 压力 | PID | 2.0 | 4.0 | atm(G) |
| PI107 | 烟膛负压 | AI | −2.0 | 10.0 | mmH$_2$O |
| PIC109 | 燃料油压力 | PID | 6.0 | 10.0 | atm(G) |
| PDIC112 | 雾化蒸气压差 | PID | 4.0 | 10.0 | atm(G) |
| TI104 | 炉膛温度 | AI | 640.0 | 1000.0 | ℃ |
| TI105 | 烟气温度 | AI | 210.0 | 400.0 | ℃ |

| 位号 | 说　　明 | 类型 | 正常值 | 量程上限 | 工程单位 |
|------|---------|------|--------|----------|----------|
| TIC106 | 工艺物料炉 | PID | 420.0 | 800.0 | ℃ |
| TI108 | 燃料油温度 | AI | | 100.0 | ℃ |
| TI134 | 炉出口温度 | AI | | 800.0 | ℃ |
| TI135 | 炉出品温度 | AI | | 800.0 | ℃ |
| HS101 | 切换开关 | SW | | | |
| MI101 | 风门开度 | AI | | 100.0 | % |
| MI102 | 挡板开度 | AI | | 100.0 | % |

### 三、岗位安全要求

① 加强燃料油的管理，防止燃料油泄漏引起火灾。

② 强化通风环节的管理。

③ 在实训过程中，严格按照操作规程完成，自觉地培养良好的操作习惯和安全意识。

## 任务一　冷态开车操作实训

**1. 开车准备**

① 公用工程启用（现场图"UTILITY"按钮置"ON"）。

② 摘除联锁（现场图"BYPASS"按钮置"ON"）。

③ 联锁复位（现场图"RESET"按钮置"ON"）。

**2. 点火准备工作**

① 全开加热炉的烟道挡板 MI102。

② 打开吹扫蒸汽阀 D03，吹扫炉膛内的可燃气体（实际约需 10min）。

③ 待可燃气体的含量低于 0.5% 后，关闭吹扫蒸汽阀 D03。

④ 将 MI101 开度调节至 30%。

⑤ 调节 MI102 在一定的开度（30% 左右）。

**3. 燃料气准备**

① 手动打开 PIC101 的调节阀，向 V105 充燃料气。

② 控制 V105 的压力不超过 2atm，在 2atm 处将 PIC101 投自动。

**4. 点火操作**

① 当 V105 压力大于 0.5atm 后，启动点火棒（"IGNITION"按钮置"ON"），开常明线上的根部阀门 D05。

② 确认点火成功（火焰显示）。

③ 若点火不成功，需重新进行吹扫和再点火。

**5. 升温操作**

① 确认点火成功后，先开燃料气线上的调节阀的前后阀（B03、B04），再稍开调节阀（<10%）（TV106），再全开根部阀 D10，引燃料气入加热炉火嘴。

② 用调节阀 TV106 控制燃料气量，来控制升温速度。

③ 当炉膛温度升至 100℃ 时恒温 30s（实际生产恒温 1h）烘炉，当炉膛温度升至 180℃ 时恒温 30s（实际生产恒温 1h）暖炉。

质量指标：炉膛温度 TI104，（180±10）℃（温度大于 200℃ 结束）。

## 6. 引工艺物料

当炉膛温度升至180℃后，引工艺物料：

① 先开进料调节阀的前后阀 B01、B02，再稍开调节阀 FV101（<10%），引进工艺物料进加热炉；

② 先开采暖水线上调节阀的前后阀 B13、B12，再稍开调节阀 FV102（<10%），引采暖水进加热炉；

③ 流量稳定后将 FIC101 和 FIC102 投自动。

质量指标：工艺物料流量 FIC101，（3000±200）kg/h；采暖水流量 FIC102，（10000±1000）kg/h。

## 7. 启动燃料油系统

待炉膛温度升至200℃左右时，开启燃料油系统：

① 开雾化蒸气调节阀的前后阀 B15、B14，再微开调节阀 PDIC112（<10%）；

② 全开雾化蒸气的根部阀 D09；

③ 开燃料油返回 V108 管线阀 D06；

④ 启动燃料油泵 P101A；

⑤ 开燃料油压力调节阀 PV109 的前后阀 B09、B08；

⑥ 微开燃料油调节阀 PV109（<10%），建立燃料油循环；

⑦ 全开燃料油根部阀 D12，引燃料油入火嘴；

⑧ 打开 V108 进料阀 D08，保持贮罐液位为50%；

⑨ 按升温需要逐步开大燃料油调节阀，通过控制燃料油升压（最后到6atm左右）来控制进入火嘴的燃料油量，同时控制 PDIC112 在4atm左右；

⑩ 当压力稳定后，将 PIC109 和 PDIC112 投自动。

质量指标：燃料油压力 PIC109，（6±1）atm；雾化蒸气压力 PDIC112，（4±0.5）atm。

## 8. 调整至正常

① 逐步升温使炉出口温度至正常（420℃）；

② 在升温过程中，逐步开大工艺物料线的调节阀，使之流量调整至正常；

③ 在升温过程中，逐步将采暖水流量调至正常；

④ 在升温过程中，逐步调整风门使烟气氧含量正常；

⑤ 逐步调节挡板开度使炉膛负压正常；

⑥ 逐步调整其他参数至正常；

⑦ 将联锁系统投用（"INTERLOCK"按钮置"ON"）。

质量指标：工艺物料出管式加热炉温度 TIC106，（420±20）℃；炉膛温度 TI104，（640±20）℃；烟气氧含量 AR101，4%±0.5%；炉膛负压 PI107，（−2±0.5）mmH$_2$O；烟道气出口温度 TI105，（210±5）℃。

---

注1：雾化蒸气的作用　雾化蒸气的主要作用是使燃料与空气能够良好混合、充分燃烧。雾化：通过喷嘴或用高速气流使液体分散成微小液滴的操作。被雾化的众多分散液滴可以捕集气体中的颗粒物质。

注2：长明灯的概念　在炉类使用过程中一直保持点燃状态的部分。

注3：爆炸极限的概念及爆炸极限图　可燃物质（可燃气体、蒸气和粉尘）与空气（或氧气）必须在一定的浓度范围内均匀混合，形成预混气，遇着火源才会发生爆炸，这个浓度范围称为爆炸极限，或爆炸浓度极限。例如一氧化碳与空气混合的爆炸极限为12.5%～80%。可燃性混合物能够

发生爆炸的最低浓度和最高浓度，分别称为爆炸下限和爆炸上限，这两者有时亦称为着火下限和着火上限。在低于爆炸下限和高于爆炸上限浓度时，既不爆炸，也不着火。这是由于前者的可燃物浓度不够，过量空气的冷却作用，阻止了火焰的蔓延；而后者则是空气不足，导致火焰不能蔓延的缘故。当可燃物的浓度大致相当于反应当量浓度时，具有最大的爆炸威力（即根据完全燃烧反应方程式计算的浓度比例）。

# 任务二　正常操作实训

### 1. 正常工况下主要工艺参数的生产指标
① 炉出口温度 TIC106：420℃。
② 炉膛温度 TI104：640℃。
③ 烟道气温度 TI105：210℃。
④ 烟道氧含量 AR101：4%。
⑤ 炉膛负压 PI107：—2.0mmH$_2$O。
⑥ 工艺物料量 FIC101：3072.5kg/h。
⑦ 采暖水流量 FIC102：9584kg/h。
⑧ V105 压力 PIC101：2atm。
⑨ 燃料油压力 PIC109：6atm。
⑩ 雾化蒸气压差 PDIC112：4atm。

### 2. TIC106 控制方案切换
工艺物料的炉出口温度 TIC106 可以通过燃料气和燃料油两种方式进行控制。两种方式的切换由 HS101 切换开关来完成。当 HS100 切入燃料气控制时，TIC106 直接控制燃料气调节阀，燃料油由 PIC109 单回路自行控制；当 HS101 切入燃料油控制时，TIC106 与 PIC109 结成串级控制，通过燃料油压力控制燃料油燃烧量。

　　**注**：TIC106 通过一个切换开关 HS101，控制工艺物流炉出口温度。实现两种控制方案：其一是直接控制燃料气流量，其二是与燃料压力调节器 PIC109 构成串级控制。当第一种方案时：燃料油的流量固定，不做调节，通过 TIC106 自动调节燃料气流量控制工艺物流炉出口温度；当第二种方案时：燃料气流量固定，TIC106 和燃料压力调节器 PIC109 构成串级控制回路，控制工艺物流炉出口温度。

# 任务三　正常停车操作和事故处理操作实训

## 一、正常停车操作实训

### 1. 停车准备
摘除联锁系统（现场图上按下"联锁不投用"）。

### 2. 降量
① 通过 FIC101 逐步降低工艺物料进料量至正常的 70%。
② 在 FIC101 降量过程中，通过逐步减少燃料油压力或燃料气流量，来维持炉出口温度 TIC106 稳定在 420℃左右。
③ 在 FIC101 降量过程中，逐步降低采暖水 FIC102 的流量。
④ 在降量过程中，适当调节风门和挡板，维持烟气氧含量和炉膛负压。
质量指标：原料进量 FIC101，（2200±500）kg/h；原料炉的出口温度 TIC106，（420±20）℃。

**3. 降温及停燃料油系统**

① 当 FIC101 降至正常量的 70% 后，逐步开大燃料油的 V108 返回阀来降低燃料油压力，降温。

② 待 V108 返回阀全开后，可逐步关闭燃料油调节阀，再停燃料油泵（P101A/B）。

③ 在降低燃料油压力的同时，降低雾化蒸气流量，最终关闭雾化蒸气调节阀。

④ 在以上降温过程中，可适当降低工艺物料进料量，但不可使炉出口温度高于 420℃。

**4. 停燃料气及工艺物料**

① 待燃料油系统停完后，关闭 V105 燃料气入口调节阀（PIC101 调节阀），停止向 V105 供燃料气。

② 待 V105 压力下降至 0.2atm 时，关燃料气调节阀 TV106。

③ 关闭调节阀 TV106 的前阀 B03、后阀 B04，关闭燃料气进炉根部阀 D10。

④ 待 V105 压力降至 0.1atm 时，关长明灯根部阀 D05，灭火。

⑤ 待炉膛温度低于 150℃ 时，关 FIC101 调节阀停工艺进料，关 FIC102 调节阀，停采暖水。

**5. 炉膛吹扫**

① 灭火后，开吹扫蒸汽，吹扫炉膛 5s（实际 10min）。

② 停吹扫蒸汽后，保持风门、挡板一定开度，使炉膛正常通风。

质量指标：原料炉的出口温度 TIC106，0～65℃；炉膛温度 TI104，0～850℃；烟道气出口温度 TI105，(60±60)℃。

## 二、事故处理实训

注重事故现象的分析、判断能力的培养。处理事故过程中，要迅速、准确、无误。

**1. 燃料油火嘴堵**

事故现象：① 燃料油泵出口压控阀压力忽大忽小；

② 燃料气流量急骤增大。

处理方法：紧急停车。

**2. 燃料气压力低**

事故现象：① 炉膛温度下降；

② 炉出口温度下降；

③ 燃料气分液罐压力降低。

处理方法：① 改为烧燃料油控制；

② 通知指导教师联系调度处理。

**3. 炉管破裂**

事故现象：① 炉膛温度急骤升高；

② 炉出口温度升高；

③ 燃料气控制阀关阀。

处理方法：炉管破裂的紧急停车。

**4. 燃料气调节阀卡**

事故现象：① 调节器信号变化时燃料气流量不发生变化；

② 炉出口温度下降。

处理方法：① 改现场旁路手动控制；

② 通知指导老师联系仪表人员进行修理。

**5. 燃料气带液**

事故现象：① 炉膛和炉出口温度先下降；

② 燃料气流量增加；

③ 燃料气分液罐液位升高。

处理方法：① 关燃料气控制阀；

② 改由烧燃料油控制；

③ 通知教师联系调度处理。

**6. 燃料油带水**

事故现象：燃料气流量增加。

处理方法：① 关燃料油根部阀和雾化蒸气；

② 改由烧燃料气控制；

③ 通知指导教师联系调度处理。

**7. 雾化蒸气压力低**

事故现象：① 产生联锁；

② PIC109 控制失灵；

③ 炉膛温度下降。

处理方法：① 关燃料油根部阀和雾化蒸汽；

② 直接用温度控制调节器控制炉温；

③ 通知指导教师联系调度处理。

**8. 燃料油泵 A 停**

事故现象：① 炉膛温度急剧下降；

② 燃料气控制阀开度增加。

处理方法：① 现场启动备用泵；

② 调节燃料气控制阀的开度。

 **思考题**

1. 什么叫工业炉？按热源可分为几类？

2. 油-气混合燃烧炉的主要结构是什么？开/停车时应注意哪些问题？

3. 加热炉在点火前为什么要对炉膛进行蒸汽吹扫？

4. 加热炉点火时为什么要先点燃点火棒，再依次开长明线阀和燃料气阀？

5. 在点火失败后，应做些什么工作？为什么？

6. 加热炉在升温过程中为什么要烘炉？升温速度应如何控制？

7. 加热炉在升温过程中，什么时候引入工艺物料，为什么？

8. 在点燃燃油火嘴时应做哪些准备工作？

9. 雾化蒸气量过大或过小，对燃烧有什么影响？应如何处理？

10. 烟道气出口氧气含量为什么要保持在一定范围？过高或过低意味着什么？

11. 加热过程中风门和烟道挡板的开度大小对炉膛负压和烟道气出口氧气含量有什么影响？

12. 本流程中三个电磁阀的作用是什么？在开/停车时应如何操作？

# 项目三　锅炉单元操作实训

## 一、生产过程简述

### 1. 锅炉

锅炉的主要用途是提供中压蒸汽及消除催化裂化装置再生的CO废气对大气的污染，回收催化装置再生的废气之热能。

基于燃料（燃料油、燃料气）与空气按一定比例混合即发生燃烧而产生高温火焰并放出大量热量的原理，所谓锅炉主要是通过燃烧后辐射段的火焰和高温烟气对水冷壁的锅炉给水进行加热，使锅炉给水变成饱和水而进入汽包进行汽水分离，而从辐射室出来进入对流段的烟气仍具有很高的温度，再通过对流室对来自于汽包的饱和蒸汽进行加热即产生过热蒸汽。

本软件为每小时产生65t过热蒸汽锅炉仿真培训而设计，主要设备为WGZ65/39-6型锅炉，采用自然循环、双汽包结构。锅炉主体由省煤器、上汽包、对流管束、下汽包、下降管、水冷壁、过热器、表面式减温器、联箱组成。省煤器的主要作用是预热锅炉给水，降低排烟温度，提高锅炉热效率。上汽包的主要作用是汽水分离，连接受热面构成正常循环。水冷壁的主要作用是吸收炉膛辐射热。过热器分低温段、高温段过热器，其主要作用是使饱和蒸汽变成过热蒸汽。减温器的主要作用是微调过热蒸汽的温度（调整范围为10～33℃）。

锅炉设有一套完整的燃烧设备，可以适应燃料气、燃料油、液态烃等多种燃料。根据不同蒸汽压力既可单独烧一种燃料，也可以多种燃料混烧，还可以分别和CO废气混烧。本软件为燃料气、燃料油、液态烃与CO废气混烧仿真。

### 2. 工艺知识

汽水系统即所谓的"锅"，它的任务是吸收燃料放出的热量，使水蒸气蒸发最后成为规定压力和温度的过热蒸汽。它由（上、下）汽包、对流管束、降管、（上、下）联箱、水冷壁、过热器、减温器和省煤器组成。

燃烧系统即所谓的"炉"，它的任务是使燃料在炉中更好地燃烧。本单元的燃烧系统由炉膛和燃烧器组成。

### 3. 工艺流程简述

除氧器通过水位调节器LIC101接受外界来水经热力除氧后，一部分经低压水泵P102供全厂各车间，另一部分经高压水泵P101供锅炉用水，除氧器压力由PIC101单回路控制。锅炉给水一部分经减温器回水至省煤器；一部分直接进入省煤器，两路给水调节阀通过过热蒸汽温度调节器TIC101分程控制，被烟气加热至256℃饱和水进入上汽包，再经对流管束至下汽包，再通过下降管进入锅炉水冷壁，吸收炉膛辐射热使其在水冷壁里变成汽水混合物，然后进入上汽包进行汽水分离。锅炉总给水量由上汽包液位调节器LIC102单回路控制。

256℃的饱和蒸汽经过低温段过热器（通过烟气换热）、减温器（锅炉给水减温）、高温段过热器（通过烟气换热），变成447℃、3.77MPa的过热蒸汽供给全厂用户。

燃料气包括高压瓦斯气和液态烃，分别通过压力控制器PIC104和PIC103单回路控制进入高压瓦斯罐V101，高压瓦斯罐顶气通过过热蒸汽压力控制器PIC102单回路控制进入6

个点火枪；燃料油经燃料油泵 P105 升压进入 6 个点火枪进料燃烧室。

　　燃烧所用空气通过鼓风机 P104 增压进入燃烧室。CO 烟气系统由催化裂化再生器产生，温度为 500℃，经过水封罐进入锅炉，燃烧放热后再排至烟窗。

　　锅炉排污系统包括连排系统和定排系统，用来保持水蒸气品质。

　　PID 工艺流程图如图 2-37 所示，锅炉供气系统 DCS 图和现场图如图 2-38、图 2-39 所示，锅炉燃料气、燃料油系统 DCS 图和现场图如图 2-40 和图 2-41 所示。

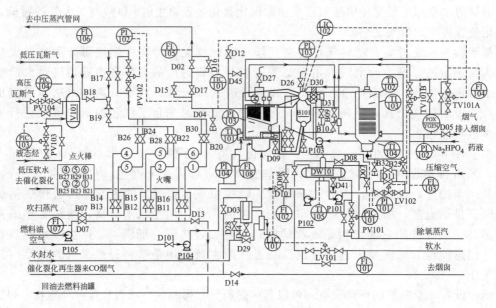

图 2-37　PID 工艺流程图

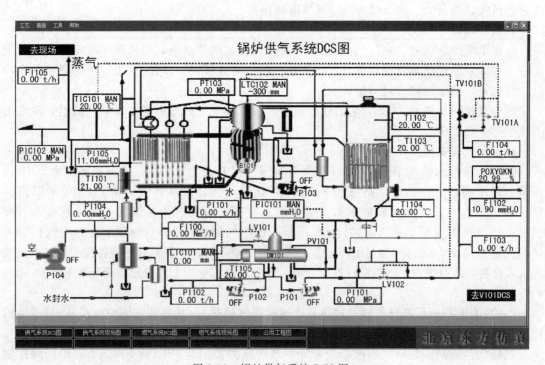

图 2-38　锅炉供气系统 DCS 图

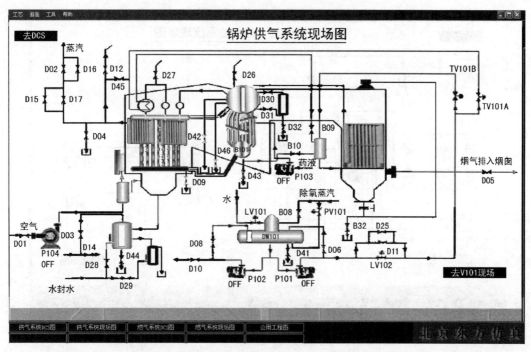

图 2-39　锅炉供气系统现场图

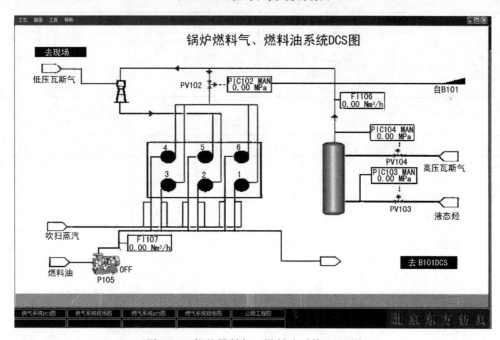

图 2-40　锅炉燃料气、燃料油系统 DCS 图

## 二、主要设备、仪表和阀件

### 1. 主要设备

主要设备见表 2-26。

### 2. 仪表

各类仪表见表 2-27。

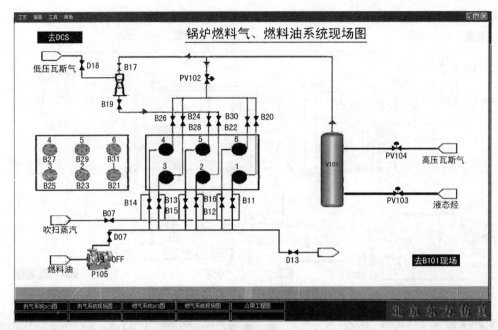

图 2-41　锅炉燃料气、燃料油系统现场图

表 2-26　主要设备

| 设备位号 | 设备名称 | 设备位号 | 设备名称 |
|---|---|---|---|
| B101 | 锅炉主体 | P102 | 低压水泵 |
| V101 | 高压瓦斯罐 | P103 | $Na_2HPO_4$ 加药泵 |
| DW101 | 除氧器 | P104 | 鼓风机 |
| P101 | 高压水泵 | P105 | 燃料油泵 |

表 2-27　各类仪表

| 位号 | 说明 | 类型 | 正常值 | 量程高限 | 量程低限 | 工程单位 |
|---|---|---|---|---|---|---|
| LIC101 | 除氧器水位 | PID | 400.0 | 800.0 | 0.0 | mm |
| LIC102 | 上汽包水位 | PID | 0.0 | 300.0 | −300.0 | mm |
| TIC101 | 过热蒸汽温度 | PID | 447.0 | 600.0 | 0.0 | ℃ |
| PIC101 | 除氧器压力 | PID | 2000.0 | 4000.0 | 0.0 | $mmH_2O$ |
| PIC102 | 过热蒸汽压力 | PID | 3.77 | 6.0 | 0.0 | MPa |
| PIC103 | 液态烃压力 | PID | | 0.6 | 0.0 | MPa |
| PIC104 | 高压瓦斯压力 | PID | 0.30 | 1.0 | 0.0 | MPa |
| FI101 | 软化水流量 | AI | | 200.0 | 0.0 | t/h |
| FI102 | 去催化除氧水流量 | AI | | 200.0 | 0.0 | t/h |
| FI103 | 锅炉上水流量 | AI | | 80.0 | 0.0 | t/h |
| FI104 | 减温水流量 | AI | | 20.0 | 0.0 | t/h |
| FI105 | 过热蒸汽输出流量 | AI | 65.0 | 80.0 | 0.0 | t/h |
| FI106 | 高压瓦斯流量 | AI | | 3000.0 | 0.0 | $m^3/h$ |
| FI107 | 燃料油流量 | AI | | 8.0 | 0.0 | $m^3/h$ |
| FI108 | 烟气流量 | AI | | 200000.0 | 0.0 | $m^3/h$ |
| LI101 | 大水封液位 | AI | | 100.0 | 0.0 | % |
| LI102 | 小水封液位 | AI | | 100.0 | 0.0 | % |
| PI101 | 锅炉上水压力 | AI | 5.0 | 10.0 | 0.0 | MPa |
| PI102 | 烟气出口压力 | AI | | 40.0 | 0.0 | $mmH_2O$ |

| 位号 | 说明 | 类型 | 正常值 | 量程高限 | 量程低限 | 工程单位 |
|---|---|---|---|---|---|---|
| PI103 | 上汽包压力 | AI | | 6.0 | 0.0 | MPa |
| PI104 | 鼓风机出口压力 | AI | | 600.0 | 0.0 | mmH$_2$O |
| PI105 | 炉膛压力 | AI | 200.0 | 400.0 | 0.0 | mmH$_2$O |
| TI101 | 炉膛烟温 | AI | | 1200.0 | 0.0 | ℃ |
| TI102 | 省煤器入口东烟温 | AI | | 700.0 | 0.0 | ℃ |
| TI103 | 省煤器入口西烟温 | AI | | 700.0 | 0.0 | ℃ |
| TI104 | 排烟段东烟温:油气＋CO<br>油气 | AI | 200.0 | 300.0 | 0.0 | ℃ |
| TI105 | 除氧器水温 | AI | 180.0 | 200.0 | 0.0 | ℃ |
| POXYGEN | 烟气出口氧含量 | AI | 0.9~3.0 | 21.0 | 0.0 | %(O$_2$) |

### 三、岗位安全要求

① 锅炉的设计必须符合安全、可靠的要求。

② 当锅炉运行中发现受压元件泄漏、炉膛严重结焦、受热面金属超温而又无法恢复正常时，应停止锅炉运行。

③ 在实训过程中，严格按照操作规程完成，自觉地培养良好的操作习惯和安全意识。

## 任务一　冷态开车操作实训

本装置的开车状态为所有设备均经过吹扫试压，压力为常压，温度为环境温度，所有可操作阀均处于关闭状态。

### 1. 启动公用工程

启动"公用工程"按钮，使所有公用工程均处于待用状态。

### 2. 除氧器投运

① 手动打开液位调节器 LIC101，向除氧器充水。

② 使液位指示达到 400mm，将调节器 LIC101 投自动。

③ 打开除氧器加热蒸汽压力调节阀 PV101。

④ 使压力控制在 2000mmH$_2$O 时，PV101 投自动。

质量指标：除氧器液位 LIC101，(400±50)mm；除氧器压力 PIC101，(2000±200)mmH$_2$O。

### 3. 锅炉上水

① 开上汽包水位计汽阀 D30，水阀 D31。

② 开启高压泵 P101。

③ 打开高压泵循环阀 D06 调节 P101 泵出口压力。

④ 缓慢打开上汽包给水调节阀的小旁路阀 D25。

⑤ 待上汽包水位升到－50mm 时，关闭 D25。

⑥ 开启省煤器与下汽包之间的再循环阀 B10。

⑦ 打开上汽包液位调节阀 LV102。

⑧ 小心调节 LV102 使上汽包液位控制在 0 左右。

质量指标：上汽包液位 LIC102 (0±5)mm。

### 4. 燃料系统投运

① 开烟气大水封进水阀 D28。

② 打开高压瓦斯压力调节阀 PV104，压力控制在 0.3MPa 左右，将 PIC104 投自动（设定值为 0.3MPa）。

③ 打开液态烃压力调节阀 PV103，使其压力控制在 0.3MPa 左右，将 PIC103 投自动（设定值为 0.3MPa）。

④ 打开喷射器高压入口阀 B17、出口阀 B19。

⑤ 打开喷射器低压入口阀 B18。

⑥ 开回油阀 D13，打开火嘴蒸汽吹扫阀 B07，2min 后关闭。

⑦ 开启燃料油泵 P105，开启燃料油泵出口阀 D07，建立炉前油循环。

⑧ 关烟气大水封进水阀 D28，打开泄液阀 D44 将其排空。

质量指标：高压瓦斯压力 PIC104，(0.3±0.1)MPa，液态烃压力 PIC103，(0.3±0.1)MPa。

### 5. 锅炉点火

① 全开上汽包放空阀 D26 和过热器排空阀 D27。

② 全开疏水阀 D04 和过热蒸汽对空排汽阀 D12。

③ 开连续排污阀 D09，开度为 50%。

④ 全开引风机入口挡板 D01 和烟道挡板 D05。

⑤ 启动引风机 P104，启动引风机通风 5min 后，调节 D05 开度约为 20%。

⑥ 点燃 1 号、2 号、3 号火嘴（B21、B23、B25）。

⑦ 打开 1 号、2 号、3 号火嘴炉前根部阀（B20、B22、B24）。

⑧ 打开过热蒸汽压力调节阀 PV102，手动控制升压速度。

⑨ 点燃 4 号、5 号、6 号火嘴（B27、B29、B31）。

⑩ 打开 4 号、5 号、6 号火嘴炉前根部阀（B26、B28、B30）。

### 6. 锅炉升压

冷态锅炉由点火达到并汽条件，时间应严格控制不得小于 3~4h，升压应缓慢平稳。在仿真器上为了提高培训效率，缩短为半小时左右。此间严禁关小过热器疏水阀（D04）和对空排汽阀（D12），严禁赶火升压，以免过热器管壁温度急剧上升和对流管束胀口渗水等现象发生。

① 启动加药泵 P103。

② 蒸汽压力 PI103 到 0.3~0.4MPa 时，开定期排污阀 D46，排污后关闭 D46。

③ 待过热蒸汽压力达到 0.7MPa 时，关小 D26 和 D27 排空阀。

④ 待过热蒸气温度达到 400℃ 时手动调节 TIC101 输出值，逐渐开启调节阀 TV101A 投入减温器，使过热蒸汽温度达到正常值（440℃）。

⑤ 待过热蒸汽压力达到 3.6MPa 时，保持此压力平稳 5min。

质量指标：过热蒸汽温度 TIC101，(440±20)℃；过热蒸汽压力 PIC102，(3.6±0.3)MPa。

### 7. 锅炉并汽

① 确认过热蒸汽温度大于 420℃，确认上汽包水位为 0mm 左右。

② 缓开主汽阀旁路阀 D15，缓开隔离阀旁路阀 D16。

③ 打开主汽阀 D17 约 20%。

④ 待过热蒸汽压力达到 3.7MPa 左右时，全开隔离阀 D02。

⑤ 缓慢关闭隔离阀旁路阀 D16 和主汽阀旁路阀 D15。

⑥ 待过热蒸汽压力达到 3.77MPa 左右时，将 PIC102 投自动。

⑦ 关闭疏水阀 D04 和对空排汽阀 D12。

⑧ 关闭省煤器与下汽包之间的再循环阀 B10。

质量指标：过热蒸汽温度 TIC101，415~470℃；上汽包液位 LIC102，(0±5) mm。

### 8. 锅炉负荷提升

① 手动调节主汽阀使蒸汽负荷大于 20t/h (21~31)t/h。

② 调节减温器使过热蒸汽温度控制在 447℃ 左右 [(447±20)℃]。

③ 手动调节主汽阀使蒸汽负荷在 35t/h 左右 [(35±3)t/h]。

④ 注意用烟道挡板调整烟气出口氧含量值 POXYGEN 为正常值 (0.9%～3.0%)。

⑤ 缓慢调节主汽阀开度，使蒸汽负荷缓慢升至 65t/h 左右 [(65±3)t/h]。

⑥ 开除尘阀 B32，进行钢珠除尘，完成负荷提升。

**9. 至催化裂化除氧水流量提升**

① 启动低压水泵 P102。

② 适当开启泵 P102 出口再循环阀 D08。

③ 逐渐打开泵 P102 出口阀 D10，使去催化的除氧水流量控制在 100t/h 左右。

质量指标：去催化的除氧水流量 FI102，(100±10)t/h。

# 任务二 正常停车和紧急停炉操作实训

## 一、正常停车操作实训

**1. 锅炉负荷降量**

① 开除尘阀 B32 彻底排灰一次。

② 停加药泵 P103。

③ 缓慢开大减温器开度，使蒸汽温度缓慢下降。

④ 缓慢调节主汽阀，使锅炉负荷下降。

⑤ 打开主汽阀前疏水阀 D04。

**2. 关闭燃料系统**

① 缓慢关闭燃料油泵出口阀 D07，关闭燃料油泵 P105，打开 B07 对火嘴进行吹扫。

② 缓慢关闭液态烃压力调节阀 PV103。

③ 缓慢关闭高压瓦斯压力调节阀 PV104。

④ 缓慢关闭过热蒸汽压力调节阀 PV102。

**3. 冷却**

① 缓慢关闭主汽阀 D17。

② 尽量控制炉内压力平缓下降后，关闭隔离阀 D02。

③ 关闭连续排污阀 D09，并确认定期排污阀 D46 已关闭。

④ 缓慢开过热蒸汽疏水阀 D04，控制蒸汽压力平稳下降。

⑤ 关闭引风机入口挡板 D01，停引风机 P104，关闭烟道挡板 D05。

**4. 停上汽包上水**

① 手控 LIC102 的输出值，缓慢关闭 LV102，如输出值为 0，说明已停止上水。

② 打开再循环阀 B10。

③ 主汽阀 D17 关闭后，可随时关闭除氧器加热蒸汽（即关 PV101）。

④ 关闭低压水泵 P102。

⑤ 蒸汽压力降至 0.1～0.3MPa 时，开上汽包放空阀 D26。

⑥ 开过热器放空阀 D27。

⑦ 打开给水小旁通阀 D25，使上汽包水位升至 30mm 后关闭 D25。

⑧ 炉膛温度降为 100℃后，停高压水泵 P101。

**5. 泄液**

① 待除氧器温度低于 80℃后，打开 D41 除氧器泄液，打开 D43 上汽包泄液。

② 开启鼓风机入口挡板 D01。

③ 开启鼓风机 P104。

④ 开启烟道挡板 D05 对炉膛进行吹扫。

⑤ 关 D01，关 P104，关 D05。

## 二、紧急停炉操作规程

### 1. 停燃料系统

① 关闭过热蒸汽调节阀 PV102。

② 关闭喷射器入口阀 B17。

③ 关闭燃料油泵出口阀 D07。

④ 打开吹扫阀 B07 对火嘴进行吹扫 5～10min。

⑤ 停引风机 P104 和烟道挡板 D05，关闭引风机挡板 D01。

### 2. 降低锅炉负荷

① 关闭主汽阀前疏水阀 D04。

② 关闭主汽阀 D17。

③ 打开过热蒸汽排空阀 D12 和上汽包排空阀 D26。

### 3. 上汽包停止上水

① 停加药泵 P103。

② 关闭上汽包液位调节阀 LV102。

③ 关闭上汽包与省煤器之间的再循环阀 B10。

④ 打开下汽包泄液阀 D43。

 **任务三    正常运行管理和事故处理操作实训**

## 一、正常运行管理

在实训过程中，密切注意各工艺参数的变化，维持生产过程运行稳定。

正常工况下的工艺参数指标见表 2-28。

**表 2-28    正常工况工艺参数指标**

| 工位号 | 正常指标 | 备　注 | 工位号 | 正常指标 | 备　注 |
|---|---|---|---|---|---|
| FI105 | 65t/h | 蒸汽负荷正常控制值 | PI105 | 200mmH₂O | 炉膛压力正常控制值 |
| TIC101 | 447℃ | 过热蒸汽温度 | PIC104 | 0.30MPa | 燃料气压力 |
| LIC102 | 0.0mm | 上汽包水位 | POXYGEN | 0.9%～3.0% | 烟道气氧含量 |
| PIC102 | 3.77MPa | 过热蒸汽压力 | PIC101 | 2000mmH₂O | 除氧器压力 |
| PI101 | 5.0MPa | 给水压力正常控制值 | LIC101 | 400mm | 除氧器液位 |

## 二、事故处理操作实训

注重事故现象的分析、判断能力的培养。处理事故过程中，要迅速、准确、无误。

### 1. 锅炉满水

事故现象：水位计液位指示突然超过可见水位上限（+300mm），由于自动调节，给水量减少。

事故原因：水位计没有注意维护，暂时失灵后正常。

处理方法：紧急停炉。

### 2. 锅炉缺水

事故现象：锅炉水位逐渐下降。

事故原因：给水泵出口的给水调节阀阀杆卡住，流量小。

处理方法：打开给水阀的大、小旁路（D11、D25）手动控制给水，如仍无效，再按紧急停炉操作。

**3. 对流管坏**

事故现象：水位下降，蒸汽压力下降，给水压力下降，烟温下降。

事故原因：对流管开裂，汽水漏入炉膛。

处理方法：紧急停炉处理。

**4. 减温器坏**

事故现象：过热蒸汽温度降低，减温器水量不正常地减少，蒸汽温度调节器不正常地出现忽大、忽小振荡。

事故原因：减温器出现内漏，减温器水进入过热蒸汽，使汽温下降。此时汽温为自动控制状态，所以减温器水调节阀关小，使汽温回升，调节阀再次开启，如此往复形成振荡。

处理方法：降低负荷。将汽温调节器打手动，并关减温器水调节阀。改用过热器疏水阀暂时维持运行。具体操作如下：

① 关小主汽阀 D17；

② 关闭减温器 TIC101；

③ 打开过热器疏水阀 D04。

**5. 蒸汽管坏**

事故现象：给水量上升，但蒸汽量反而略有下降，给水量、蒸汽量不平衡，炉负荷呈上升趋势。

事故原因：蒸汽流量计前部蒸汽管爆破。

处理方法：紧急停炉。

**6. 给水管坏**

事故现象：上水不正常减少，除氧器和锅炉系统物料不平衡。

事故原因：上水流量计前给水管破裂。

处理方法：紧急停炉。

**7. 二次燃烧**

事故现象：排烟温度不断上升，超过 250℃，烟道和炉膛正压增大。

事故原因：省煤器处发生二次燃烧。

处理方法：紧急停炉。

**8. 电源中断**

事故现象：突发性出现风机停，高低压泵停，烟气停，油泵停，锅炉灭火等综合性现象。

事故原因：电源中断。

处理方法：紧急停炉。

 **思考题**

1. 观察在出现锅炉负荷（锅炉给水）剧减时，汽包水位将出现什么变化？为什么？

2. 具体指出本单元中减温器的作用。

3. 说明为什么上下汽包之间的水循环不用动力设备，其动力何在？

4. 结合本单元（TIC101），具体说明分程控制的作用和工作原理。

# 第三单元 传质分离操作实训

## 学习指南

**知识目标** 掌握精馏、吸收和萃取操作的基本知识。了解精馏、吸收和萃取装置的结构和特点；掌握精馏、吸收和萃取的操作过程、常见事故及处理。

**能力目标** 能够根据生产任务对精馏塔、吸收塔和萃取塔实施基本操作，并能对其操作中的相关参数进行控制。

**素质目标** 树立工程观念，培养学生严谨的科学态度；培养学生团结协作的精神。培养学生安全生产、严格遵守操作规程的职业意识。

## 项目一 精馏塔单元操作实训

### 一、生产过程简述

**1. 精馏**

精馏是将液体混合物部分汽化，利用其中各组分相对挥发度的不同，通过液相和气相间的质量传递来实现对混合物的分离。原料液进料热状态有五种：低于泡点进料；泡点进料；汽、液混合进料；露点进料；过热蒸汽进料。

（1）精馏段 原料液进料板以上的称精馏段，它的作用：上升蒸汽与回流液之间的传质、传热，逐步增浓气相中的易挥发组分。可以说，塔的上部完成了上升汽流的精制。

（2）提馏段 加料板以下的称提馏段，它的作用：在每块塔板下降液体与上升蒸汽的传质、传热。下降的液流中难挥发组分不断增加，可以说，塔下部完成了下降液流中难挥发组分的提浓。

（3）塔板的功能 提供汽、液直接接触的场所，汽液在塔板上直接接触，实现了汽液间的传质和传热，塔板提供了汽液直接接触的场所。

（4）降液管及板间距的作用 降液管为液体下降的通道，板间距可分离汽、液混合物。

**2. 工艺流程简述**

原料为67.8℃脱丙烷塔的釜液（主要有 $C_4$、$C_5$、$C_6$、$C_7$ 等），由脱丁烷塔（DA405）的第16块板进料（全塔共32块板），进料量由流量控制器 FIC101 控制。灵敏板温度由调节器 TC101 通过调节再沸器加热蒸汽的流量，来控制提馏段灵敏板温度，从而控制丁烷的分离质量。

脱丁烷塔塔釜液（主要为 $C_5$ 以上馏分）一部分作为产品采出，一部分经再沸器（EA418A/B）部分汽化为蒸汽从塔底上升。塔釜的液位和塔釜产品采出量由 LC101 和

FC102 组成的串级控制器控制。再沸器采用低压蒸汽加热。塔釜蒸汽缓冲罐（FA414）液位由液位控制器 LC102 调节底部采出量控制。

塔顶的上升蒸汽（$C_4$ 馏分和少量 $C_5$ 馏分）经塔顶冷凝器（EA419）全部冷凝成液体，该冷凝液靠位差流入回流罐（FA408）。塔顶压力 PC102 采用分程控制：在正常的压力波动下，通过调节塔顶冷凝器的冷却水量来调节压力，当压力超高时，压力报警系统发出报警信号，PC102 调节塔顶至回流罐的排气量来控制塔顶压力调节气相出料。操作压力 4.25atm（表压），高压控制器 PC101 将调节回流罐的气相排放量，来控制塔内压力稳定。冷凝器以冷却水为载热体。回流罐液位由液位控制器 LC103 调节塔顶产品采出量来维持恒定。回流罐中的液体一部分作为塔顶产品送下一工序，另一部分液体由回流泵（GA412A/B）送回塔顶作为回流，回流量由流量控制器 FC104 控制。

PID 工艺流程图如图 2-42 所示，精馏 DCS 图和现场图如图 2-43 和图 2-44 所示。

精馏塔原理

分馏塔
（填料+板式）
工作原理

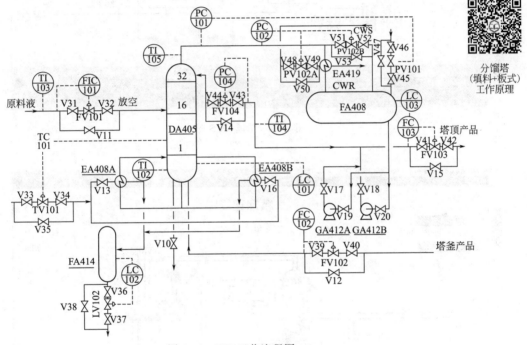

图 2-42　PID 工艺流程图

## 二、主要设备、仪表和阀件

### 1. 主要设备
主要设备见表 2-29。

### 2. 仪表
各类仪表见表 2-30。

## 三、岗位安全要求
① 为了确保精馏塔安全稳定运行，必须定期停车检修。
② 塔顶冷凝器中冷却水不能中断，否则未冷凝易燃气体逸出可能引起爆炸。
③ 在实训过程中，严格按照操作规程完成，自觉地培养良好的操作习惯和安全意识。

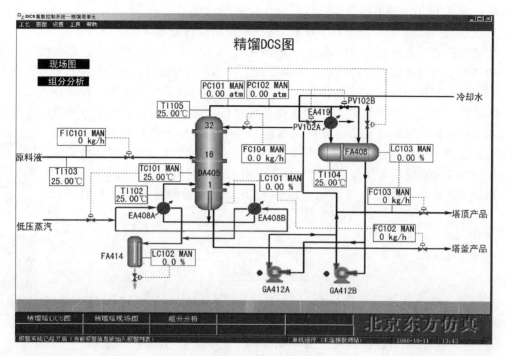

图 2-43　精馏 DCS 图

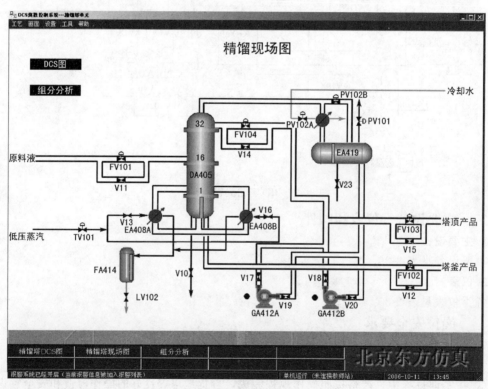

图 2-44　精馏现场图

表 2-29  主要设备

| 设备位号 | 设备名称 | 设备位号 | 设备名称 |
|---|---|---|---|
| DA405 | 脱丁烷塔 | EA419 | 塔顶冷凝器 |
| FA408 | 塔顶回流罐 | GA412A/B | 回流泵 |
| EA408A/B | 塔釜再沸器 | FA414 | 塔釜蒸汽缓冲罐 |

表 2-30  各类仪表

| 位号 | 说　　明 | 类型 | 正常值 | 工程单位 |
|---|---|---|---|---|
| FIC101 | 塔进料量控制 | PID | 14056.0 | kg/h |
| FC102 | 塔釜采出量控制 | PID | 7349.0 | kg/h |
| FC103 | 塔顶采出量控制 | PID | 6707.0 | kg/h |
| FC104 | 塔顶回流量控制 | PID | 9664.0 | kg/h |
| PC101 | 塔顶压力控制 | PID | 4.25 | atm |
| PC102 | 塔顶压力控制 | PID | 4.25 | atm |
| TC101 | 灵敏板温度控制 | PID | 89.3 | ℃ |
| LC101 | 塔釜液位控制 | PID | 50.0 | % |
| LC102 | 塔釜蒸汽缓冲罐液位控制 | PID | 50.0 | % |
| LC103 | 塔顶回流罐液位控制 | PID | 50.0 | % |
| TI102 | 塔釜温度 | AI | 109.3 | ℃ |
| TI103 | 进料温度 | AI | 67.8 | ℃ |
| TI104 | 回流温度 | AI | 39.1 | ℃ |
| TI105 | 塔顶气温度 | AI | 46.5 | ℃ |

# 任务一　冷态开车操作实训

## 一、开车准备

装置冷态开工状态为精馏塔单元处于常温、常压氮吹扫完毕后的氮封状态,所有阀门、机泵处于关停状态。

## 二、冷态开车

### 1. 进料过程

① 打开 PV102B 的前截止阀 V51、后截止阀 V52,打开 PV101 前截止阀 V45、后截止阀 V46。

② 微开 PIC101 排放塔内不凝气。

③ 打开 FV101 前截止阀 V31、后截止阀 V32。

④ 缓慢打开 FV101,直到开度大于 40%（50%左右）。

⑤ 当压力升高至 0.5atm（表压）时,关闭 PIC101。

质量指标:精馏塔顶压力 PIC101,1~4.25atm。

### 2. 启动再沸器

① 打开 PV102A 前截止阀 V48、后截止阀 V49。

② 待塔顶压力 PC101 升至 0.5atm 后,逐渐打开冷凝水调节阀 PV102A 至开度 50%。

③ 待塔釜液位 LC101 升至 20% 以上,全开加热蒸汽入口阀 V13。

④ 打开 TV101 前截止阀 V33、后截止阀 V34。

⑤ 再稍开 TC101 调节阀（10%）,给再沸器缓慢加热。

⑥ 打开 LV102 前截止阀 V36、后截止阀 V37。

⑦ 将蒸汽冷凝水贮罐 FA414 的液位控制 LC102 设为自动，设定在 50%。

⑧ 逐渐开大 TC101 至 50%，使塔釜温度逐渐上升至 100℃，灵敏板温度升至 75℃。

### 3. 建立回流

① 全开回流泵 GA412A 入口阀 V19，启动泵，全开泵出口阀 V17。

② 打开 FV104 前截止阀 V43、V44。

③ 手动打开调节阀 FV104（开度大于 40%），维持回流罐液位升至 40% 左右。

质量指标：回流罐液位 LC103，40%±5%。

### 4. 调整至正常

① 待塔压稳定后，将 PC101 设自动，设定值为 5.0atm，塔顶压力 PC102 设为自动，设定值为 4.25atm。

② 进料流量 FIC101 设为自动，设定值为 14056kg/h。

③ 热敏板温度稳定在 89.3℃，塔釜温度 TI102 稳定在 109.3℃ 后，将灵敏板温度 TC101 设为自动，设定值为 89.3℃。

④ 将调节阀 FV104 开至 50%，塔顶回流量 FC104 设为自动，设定值为 9664kg/h。

⑤ 打开 FV102 前截止阀 V39、后截止阀 V40。当塔釜液位无法维持时（大于 35%），逐渐打开 FC102，采出塔釜产品。

⑥ 塔釜采出量 FC102 设自动，设定值为 7349 kg/h，LC101 设自动（50%），再 FC102 串级。

⑦ 打开 FV103 前截止阀 V41、后截止阀 V42。

⑧ 塔顶采出量 FC103 设自动，设定值为 6707kg/h，再设为串级。

⑨ 回流罐液位 LC103 设为自动，设定值为 50%。

质量指标：进料量 FIC101，（14056±100）kg/h；灵敏板温度 TC101，（89.3±5）℃；塔釜温度 TI102，（109.3±5）℃；塔顶回流量 FC104，（9664±50）kg/h；塔釜液位 LC101，50%±5%；塔釜采出量 FC103，（7349±100）kg/h；塔顶采出量 FC102，（6707±67）kg/h。

**注 1**：回流比是精馏塔塔顶返回塔内的回流液流量 $L$ 与塔顶产品流量 $D$ 的比值，即 $R=L/D$。精馏塔的分离能力，主要取决于回流比的大小。增大回流比，就可提高产品纯度，但也增加了能耗；改变回流比，是调节精馏塔操作方便而有效的手段。

**注 2**：排不凝气，开车前需要通入原料气，置换出设备中的不凝气，降低不凝气所占的分压。

**注 3**：虹吸式再沸器的原理是利用液态分子间引力与位能差所造成的物理现象，即利用水柱压力差，使水上升后再流到低处。由于管口水面承受不同的大气压力，水会由压力大的一边流向压力小的一边，直到两边的大气压力相等，容器内的水面变成相同的高度，水就会停止流动。利用虹吸现象很快就可将容器内的水抽出。事实上，虹吸作用并不完全是由大气压力所产生的，在真空里也能产生虹吸现象。使液体向上升的力是液体间分子的内聚力，在发生虹吸现象时，由于管内往外流的液体比流入管子内的液体多，两边的重力不平衡，所以液体就会继续沿一个方向流动。在液体流入管子里，越往上压力就越低。如果液体上升的管子很高，压力会降低到使管内产生气泡（由空气或其他成分的气体构成），虹吸管的作用高度就是由气泡的生成而决定的。因为气泡会使液体断开，气泡两端的气体分子之间的作用力减为 0，从而破坏了虹吸作用，因此管子一定要装满水。在正常的大气压下，虹吸管的作用比在真空时好，因为两边管口上所受到的大气压提高了整个虹吸管内部的压力。

## 任务二　正常停车操作实训

### 1. 降负荷

① 手动逐步关小调节阀 FV101，使进料降至正常进料量的 70%。

② 断开 LC103 和 FC103 的串级，手动开大 FV103，使液位 LC103 降至 20%。

③ 断开 LC101 和 FC102 的串级，手动开大 FV102，使液位 LC101 降至 30%。

质量指标：进料量 FIC101，9939～9339kg/h；灵敏板温度 TC101，(98.3±2)℃；塔压 PC102，(4.25±0.5) MPa。

**2. 停进料和再沸器**

① 停精馏塔进料，关闭调节阀 FV101。

② 关闭调节阀 TV101，停加热蒸汽，关加热蒸汽阀 V13。

③ 停止产品采出，手动关闭 FV102。

④ 手动关闭 FV103。

⑤ 打开塔釜泄液阀 V10，排出不合格产品。

⑥ 将 LC102 置为手动模式，操作 LC102 对 FA414 进行泄液。

质量指标：蒸汽缓冲罐 FA-414 液位 LC102，0～0.2%。

**3. 停回流**

① 手动开大 FV104，将回流罐内液体全部打入精馏塔，以降低塔内温度。

② 当回流罐液位降至 0，停回流，关闭调节阀 FV104。

③ 关闭泵出口阀 V17，停泵 GA412A，关闭泵入口阀 V19。

**4. 降压、降温**

① 塔内液体排完后，手动打开 PV101 进行降压。

② 当塔压降至常压后，关闭 PV101。

③ 灵敏板温度降至 50℃ 以下，PC102 投手动，关塔顶冷凝器冷凝水，手动关闭 PV102A。

④ 当塔釜液位降至 0 后，关闭泄液阀 V10。

# 任务三　正常运行管理和事故处理操作实训

## 一、正常运行管理

在实训过程中，密切注意各工艺参数的变化，维持生产过程运行稳定。

正常工况下的工艺参数指标见表 2-31。

**表 2-31　正常工况工艺参数指标**

| 工位号 | 正常指标 | 备　　注 | 工位号 | 正常指标 | 备　　注 |
| --- | --- | --- | --- | --- | --- |
| FIC101 | 14056kg/h | 进料流量 | PC102 | 4.25MPa | 塔顶压力 |
| FC102 | 7349kg/h | 塔釜采出量 | TC101 | 89.3℃ | 灵敏板温度 |
| FC103 | 6707kg/h | 塔顶采出量 | LC102 | 50% | FA414 液位 |
| FC104 | 9664kg/h | 塔顶回流量 | LC103 | 50% | 回流罐液位 |

## 二、事故处理操作实训

注重事故现象的分析、判断能力的培养。处理事故过程中，要迅速、准确、无误。

**1. 加热蒸汽压力过高**

事故原因：加热蒸汽压力过高。

事故现象：加热蒸汽的流量增大，塔釜温度持续上升。

处理方法：适当减小 TC101 的阀门开度。具体操作如下：

　　　　　① 将 TC101 改为手动调节,减小调节阀 TV101 的开度;

　　　　　② 待温度稳定后,将 TC101 改为自动调节,设定为 89.3℃。

　质量指标:灵敏塔板温度 TC101,(89.3±5)℃。

### 2. 加热蒸汽压力过低

　事故原因:加热蒸汽压力过低。

　事故现象:加热蒸汽的流量减小,塔釜温度持续下降。

　处理方法:适当增大 TC101 的开度。具体操作如下:

　　　　　① 将 TC101 改为手动调节,增大调节阀 TV101 的开度;

　　　　　② 待温度稳定后,将 TC101 改为自动调节,设定为 89.3℃。

　质量指标:灵敏塔板温度 TC101,(89.3±5)℃。

### 3. 冷凝水中断

　事故原因:停冷凝水。

　事故现象:塔顶温度上升,塔顶压力升高。

　处理方法:① 将 PC101 设置为手动,打开回流罐放空阀 PV101;

　　　　　② 将 FIC101 设置为手动,关闭 FIC101,停止进料;

　　　　　③ 将 TC101 设置为手动,关闭 TC101,停止加热蒸汽;

　　　　　④ 将 FC102 设置为手动,关闭 FC102,停止产品采出;

　　　　　⑤ 将 FC103 设置为手动,关闭 FC103,停止产品采出;

　　　　　⑥ 打开塔釜泄液阀 V10;

　　　　　⑦ 打开回流罐泄液阀 V23,排不合格产品;

　　　　　⑧ 将 LC102 设置为手动,打开 LC102,对 FA414 泄液;

　　　　　⑨ 当回流罐液位为 0 时,关闭 V23;

　　　　　⑩ 关闭回流泵 GA412A 出口阀 V17,停泵 GA412A,关入口阀 V19;

　　　　　⑪ 当塔釜液位为 0 时,关闭 V10;

　　　　　⑫ 当塔顶压力降至常压,关闭冷凝器。

### 4. 停电

　事故原因:停电。

　事故现象:回流泵 GA412A 停止,回流中断。

　处理方法:方法同冷凝水中断处理。

### 5. 回流泵故障

　事故原因:回流泵 GA412A 泵坏。

　事故现象:GA412A 断电,回流中断,塔顶压力、温度上升。

　处理方法:① 开备用泵入口阀 V20,启动备用泵 GA412B,开备用泵出口阀 V18;

　　　　　② 关泵出口阀 V17,停泵 GA412A,关泵入口阀 V19。

　质量指标:塔顶压力 PC102,(4.25±0.5)atm;塔釜液位 LC101,50%±5%。

### 6. 回流控制阀 FC104 阀卡

　事故原因:回流控制阀 FC104 阀卡。

　事故现象:回流量减小,塔顶温度上升,压力增大。

　处理方法:打开旁路阀 V14,保持回流。

　质量指标:塔顶压力 PC101,(4.25±0.5)MPa;塔釜温度 TC101,(89.3±5)℃;回流量 FC104,(9500±100)kg/h。

**思考题**

1. 什么叫蒸馏？在化工生产中用于分离什么样的混合物？蒸馏和精馏的关系是什么？

2. 精馏的主要设备有哪些？

3. 在本单元中，如果塔顶温度、压力都超过标准，可以有几种方法将系统调节稳定？

4. 当系统在一较高负荷突然出现大的波动、不稳定，为什么要将系统降到一低负荷的稳态，再从新开到高负荷？

5. 根据本单元的实际，结合"化工原理"讲述的原理，说明回流比的作用。

6. 若精馏塔灵敏板温度过高或过低，则意味着分离效果如何？应通过改变哪些变量来调节至正常？

7. 请分析本流程中如何通过分程控制来调节精馏塔正常操作压力的。

8. 根据本单元的实际，理解串级控制的工作原理和操作方法。

 **项目二 吸收解吸操作实训**

## 一、生产过程简述

### 1. 吸收解吸

吸收解吸是石油化工生产过程中较常用的重要单元操作过程。吸收过程是利用气体混合物中各个组分在液体（吸收剂）中的溶解度不同，来分离气体混合物。被溶解的组分称为溶质或吸收质，含有溶质的气体称为富气，不被溶解的气体称为贫气或惰性气体。吸收剂是吸收过程所用的溶剂；吸收质是混合气中能被溶剂吸收的组分；惰性气是混合气中不能被溶剂吸收的组分；吸收过程就是吸收质由气相转入液相的过程。

吸收过程的分类：按吸收组分的多少分为单组分吸收和多组分吸收；按吸收过程有无热效应或温度变化分为等温吸收和非等温吸收；按有无化学变化分为物理吸收和化学吸收；按含量的高低分为低含量吸收和高含量吸收。

吸收剂的选择：具有良好的选择性；不具挥发性；容易再生；吸收剂黏度要低，不易发泡；既经济又安全，价廉、易得、无毒、不易燃烧、化学性能稳定。

溶解在吸收剂中的溶质和在气相中的溶质存在溶解平衡，当溶质在吸收剂中达到溶解平衡时，溶质在气相中的分压称为该组分在该吸收剂中的饱和蒸气压。当溶质在气相中的分压大于该组分的饱和蒸气压时，溶质就从气相溶入溶质中，称为吸收过程。当溶质在气相中的分压小于该组分的饱和蒸气压时，溶质就从液相逸出到气相中，称为解吸过程。

提高压力、降低温度有利于溶质吸收；降低压力、提高温度有利于溶质解吸，正是利用这一原理分离气体混合物，而吸收剂可以重复使用。

### 2. 工艺流程简述

该单元以 $C_6$ 油为吸收剂，分离气体混合物（其中 $C_4$：25.13%，CO 和 $CO_2$：6.26%，$N_2$：64.58%，$H_2$：3.5%，$O_2$：0.53%）中的 $C_4$ 组分（吸收质）。

从界区外来的富气从底部进入吸收塔 T101。界区外来的纯 $C_6$ 油吸收剂贮存于 $C_6$ 油贮罐 D101 中，由 $C_6$ 油泵 P101A/B 送入吸收塔 T101 的顶部，$C_6$ 流量由 FRC103 控制。吸收剂 $C_6$ 油在吸收塔 T101 中自上而下与富气逆向接触，富气中 $C_4$ 组分被溶解在 $C_6$ 油中。不溶解的贫气自 T101 顶部排出，经盐水冷却器 E101 被－4℃的盐水冷却至 2℃进入尾气分离罐 D102。吸收了 $C_4$ 组分的富油（$C_4$：8.2％，$C_6$：91.8％）从吸收塔底部排出，经贫富油换热器 E103 预热至 80℃进入解吸塔 T102。吸收塔塔釜液位由 LIC101 和 FIC104 通过调节塔釜富油采出量串级控制。

来自吸收塔顶部的贫气在尾气分离罐 D102 中回收冷凝的 $C_4$、$C_6$ 后，不凝气在 D102 压力控制器 PIC103（1.2MPa，G）控制下排入放空总管进入大气。回收的冷凝液（$C_4$、$C_6$）与吸收塔釜排出的富油一起进入解吸塔 T102。

预热后的富油进入解吸塔 T102 进行解吸分离。塔顶气相出料（$C_4$：95％）经全冷器 E104 换热降温至 40℃，全部冷凝进入塔顶回流罐 D103，其中一部分冷凝液由 P102A/B 泵打回流至解吸塔顶部，回流量 8.0t/h，由 FIC106 控制，其他部分作为 $C_4$ 产品在液位控制（LIC105）下由 P102A/B 泵抽出。塔釜 $C_6$ 油在液位控制（LIC104）下，经贫富油换热器 E103 和盐水冷却器 E102 降温至 5℃返回至 $C_6$ 油贮罐 D101 再利用，返回温度由温度控制器 TIC103 通过调节 E102 循环冷却水流量控制。

T102 塔釜温度由 TIC104 和 FIC108 通过调节塔釜再沸器 E105 的蒸汽流量串级控制，控制温度 102℃。塔顶压力由 PIC105 通过调节塔顶冷凝器 E104 的冷却水流量控制，另有一塔顶压力保护控制器 PIC104，在塔顶有凝气压力高时通过调节 D103 放空量降压。

因为塔顶 $C_4$ 产品中含有部分 $C_6$ 油及其他 $C_6$ 油损失，所以随着生产的进行，要定期观察 $C_6$ 油贮罐 D101 的液位，补充新鲜 $C_6$ 油。

板式塔
工作原理

PID 工艺流程图如图 2-45 所示，吸收系统 DCS 图和现场图如图 2-46 和图 2-47 所示，解吸系统 DCS 图和现场图如图 2-48 和图 2-49 所示。

## 二、主要设备、仪表和阀件

### 1.主要设备

主要设备见表 2-32。

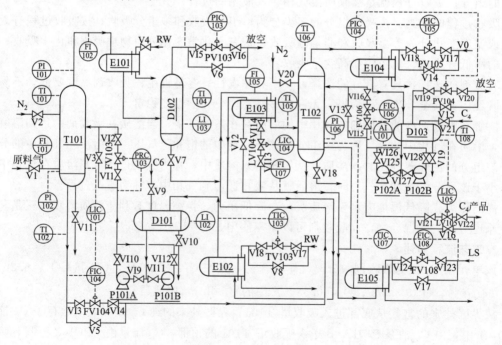

图 2-45　PID 工艺流程图

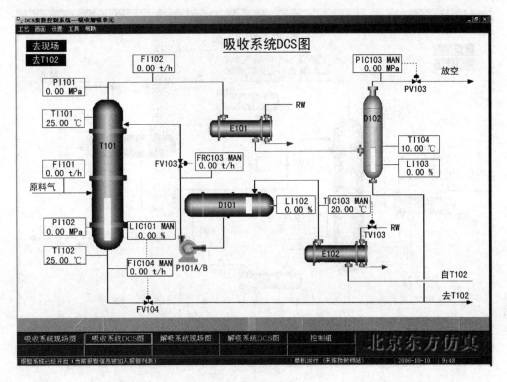

图 2-46　吸收系统 DCS 图

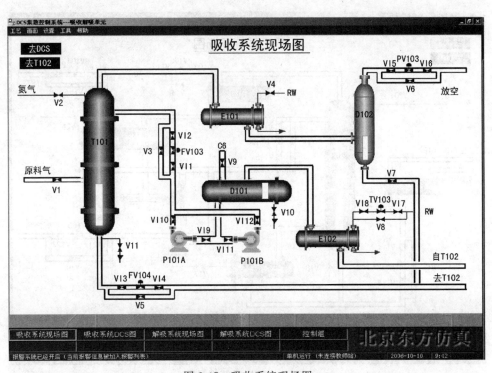

图 2-47　吸收系统现场图

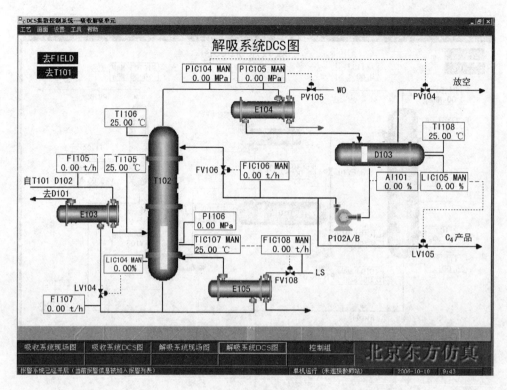

图 2-48　解吸系统 DCS 图

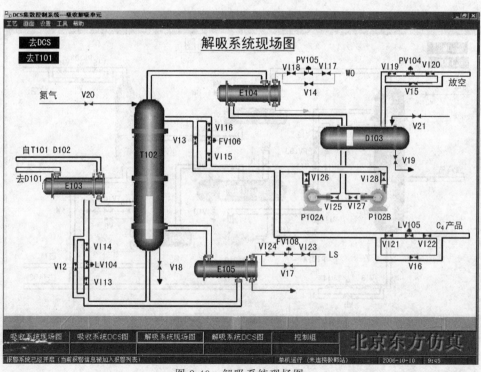

图 2-49　解吸系统现场图

表 2-32  主要设备

| 设备位号 | 设备名称 | 设备位号 | 设备名称 |
|---|---|---|---|
| T101 | 吸收塔 | P101A/B | $C_6$ 油供给泵 |
| D101 | $C_6$ 油贮罐 | T102 | 解吸塔 |
| D102 | 气液分离罐 | D103 | 解吸塔顶回流罐 |
| E101 | 吸收塔顶冷凝器 | E103 | 贫富油换热器 |
| E102 | 循环油冷却器 | E104 | 解吸塔顶冷凝器 |
| E105 | 解吸塔釜再沸器 | P102A/B | 解吸塔顶回流、塔顶产品采出泵 |

**2. 仪表**

各类仪表见表 2-33。

表 2-33  各类仪表

| 位号 | 说明 | 类型 | 正常值 | 量程上限 | 量程下限 | 工程单位 |
|---|---|---|---|---|---|---|
| AI101 | 回流罐 $C_4$ 组分 | AI | >95.0 | 100.0 | 0 | % |
| FI101 | T101 进料 | AI | 5.0 | 10.0 | 0 | t/h |
| FI102 | T101 塔顶气量 | AI | 3.8 | 6.0 | 0 | t/h |
| FRC103 | 吸收油流量控制 | PID | 13.50 | 20.0 | 0 | t/h |
| FIC104 | 富油流量控制 | PID | 14.70 | 20.0 | 0 | t/h |
| FI105 | T102 进料 | AI | 14.70 | 20.0 | 0 | t/h |
| FIC106 | 回流量控制 | PID | 8.0 | 14.0 | 0 | t/h |
| FI107 | T101 塔底贫油采出 | AI | 13.41 | 20.0 | 0 | t/h |
| FIC108 | 加热蒸汽量控制 | PID | 2.963 | 6.0 | 0 | t/h |
| LIC101 | 吸收塔液位控制 | PID | 50 | 100 | 0 | % |
| LI102 | D101 液位 | AI | 60.0 | 100 | 0 | % |
| LI103 | D102 液位 | AI | 50.0 | 100 | 0 | % |
| LIC104 | 解吸塔釜液位控制 | PID | 50 | 100 | 0 | % |
| LIC105 | 回流罐液位控制 | PID | 50 | 100 | 0 | % |

## 三、岗位安全要求

① 保证系统密闭，防止气体逸出，防止造成燃烧、爆炸和中毒等事故。

② 安全使用吸收剂，防止吸收剂中毒。

③ 在实训过程中，严格按照操作规程完成，自觉地培养良好的操作习惯和安全意识。

# 任务一  冷态开车操作实训

装置的开工状态为吸收塔、解吸塔系统均处于常温常压下，各调节阀处于手动关闭状态，各手操作阀处于关闭状态，氮气置换已完毕，公用工程已具备条件，可以直接进行氮气充压。

**1. 氮气充压**

① 确认所有手阀处于关状态。

② 氮气充压：

a. 打开 $N_2$ 充压阀 V2，给吸收段系统充压；

b. 当吸收段系统压力升至 1.0MPa（PIC103）左右后，关闭 V2 阀；

c. 打开 $N_2$ 充压阀 V20，给解吸段系统充压；

d. 当解吸段系统压力升至 0.5MPa（PIC104）左右后，关闭 V20 阀。

质量指标：吸收段系统压力 PI101，（1.0±0.3）MPa；解吸段系统压力 PIC104，（0.5±

0.1）MPa。

**2. 进吸收油**

① 确认系统充压已结束，所有手阀处于关状态。

② 吸收塔系统进吸收油：

a. 打开引油阀 V9 至开度 50％左右，给 $C_6$ 油贮罐 D101 充 $C_6$ 油；

b. 调节 $C_6$ 油贮罐 D101 液位 LI102 至 60％左右，关闭 V9 阀；

c. 打开 P101A 泵前阀 VI9，启动泵 P101A，打开 P101A 泵后阀 VI10；

d. 打开调节阀 FV103 前阀 VI1 和后阀 VI2；

e. 手动打开调节阀 FV103（开度为 30％左右），为吸收塔 T101 进 $C_6$ 油；

f. D101 液位在 60％左右，必要时补充新油。

③ 解吸塔系统进吸收油：

a. 吸收塔 T101 液位 LIC101 升至 50％左右，打开调节阀 FV104 前阀 VI3 和后阀 VI4；

b. 手动打开调节阀 FV104（开度 50％），调节 FV104 的开度，使 T101 液位在 50％左右。

质量指标：$C_6$ 油贮罐 D101 液位 LI102，50％±5％；吸收塔 T101 塔釜液位 LIC101，50％±0.5％。

**3. $C_6$ 油冷循环**

① 打开调节阀 LV104 前阀 VI13 和后阀 VI14。

② 手动打开 LV104，向 D101 倒油。

③ 调整 LIC104，使 T102 液位控制在 50％左右。

④ 将 LIC104 投自动，设定在 50％。

⑤ 将 LIC101 投自动，设定在 50％，FIC104 投串级。

⑥ 调节 FV103，使其流量保持在 13.5t/h，将 FRC103 投自动，设定在 13.5t/h。

质量指标：解吸塔 T102 塔釜液位 LIC104，50％±0.5％；进吸收塔的吸收油流量 FRC103，（13.5±0.2）t/h；

$C_6$ 油贮罐 D101 液位 LI102，50％±5％；吸收塔 T101 液位塔釜 LIC101，50％±0.5％。

**4. 向 T102 回流罐 D103 灌 $C_4$**

打开 V21 阀，向 D103 注入 $C_4$ 至液位 LIC105 大于 40％后，关闭 V21 阀。

**5. $C_6$ 油热循环**

① 确认冷循环过程已经结束，D103 液位已建立。

② T102 再沸器投用：

a. D103 液位大于 40％后，打开盐水冷却器 E102 调节阀前阀 VI7 和后阀 VI8；

b. 将 TIC103 投自动，设定为 5℃（也可先手动调节使 TIC103 至 5℃后再投自动）；

c. 打开解吸塔全凝器 E104 调节阀 PV105 前阀 VI17 和后阀 VI18，手动打开 PV105 至 70％；

d. 打开解吸塔再沸器 E105 调节阀 FV108 前阀 VI23 和后阀 VI24，手动打开 FV108 至 50％；

e. 打开 PV104 的前阀 VI19 和后阀 VI20，通过调节 PV104 控制塔压在 0.5MPa。

质量指标：盐水冷却器 E102 温度 TIC103，（5±0.05）℃；解吸塔塔压 PIC105，（0.5±0.05）MPa。

③ 建立 T102 回流：

a. 当解吸塔塔顶温度 TI106 大于 50℃时，打开泵 P102A 前阀 VI25；

b. 启动泵 P102A，打开泵 P102A 后阀 VI26；

c. 打开解吸塔回流调节阀 FV106 前阀 VI15 和后阀 VI16；

d. 手动打开 FIC106 至合适开度（流量大于 2t/h），维持塔顶温度高于 51℃；

e. 将 TIC107 投自动，设定在 102℃，FIC108 投串级。

质量指标：解吸塔塔顶温度 TI106，(55±5)℃；解吸塔塔釜温度 TIC107，(102±4)℃。

### 6. 进富气

① 打开 V4 阀，启用冷凝气 E101，逐渐打开富气进料阀 V1。

② 打开 PV103 前阀 VI5 和后阀 VI6，手动调节阀 PV103 控制吸收塔压力在 1.2MPa。

③ 当富气进料稳定到正常值，PIC103 投自动，设定于 1.2MPa。

④ 手动控制调节阀 PV105，维持塔压在 0.5MPa。

⑤ 若压力过高，打开 PV104 的前阀 VI19 和后阀 VI20，还可调节 PV104 来稳定压力。

⑥ 当压力稳定后，将 PIC105 投自动，设定值为 0.5MPa。

⑦ PIC104 投自动，设定值为 0.55MPa。

⑧ 手动调节 FV106 使回流量稳定到正常值 8.0t/h 后，将 FIC106 投自动，设定 8.0t/h。

⑨ LI105 高于 50% 后，打开 LV105 的前阀 VI21 和后阀 VI22，将 LIC105 投自动（50%）。

质量指标：吸收塔压力 PIC103，(1.2±0.1)MPa；解吸塔塔压 PIC105，(0.5±0.05)MPa；解吸塔塔顶回流量 FIC106，(8±0.4)t/h；解吸塔回流罐液位 LIC105，50%±2%。

## 任务二 正常停车操作实训

### 1. 停富气进料

① 关闭进料阀 V1，停富气进料。

② 将调节器 LIC105 置手动，关闭调节阀 LV105。

③ 关闭调节阀 LV105 后阀 VI21 和前阀 VI22。

④ 将压力控制器 PIC103 置手动，调节 PV103，维持 T101 压力不小于 1.0MPa。

⑤ 将压力控制器 PIC104 置手动，调节 PV104，维持解吸塔压力在 0.2MPa 左右。

质量指标：吸收塔压力 PIC103，0~3MPa；解吸塔压力 PI106，0.15~0.55MPa。

### 2. 停吸收塔系统

（1）停 $C_6$ 油进料

① 关闭泵 P101A 出口阀 VI10，关泵 P101A，关闭泵 P101A 出口阀 VI9。

② 关闭 FV103 前阀 VI1 和后阀 VI2，关闭 FRC103。

③ 维持 T101 压力 1.0MPa 以上，如果压力太低，打开 V2 充压。

质量指标：吸收压力 PI102，0.8~3MPa。

（2）吸收塔系统泄油

① 将 FIC104 解除串级置手动状态，FV104 开度保持 50%，向 T102 泄油。

② 当 LIC101 为 0 时关闭 FV104，关闭 FV104 前阀 VI3 和后阀 VI4。

③ 打开 V7 阀（开度大于 10%），将 D102 中凝液排至 T102。

④ 当 D102 中的液位降至 0 时，关闭 V7 阀。

⑤ 关 V4 阀，中断冷却盐水，停 E101。

⑥ 手动打开 PV103（开度大于 10%），吸收塔系统泄压。

⑦ 当 PI101 为 0 时，关 PV103。

⑧ 关 PV103 前阀 VI5 和后阀 VI6。

### 3. 停解吸塔系统

（1）T102 塔降温

① TIC107 置手动，FIC108 置手动。

② 关闭 E105 蒸汽阀 FV108，关闭 FV108 前阀 VI23 和后阀 VI24，停再沸器 E105。

③ 手动调节 PV105 和 PV104，保持解吸塔压力（0.2MPa）。

质量指标：解吸塔压力 PI106，0.1～0.4MPa。

（2）停 T102 回流

① 当 LIC105 小于 10% 时，关 P102A 后阀 VI26。

② 停泵 P102A，关 P102A 前阀 VI25。

③ 手动关闭 FV106，关闭 FV106 后阀 VI16 和前阀 VI15。

④ 打开 D103 泄液阀 V19（开度大于 10%），当液位指示下降至 0 时，关闭 V19 阀。

（3）T102 泄油

① 置 LIC104 于手动 50%，将 T102 中的油倒入 D101。

② 当 T102 液位 LIC104 指示下降至 10% 时，关 LV104，关 LV104 前阀 VI13 和后阀 VI14。

③ 置 TIC103 于手动，手动关闭 TV103，手动关闭 TV103 前阀 VI7 和后阀 VI8。

④ 打开 T102 泄油阀 V18（开度大于 10%），T102 液位 LIC104 下降至 0% 时，关 V18。

（4）T102 泄压

① 手动打开 PV104 至开度 50%，开始 T102 系统泄压。

② 当 T102 系统压力降至常压时，关闭 PV104。

### 4. 吸收油贮罐 D101 排油

① 当停 T101 吸收油进料后，D101 液位必然上升，此时打开 D101 排油阀 V10 排污油。

② 直至 T102 中油倒空，D101 液位下降至 0，关 V10。

 **任务三　正常运行管理和事故处理操作实训**

## 一、正常运行管理

在实训过程中，密切注意各工艺参数的变化，维持生产过程运行稳定。

正常工况下的工艺参数指标见表 2-34。

表 2-34　正常工况工艺参数指标

| 工位号 | 正常指标 | 备　注 | 工位号 | 正常指标 | 备　注 |
|---|---|---|---|---|---|
| FRC103 | 13.50t/h | 吸收油流量控制 | FIC108 | 2.963t/h | 加热蒸汽量控制 |
| FIC104 | 14.70t/h | 富油流量控制 | LIC101 | 50% | 吸收塔液位控制 |
| FI105 | 14.70t/h | T102 进料 | LI102 | 60.0% | D101 液位 |
| FIC106 | 8.0t/h | 回流量控制 | LI103 | 50.0% | D102 液位 |
| FI107 | 13.41t/h | T101 塔底贫油采出 | LIC104 | 50% | 解吸塔釜液位控制 |

## 二、事故处理操作实训

注重事故现象的分析、判断能力的培养。处理事故过程中，要迅速、准确、无误。

下列事故处理操作仅供参考，详细操作以评分系统为准。

**1. 冷却水中断**

事故现象：① 冷却水流量为 0；

　　　　　② 入口路各阀常开状态。

处理方法：① 停止进料，关 V1 阀；

　　　　　② 手动关 PV103 保压；

　　　　　③ 手动关 FV104，停 T102 进料；

　　　　　④ 手动关 LV105，停出产品；

　　　　　⑤ 手动关 FV103，停 T101 回流；

　　　　　⑥ 手动关 FV106，停 T102 回流；

　　　　　⑦ 关 LIC104 前后阀，保持液位。

**2. 加热蒸汽中断**

事故现象：① 加热蒸汽管路各阀开度正常；

　　　　　② 加热蒸汽入口流量为 0；

　　　　　③ 塔釜温度急剧下降。

处理方法：① 停止进料，关 V1 阀；

　　　　　② 停 T102 回流；

　　　　　③ 停 D103 产品出料；

　　　　　④ 停 T102 进料；

　　　　　⑤ 关 PV103 保压；

　　　　　⑥ 关 LIC104 前后阀，保持液位。

**3. 仪表风中断**

事故现象：各调节阀全开或全关。

处理方法：① 打开 FRC103 旁路阀 V3；

　　　　　② 打开 FIC104 旁路阀 V5；

　　　　　③ 打开 PIC103 旁路阀 V6；

　　　　　④ 打开 TIC103 旁路阀 V8；

　　　　　⑤ 打开 LIC104 旁路阀 V12；

　　　　　⑥ 打开 FIC106 旁路阀 V13；

　　　　　⑦ 打开 PIC105 旁路阀 V14；

　　　　　⑧ 打开 PIC104 旁路阀 V15；

　　　　　⑨ 打开 LIC105 旁路阀 V16；

　　　　　⑩ 打开 FIC108 旁路阀 V17。

**4. 停电**

事故现象：① 泵 P101A/B 停；

　　　　　② 泵 P102A/B 停。

处理方法：① 打开泄液阀 V10，保持 LI102 液位在 50%；

　　　　　② 打开泄液阀 V19，保持 LI105 液位在 50%；

　　　　　③ 关小加热油流量，防止塔温上升过高；

　　　　　④ 停止进料，关 V1 阀。

**5. P101A 泵坏**

事故现象：① FRC103 流量降为 0；

　　　　　② 塔顶 $C_4$ 上升，温度上升，塔顶压上升；

③ 釜液位下降。

处理方法：① 停 P101A，先关泵后阀，再关泵前阀；

② 开启 P101B，先开泵前阀，再开泵后阀；

③ 由 FRC103 调至正常值，并投自动。

**6. LIC104 调节阀卡**

事故现象：① FI107 降至 0；

② 塔釜液位上升，并可能报警。

处理方法：① 关 LIC104 前阀 VI13 和后阀 VI14；

② 开 LIC104 旁路阀 V12 至 60％左右；

③ 调整旁路阀 V12 开度，使液位保持在 50％。

**7. 换热器 E105 结垢严重**

事故现象：① 调节阀 FIC108 开度增大；

② 加热蒸汽入口流量增大；

③ 塔釜温度下降，塔顶温度也下降，塔釜 $C_4$ 组成上升。

处理方法：① 关闭富气进料阀 V1；

② 手动关闭产品出料阀 LIC102；

③ 手动关闭再沸器后，清洗换热器 E105。

 **思考题**

1. 吸收岗位的操作是在高压、低温的条件下进行的，为什么说这样的操作条件对吸收过程的进行有利？

2. 请从节能的角度对换热器 E103 在本单元中的作用做出评价。

3. 结合本单元的具体情况，说明串级控制的工作原理。

4. 操作时若发现富油无法进入解吸塔，会有哪些原因导致？应如何调整？

5. 假如本单元的操作已经平稳，这时吸收塔的进料富气温度突然升高，分析会导致什么现象？如果造成系统不稳定，吸收塔的塔顶压力上升（塔顶 $C_4$ 增加），有几种手段将系统调节正常？

6. 请分析本流程的串级控制；如果请你来设计，还有哪些变量间可以通过串级调节控制？这样做的优点是什么？

7. $C_6$ 油贮罐进料阀为一手动操作阀，有没有必要在此设一个调节阀，使进料操作自动化，为什么？

 **项目三　萃取塔操作实训**

## 一、生产过程简述

**1. 萃取**

萃取就是利用化合物在两种互不相溶（或微溶）的溶剂中溶解度或分配系数的不同，使化合物从一种溶剂内转移到另外一种溶剂中。经过反复多次萃取，可将绝大部分的化合物提取出来。

分配定律是萃取方法理论的主要依据，物质对不同的溶剂有着不同的溶解度。在两种互不相溶的溶剂中，加入某种可溶性的物质时，它能分别溶解于两种溶剂中，实验证明，在一定温度下，该化合物与此两种溶剂不发生分解、电解、缔合和溶剂化等作用时，此化合物在两液层中之比是一个定值。不论所加物质的量是多少，都是如此。用公式 $c_A/c_B=K$ 表示。

$c_A$、$c_B$ 分别表示一种化合物在两种互不相溶的溶剂中的物质的量浓度；$K$ 是一个常数，称为"分配系数"。

有机化合物在有机溶剂中一般比在水中溶解度大。用有机溶剂提取溶解于水的化合物是萃取的典型实例。在萃取时，若在水溶液中加入一定量的电解质（如氯化钠），利用"盐析效应"以降低有机物和萃取溶剂在水溶液中的溶解度，常可提高萃取效果。

要把所需要的化合物从溶液中完全萃取出来，通常萃取一次是不够的，必须重复萃取数次。利用分配定律的关系，可以算出经过萃取后化合物的剩余量。

设：$V$ 为原溶液的体积；$w_0$ 为萃取前化合物的总量；$w_1$ 为萃取一次后化合物的剩余量；$w_2$ 为萃取两次后化合物的剩余量；$w_3$ 为萃取 $n$ 次后化合物的剩余量；$S$ 为萃取溶液的体积。

经一次萃取，原溶液中该化合物的浓度为 $w_1/V$；而萃取溶液中该化合物的浓度为 $(w_0-w_1)/S$；两者之比等于 $K$，即：

$$\frac{w_1/V}{(w_0-w_1)/S}=K \qquad\qquad w_1=w_0\frac{KV}{KV+S}$$

同理，经两次萃取后，则有

$$\frac{w_2/V}{(w_1-w_2)/S}=K \qquad 即 \qquad w_2=w_1\frac{KV}{KV+S}=w_0\left(\frac{KV}{KV+S}\right)^2$$

因此，经 $n$ 次提取后：$w_n=w_0\left(\frac{KV}{KV+S}\right)^n$

当用一定量溶剂时，希望在水中的剩余量越少越好。而上式 $KV/(KV+S)$ 总是小于 1，所以 $n$ 越大，$w_n$ 就越小。也就是说把溶剂分成数次作多次萃取比用全部量的溶剂作一次萃取为好。但应该注意，上面的公式适用于几乎和水不相溶的溶剂，例如苯、四氯化碳等。而与水有少量互溶的溶剂，如乙醚等，上面公式只是近似的。但还是可以定性地指出预期的结果。

萃取设备按照结构特点大体上可分为三类：一是单件组合式，如混合-澄清器，两相间的混合多依靠机械搅拌，可间歇操作也可连续操作；二是塔式，如填料塔、筛板塔和转盘塔等，连续操作方式，依靠密度差或加入机械能量避免造成的振荡使两相混合；三是离心式，依靠离心力造成两相间分散接触。

**2. 工艺流程简述**

本装置是通过萃取剂（水）来萃取丙烯酸丁酯（BA）生产过程中的催化剂（对甲苯磺酸），具体工艺如下。

将自来水（FCW）通过阀 V4001 或者通过泵 P425 及阀 V4002 送进催化剂萃取塔 C421，当液位调节器 LIC4009 为 50％时，关闭阀 V4001 或者泵 P425 及阀 V4002；开启泵 P413 将含有产品和催化剂的 R412B 的流出物在被 E415 冷却后进入催化剂萃取塔 C421 的塔底；开泵 P412A，将来自 D411 作为溶剂的水从顶部加入。泵 P413 的流量由 FIC4020 控制在 21126.6kg/h；P412 的流量由 FIC4021 控制在 2112.7kg/h；萃取后的丙烯酸丁酯主物流从塔顶排出，进入塔 C-422；塔底排出的水相中含有大部分的催化剂及未反应的丙烯酸，一路返回反应器 R411A 循环使用，一路去重组分分解器 R-460 作为分解用的催化剂。

萃取单元 PID 工艺流程图如图 2-50 所示，萃取单元 DCS 图和现场图如图 2-51 和图 2-52 所示。

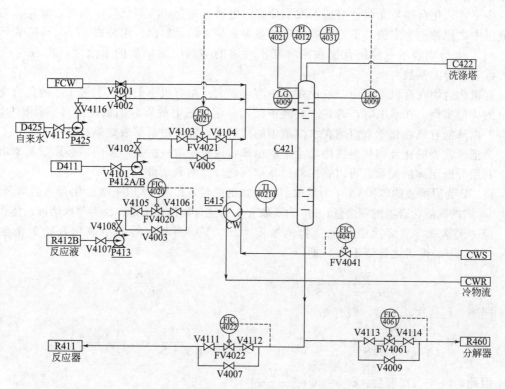

图 2-50　萃取单元 PID 工艺流程图

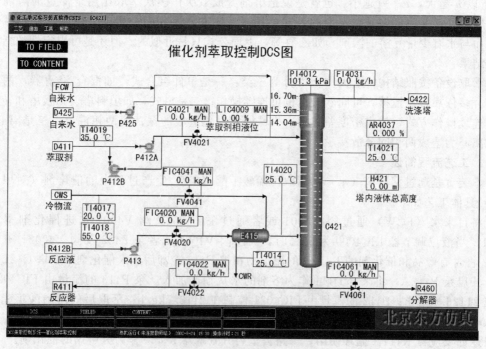

图 2-51　萃取单元 DCS 图

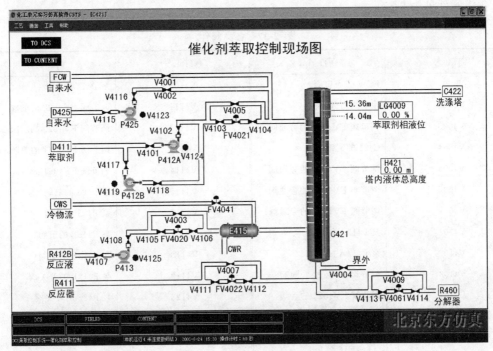

图 2-52　萃取单元现场图

## 二、主要设备、仪表和阀件

### 1. 主要设备

主要设备见表 2-35。

表 2-35　主要设备

| 设备位号 | 设备名称 | 设备位号 | 设备名称 |
|---|---|---|---|
| P425 | 进水泵 | E415 | 冷却器 |
| P412A/B | 溶剂进料泵 | C421 | 萃取塔 |
| P413 | 主物流进料泵 | | |

### 2. 仪表

各类仪表见表 2-36。

表 2-36　各类仪表

| 位　号 | 显示变量 | 正常值 | 单　位 |
|---|---|---|---|
| TI4021 | C421 塔顶温度 | 35 | ℃ |
| PI4012 | C421 塔顶压力 | 101.3 | kPa |
| TI4020 | 主物料出口温度 | 35 | ℃ |
| FI4031 | 主物料出口流量 | 21293.8 | kg/h |

**3. 阀件**

各类阀件见表 2-37。

表 2-37　各类阀件

| 阀件位号 | 阀件名称 | 阀件位号 | 阀件名称 |
|---|---|---|---|
| V4001 | FCW 的入口阀 | V4108 | 泵 P413 的后阀 |
| V4002 | 水的入口阀 | V4111 | 调节阀 FV4022 的前阀 |
| V4003 | 调节阀 FV4020 的旁通阀 | V4112 | 调节阀 FV4022 的后阀 |
| V4004 | C421 的泄液阀 | V4113 | 调节阀 FV4061 的前阀 |
| V4005 | 调节阀 FV4021 的旁通阀 | V4114 | 调节阀 FV4061 的后阀 |
| V4007 | 调节阀 FV4022 的旁通阀 | V4115 | 泵 P425 的前阀 |
| V4009 | 调节阀 FV4061 的旁通阀 | V4116 | 泵 P425 的后阀 |
| V4101 | 泵 P412A 的前阀 | V4117 | 泵 P412B 的前阀 |
| V4102 | 泵 P412A 的后阀 | V4118 | 泵 P412B 的后阀 |
| V4103 | 调节阀 FV4021 的前阀 | V4119 | 泵 P412B 的开关阀 |
| V4104 | 调节阀 FV4021 的后阀 | V4123 | 泵 P425 的开关阀 |
| V4105 | 调节阀 FV4020 的前阀 | V4124 | 泵 P412A 的开关阀 |
| V4106 | 调节阀 FV4020 的后阀 | V4125 | 泵 P413 的开关阀 |
| V4107 | 泵 P413 的前阀 | | |

## 三、岗位安全要求

① 掌握生产装置区的所有物料的理化特性。

② 掌握生产装置区的所有物料的闪点、引燃温度、爆炸极限、主要用途、环境危害、燃爆危险、危险特性、防护方法。

③ 在各项实训过程中，严格按照操作规程完成，自觉地培养良好操作习惯和安全意识。

## 任务一　冷态开车操作实训

进料前确认所有调节器为手动状态，调节阀和现场阀均处于关闭状态，机泵处于关停状态。

**1. 灌水**

① （当 D425 液位 LIC4016 达到 50％时）全开泵 P425 的前后阀 V4115 和 V4116，启动泵 P425。

② 打开手阀 V4002，使其开度为大于 50％，对萃取塔 C421 进行罐水。

③ 当 C421 界面液位 LIC4009 的显示值接近 50％，关闭阀门 V4002。

④ 依次关闭泵 P425 的后阀 V4116、开关阀 V4123、前阀 V4115。

**2. 启动换热器**

开启调节阀 FV4041，使其开度为 50％，对换热器 E415 通冷物料。

**3. 引反应液**

① 依次开启泵 P413 的前阀 V4107、开关阀 V4125、后阀 V4108，启动泵 P413。

② 全开调节器 FIC4020 的前后阀 V4105 和 V4106，开启调节阀 FV4020，使其开度为50％，将 R412B 出口液体经换热器 E415，送至 C421。

③ 将 TIC4014 投自动，设为 30℃，并将 FIC4041 投串级。

**4. 引溶剂**

① 打开泵 P412 的前阀 V4101、开关阀 V4124、后阀 V4102，启动泵 P412。

② 全开调节器 FIC4021 的前后阀 V4103 和 V4104，开启调节阀 FV4021，使其开度为50％，将 D411 出口液体送至 C421。

**5. 引 C421 萃取液**

① 全开调节器 FIC4022 的前后阀 V4111 和 V4112，开启调节阀 FV4022，使其开度为50％，将 C421 塔底的部分液体返回 R411A 中。

② 全开调节器 FIC4061 的前后阀 V4113 和 V4114，开启调节阀 FV4061，使其开度为50％，将 C421 塔底的另外部分液体送至重组分分解器 R460 中。

**6. 调至平衡**

① 界面液位 LIC4009 达到 50％时，投自动。

② FIC4021 达到 2112.7kg/h 时，投自动。

③ FIC4020 的流量达到 21126.6kg/h 时，投自动。

④ FIC4022 的流量达到 1868.4kg/h 时，投自动。

⑤ FIC4061 的流量达到 77.1kg/h 时，投自动。

⑥ 将 FIC4041 投自动，设为 20000kg/h。

 # 任务二　正常停车操作实训

**1. 停主物料进料**

① 将 FIC4020 改为手动，关闭调节阀 FV4020 的前后阀 V4105 和 V4106，将 FV4020的开度调为 0。

② 关闭泵 P413 的后阀 V4108、开关阀 V4125、前阀 V4107。

**2. 停换热器**

将 FIC4041 改为手动，并关闭。

**3. 灌自来水**

① 打开进自来水阀 V4001，使其开度为 50％。

② 当罐内物料相中的 BA 的含量小于 0.9％时，关闭 V4001。

**4. 停萃取剂**

① 将 LIC4009 改为手动并关闭。

② 将 FIC4021 改为手动。

③ 将控制阀 FV4021 的开度调为 0，关闭前阀 V4103 和后阀 V4104。

④ 关闭泵 P412A 的后阀 V4102、开关阀 V4124、前阀 V4101。

**5. 萃取塔 C421 泄液**

① 打开阀 V4007，使其开度为 50％，同时将 FV4022 的开度调为 100％。

② 打开阀 V4009，使其开度为 50％，同时将 FV4061 的开度调为 100％。

③ 当 FIC4022 的值小于 0.5kg/h 时，关闭 V4007，将 FV4022 的开度置 0，关闭其前后阀 V4111 和 V4112；同时关闭 V4009，将 FV4061 的开度置 0，关闭其前后阀 V4113和 V4114。

## 任务三 正常运行管理和事故处理操作实训

### 一、正常运行管理

在实训过程中，密切注意各工艺参数的变化，维持生产过程运行稳定。

正常工况下的工艺参数指标见表 2-38。

表 2-38 正常工况工艺参数指标

| 工位号 | 正常指标 | 备　注 | 工位号 | 正常指标 | 备　注 |
|--------|----------|--------|--------|----------|--------|
| TI4021 | 35℃ | C421 塔顶温度 | TI4020 | 35℃ | 主物料出口温度 |
| PI4012 | 101.3kPa | C421 塔顶压力 | FI4031 | 21293.8kg/h | 主物料出口流量 |

### 二、事故处理操作实训

注重事故现象的分析、判断能力的培养。处理事故过程中，要迅速、准确、无误。

**1. P412A 泵坏**

事故现象：① P412A 泵的出口压力急剧下降；

　　　　　② FIC4021 的流量急剧减小。

处理方法：① 停泵 P412A；

　　　　　② 换用泵 P412B。

**2. 调节阀 FV4020 阀卡**

事故现象：FIC4020 的流量不可调节。

处理方法：① 打开旁通阀 V4003；

　　　　　② 关闭 FV4020 的前后阀 V4105 和 V4106。

 思考题

1. 简述萃取的基本原理。

2. 简述本培训单元所选流程的工艺过程。

3. 萃取设备分为哪几类，各有何特点？

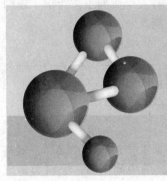

# 模块三
# 典型反应器操作实训

**学习指南**

**知识目标** 理解化学反应的特点，了解化学反应器的种类和分类方法。 对反应器的生产过程和常见的故障能进行分析、判断、处理。

**能力目标** 掌握典型反应器中，釜式反应器、固定床反应器、流化床反应器的结构和操作方法，能进行此类反应器的开车、停车、事故处理等操作。

**素质目标** 形成规范化的操作技能，良好的安全理念。

化学反应是化工生产过程的核心，而作为承载化学反应的设备，化学反应器则是化工生产装置中的关键设备。因此，掌握典型化学反应器的操作技能，可以为学习和理解复杂的化工工艺过程打下良好的基础。

目前，尽管化工产品种类繁多，应用的化学反应器种类层出不穷。但按其结构原理的特点可分类为：管式反应器、釜式反应器、塔式反应器、固定床反应器、流化床反应器、移动床反应器等。按化学反应器的操作方式可分类为：间歇（分批）式、半连续（间歇）式和连续式操作。在此以间歇釜式反应器、固定床反应器、流化床反应器三个典型工艺为例，说明此类反应器的操作规程和方法，以培养掌握此类反应器的操作技能。

## 项目一 间歇釜反应器操作实训

### 一、生产过程简述

间歇反应在助剂、制药、染料等行业的生产过程中很常见。本工艺过程的产品（2-巯基苯并噻唑）就是橡胶制品硫化促进剂 DM（2,2-二硫代苯并噻唑）的中间产品，原料为多硫化钠（$Na_2S_n$）、邻硝基氯苯（$C_6H_4ClNO_2$）及二硫化碳（$CS_2$）。它本身也是硫化促进剂，但活性不如 DM。

产品整个生产过程由备料工序和缩合工序组成，为了重点培养学生的间歇釜反应器操作技能，以缩合工序为重点进行教学。

**1. 化学反应**

主反应：

$$2C_6H_4ClNO_2+Na_2S_n \longrightarrow C_{12}H_8N_2S_2O_4+2NaCl+(n-2)S\downarrow$$

$$C_{12}H_8N_2S_2O_4+2CS_2+2H_2O+3Na_2S_n \longrightarrow 2C_7H_4NS_2Na+2H_2S\uparrow+2Na_2S_2O_3+(3n-4)S\downarrow$$

副反应：

$$C_6H_4ClNO_2+Na_2S_n+H_2O \longrightarrow C_6H_6NCl+Na_2S_2O_3+(n-2)S\downarrow$$

**2. 工艺流程简述**

来自备料工序的 $CS_2$、$C_6H_4ClNO_2$、$Na_2S_n$ 分别注入计量罐及沉淀罐中，经计量沉淀后利用位差及离心泵压入反应釜中，釜温由夹套中的蒸汽、冷却水及蛇管中的冷却水控制，设有分程控制 TIC101（只控制冷却水），通过控制反应釜温度来控制反应速度及副反应速度，来获得较高的收率及确保反应过程安全。

在工艺流程中，主反应的活化能要比副反应的活化能高，因此升温后更利于反应收率。在 90℃ 的时候，主反应和副反应的速度比较接近，因此，要尽量延长反应温度在 90℃ 以上的时间，以获得更多的主反应产物。

间歇反应釜 PID 工艺流程如图 3-1 所示，间歇反应釜 DCS 图如图 3-2 所示，间歇反应釜现场图如图 3-3 所示，间歇反应釜组分分析图如图 3-4 所示。

釜式反应器
工作原理

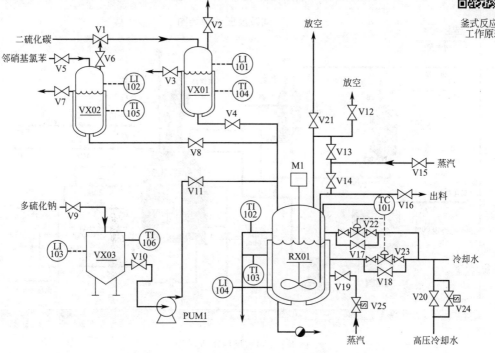

图 3-1　间歇反应釜 PID 工艺流程图

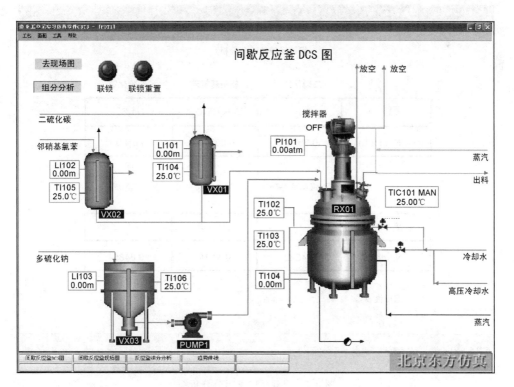

图 3-2　间歇反应釜 DCS 图

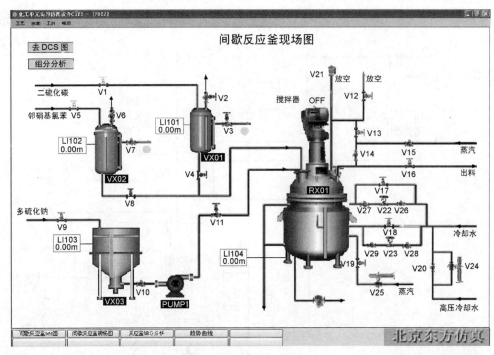

图 3-3　间歇反应釜现场图

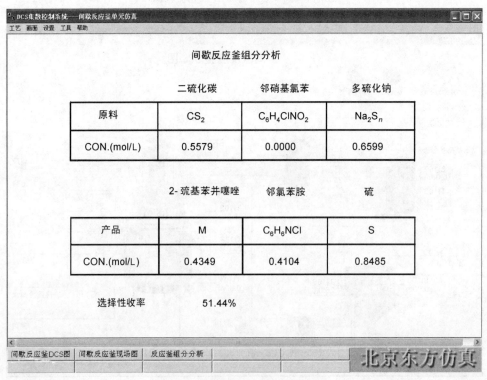

图 3-4　间歇反应釜组分分析图

## 二、主要设备、仪表和阀件

### 1. 主要设备

主要设备见表 3-1。

表 3-1　主要设备

| 设备位号 | 设备名称 | 设备位号 | 设备名称 |
|---|---|---|---|
| RX01 | 间歇反应釜 | VX03 | $Na_2S_n$ 沉淀罐 |
| VX01 | $CS_2$ 计量罐 | PUMP1 | 离心泵 |
| VX02 | $C_6H_4ClNO_2$ 计量罐 | | |

### 2. 仪表

仪表及报警信息见表 3-2。

表 3-2　仪表及报警信息

| 仪表位号 | 变量说明 | 类型 | 正常值 | 单位 | 量程高限 | 量程低限 | 高报 | 低报 |
|---|---|---|---|---|---|---|---|---|
| TIC101 | 反应釜温度控制 | PID | 115℃ | ℃ | 500 | 0 | 128 | 25 |
| TI102 | 反应釜夹套冷却水温度 | AI | | ℃ | 100 | 0 | 80 | 60 |
| TI103 | 反应釜内部蛇管冷却水温度 | AI | | ℃ | 100 | 0 | 80 | 60 |
| TI104 | $CS_2$ 计量罐温度 | AI | | ℃ | 100 | 0 | 80 | 20 |
| TI105 | $C_6H_4ClNO_2$ 计量罐温度 | AI | | ℃ | 100 | 0 | 80 | 20 |
| TI106 | $Na_2S_n$ 沉淀罐温度 | AI | | ℃ | 100 | 0 | 80 | 20 |
| LI101 | $CS_2$ 计量罐液位 | AI | | m | 1.75 | 0 | 1.4 | 0 |
| LI102 | $C_6H_4ClNO_2$ 计量罐液位 | AI | | m | 1.5 | 0 | 1.2 | 0 |
| LI103 | $Na_2S_n$ 沉淀罐液位 | AI | | m | 4 | 0 | 3.6 | 0.1 |
| LI104 | 反应釜液位 | AI | | m | 3.15 | 0 | 2.7 | 0 |
| PI101 | 反应釜压力 | AI | | atm | 20 | 0 | 8 | 0 |

### 3. 阀件

各类阀件见表 3-3。

表 3-3　各类阀件

| 位号 | 名称 | 位号 | 名称 | 位号 | 名称 |
|---|---|---|---|---|---|
| V1 | $CS_2$ 进料阀 | V10 | 泵前阀 | V19 | 夹套加热蒸汽阀 |
| V2 | 计量罐 VX01 放空阀 | V11 | 泵后阀 | V20 | 高压水阀 |
| V3 | 计量罐 VX01 溢流阀 | V12 | RX01 放空阀 | V21 | 放空阀 |
| V4 | $CS_2$ 进料阀 | V13 | 加热蒸汽阀 | V22 | 蛇管冷却水阀 |
| V5 | $C_6H_4ClNO_2$ 进料阀 | V14 | 预热蒸汽阀 | V23 | 冷却水阀 |
| V6 | 计量罐 VX02 放空阀 | V15 | 加热蒸汽阀 | V24 | 高压冷却水阀 |
| V7 | 计量罐 VX02 溢流阀 | V16 | 产品出料阀 | V25 | 加热蒸汽阀 |
| V8 | $C_6H_4ClNO_2$ 进料阀 | V17 | 冷却水旁路阀 | | |
| V9 | $Na_2S_n$ 沉淀 VX03 进料阀 | V18 | 冷却水阀 | | |

## 三、岗位安全要求

① 认识生产装置区的所有物料的理化特性。

② 了解生产装置区的所有物料的闪点、引燃温度、爆炸极限、主要用途、环境危害、燃爆危险、危险特性、防护方法。

③ 在各项实训过程中，严格按照操作规程完成，自觉地培养良好的操作习惯和安全意识。

④ 检查与反应釜有关的管道和阀门，在确保符合受料条件的情况下，方可投料。

⑤ 检查搅拌电机、减速机、机封等是否正常，减速机油位是否适当，机封冷却水是否

供给正常。

⑥ 在确保无异常情况下，启动搅拌，按规定量投入物料。10m³ 以上反应釜或搅拌有底轴承的反应釜严禁空运转，确保底轴承浸在液面下时，方可开启搅拌。

⑦ 严格执行工艺操作规程，密切注意反应釜内温度和压力以及反应釜夹套压力，严禁超温和超压。

⑧ 反应过程中，应做到巡回检查，发现问题，应及时处理。

⑨ 若发生超温现象，立即用水降温。降温后的温度应符合工艺要求。

⑩ 若发生超压现象，应立即打开放空阀。紧急泄压。

⑪ 若停电造成停车，应停止投料；投料途中停电，应停止投料，打开放空阀，给水降温。长期停车应将釜内残液清洗干净，关闭底阀、进料阀、进汽阀、放料阀等。

## 任务一　间歇釜反应器开车操作实训

### 一、冷态开车操作实训

装置开工状态为各计量罐、反应釜、沉淀罐处于常温、常压状态，各种物料均已备好，大部分阀门、机泵处于关停状态（除蒸汽联锁阀外）。

**1. 备料过程**

（1）向沉淀罐 VX03 进料（$Na_2S_n$）

① 开阀门 V9，向罐 VX03 充液。

② VX03 液位接近 3.60m 时，关小 V9，至 3.60m 时关闭 V9。

③ 静置 4min（实际 4h）备用。

　　注：必须静置 4min，本步骤为关键步骤。

（2）向计量罐 VX01 进料（$CS_2$）

① 开放空阀门 V2。

② 开溢流阀门 V3。

③ 开进料阀 V1，开度约为 50%，向罐 VX01 充液，液位接近 1.4m 时，可关小 V1。

④ 溢流标志变绿后，迅速关闭 V1。

⑤ 待溢流标志再度变红后，可关闭溢流阀 V3。

（3）向计量罐 VX02 进料（邻硝基氯苯）

① 开放空阀门 V6。

② 开溢流阀门 V7。

③ 开进料阀 V5，开度约为 50%，向罐 VX01 充液，液位接近 1.2m 时，可关小 V5。

④ 溢流标志变绿后，迅速关闭 V5。

⑤ 待溢流标志再度变红后，可关闭溢流阀 V7。

**2. 进料**

（1）进料准备

微开放空阀 V12，准备进料。

（2）从 VX03 中向反应器 RX01 中进料（$Na_2S_n$）

① 打开泵前阀 V10，向进料泵 PUMP1 中充液。

② 打开进料泵 PUMP1。

③ 打开泵后阀 V11，向 RX01 中进料。

④ 至液位小于 0.1m 时停止进料，关泵后阀 V11。

⑤ 关泵 PUMP1。

⑥ 关泵前阀 V10。

（3）从 VX01 中向反应器 RX01 中进料（CS$_2$）

① 检查放空阀 V2 开放。

② 打开进料阀 V4 向 RX01 中进料。

③ 待进料完毕后关闭 V4。

（4）从 VX02 中向反应器 RX01 中进料（邻硝基氯苯）

① 检查放空阀 V6 开放。

② 打开进料阀 V8 向 RX01 中进料。

③ 待进料完毕后关闭 V8。

（5）进料完毕

进料完毕后关闭放空阀 V12。

**3. 开车阶段**

① 检查放空阀 V12 和进料阀 V4、V8、V11 是否关闭，打开阀门 V26、V27、V28、V29，打开联锁控制。

② 开启反应釜搅拌电机 M1。

③ 适当打开夹套蒸汽加热阀 V19，观察反应釜内温度和压力上升情况，保持适当的升温速度。

④ 控制反应温度直至反应结束。

**4. 反应过程控制**

① 当温度升至 55～65℃时关闭 V19，停止通蒸汽加热。

② 当温度升至 70～80℃时微开 TIC101（冷却水阀 V22、V23），控制升温速度。

③ 当温度升至 110℃以上时，是反应剧烈的阶段（应小心加以控制，防止超温）。当温度难以控制时，打开高压水阀 V20，并可关闭搅拌器 M1 以使反应降速。当压力过高时，可微开放空阀 V12 以降低气压，但放空会使 CS$_2$ 损失，污染大气。

④ 反应温度大于 128℃时，相当于压力超过 8atm，已处于事故状态，如联锁开关处于"ON"的状态，联锁启动（开高压冷却水阀，关搅拌器，关加热蒸汽阀）。

⑤ 压力超过 15atm（相当于温度大于 160℃），反应釜安全阀作用。

## 二、热态开车操作实训

**1. 反应中要求的工艺参数**

① 反应釜中压力不大于 8atm。

② 冷却水出口温度不低于 60℃，如低于 60℃易使硫在反应釜壁和蛇管表面结晶，使传热不畅。

**2. 主要工艺生产指标的调整方法**

（1）温度调节　操作过程中以温度为主要调节对象，以压力为辅助调节对象。升温慢会引起副反应速度大于主反应速度的时间段过长，因而引起反应的产率低。升温快则容易反应失控。

（2）压力调节　压力调节主要是通过调节温度实现的，但在超温的时候可以微开放空阀，使压力降低，以达到安全生产的目的。

（3）收率　由于在 90℃以下时，副反应速度大于正反应速度，因此在安全的前提下快速升温是收率高的保证。

## 一、停车操作实训

在冷却水量很小的情况下，反应釜的温度下降仍较快，则说明反应接近尾声，可以进行停车出料操作了。操作步骤如下。

① 关闭搅拌器 M1。

② 打开放空阀 V12 5～10s，放掉釜内残存的可燃气体。关闭 V12。

③ 向釜内通增压蒸汽：

a. 打开蒸汽总阀 V15；

b. 打开蒸汽加压阀 V13 给釜内升压，使釜内气压高于 4atm。

④ 打开蒸汽预热阀 V14 片刻。

⑤ 打开出料阀门 V16 出料。

⑥ 出料完毕后保持开 V16 约 10s 进行吹扫。

⑦ 关闭出料阀 V16（尽快关闭，超过 1min 不关闭将不能得分）。

⑧ 关闭蒸汽阀 V15。

⑨ 关闭阀门 V13。

## 二、事故操作实训

### 1. 超温（压）事故

事故现象：温度大于 128℃（气压大于 8atm）。

事故原因：反应釜超温（超压）。

处理方法：① 开大冷却水，打开高压冷却水阀 V20；

　　　　　② 关闭搅拌器 PUM1，使反应速度下降；

　　　　　③ 如果气压超过 12atm，打开放空阀 V12。

### 2. 搅拌器 M1 停转

事故现象：反应速度逐渐下降为低值，产物浓度变化缓慢。

事故原因：搅拌器坏。

处理方法：停止操作，出料维修。

### 3. 冷却水阀 V22、V23 卡住（堵塞）

事故现象：开大冷却水阀对控制反应釜温度无作用，且出口温度稳步上升。

事故原因：蛇管冷却水阀 V22 卡住。

处理方法：开冷却水旁路阀 V17 调节。

### 4. 出料管堵塞

事故现象：出料时，内气压较高，但釜内液位下降很慢。

事故原因：出料管硫黄结晶，堵住出料管。

处理方法：开出料预热蒸汽阀 V14 吹扫 5min 以上（仿真中采用）。拆下出料管用火烧化硫黄，或更换管段及阀门。

### 5. 测温电阻连线故障

事故现象：温度显示置零。

事故原因：测温电阻连线断。

处理方法：① 改用压力显示对反应进行调节（调节冷却水用量）；

　　　　　② 升温至压力为 0.3～0.75atm 就停止加热；

③ 升温至压力为 1.0～1.6atm 开始通冷却水；

④ 压力为 3.5～4atm 以上为反应剧烈阶段；

⑤ 反应压力大于 7atm，相当于温度大于 128℃处于故障状态；

⑥ 反应压力大于 10atm，反应器联锁启动；

⑦ 反应压力大于 15atm，反应器安全阀启动（以上压力均为表压）。

## 思考题

1. 间歇釜反应器的特点是什么？

2. 如何有效地提高产品的收率？

3. 反应釜的温度和压力如何控制？

4. 简述产品的出料步骤。

5. 当反应温度低于 90℃，对生产有何影响，为什么？

6. 正常运行过程中要注意哪些问题？

7. 简述装置中联锁的作用。

# 项目二　固定床反应器操作实训

## 一、生产过程简述

乙烯精制中，乙炔加氢脱除原料中的乙炔的工艺是典型的固定床反应器生产过程。通过等温加氢反应器除掉乙炔，反应器温度由壳侧中的制冷剂控制。

$$主反应　nC_2H_2 + 2nH_2 \longrightarrow (C_2H_6)_n$$

该反应是一个强放热反应。每克乙炔反应后放出热量约为 34000kcal（1kcal＝4.2×$10^3$kJ）。温度超过 66℃时有副反应，且是放热反应。

$$副反应　2nC_2H_4 \longrightarrow (C_4H_8)_n$$

冷却介质为液态丁烷，通过丁烷蒸发带走反应器中的热量，丁烷蒸气通过冷却水冷凝。反应原料分两股，一股为约−15℃的以 $C_2$ 为主的烃原料，进料量由流量控制器 FIC1425 控制；另一股为 $H_2$ 与 $CH_4$ 的混合气，温度约 10℃，进料量由流量控制器 FIC1427 控制。FIC1425 与 FIC1427 为比值控制，两股原料按一定比例在管线中混合后经原料气/反应气换热器（EH423）预热，再经原料预热器（EH424）预热到 38℃，进入固定床反应器（ER424A/B）。预热温度由温度控制器 TIC1466 通过调节预热器 EH424 加热蒸汽（S3）的流量来控制。

ER424A/B 中的反应原料在 2.523MPa、44℃下反应生成 $C_2H_6$。当温度过高时会发生 $C_2H_4$ 聚合生成 $C_4H_8$ 的副反应。反应器中的热量由反应器壳侧循环的加压 $C_4$ 制冷剂蒸发带走。$C_4$ 蒸气在水冷器 EH429 中由冷却水冷凝，而 $C_4$ 制冷剂的压力由压力控制器 PIC1426 通过调节 $C_4$ 蒸气冷凝回流量来控制，从而保持 $C_4$ 制冷剂的温度。

固定床反应器 PID 工艺流程图如图 3-5 所示，固定床反应器 DCS 图如图 3-6 所示，固定床反应器现场图如图 3-7 所示，固定床反应器组分分析图如图 3-8 所示。

固定床反应器
工作原理

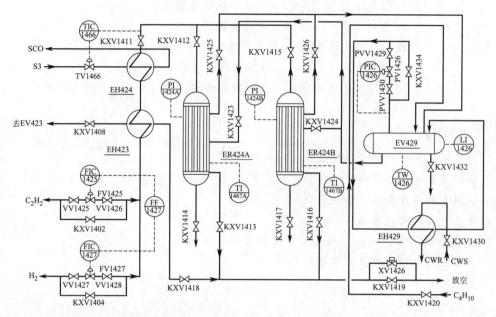

图 3-5　固定床反应器 PID 工艺流程图

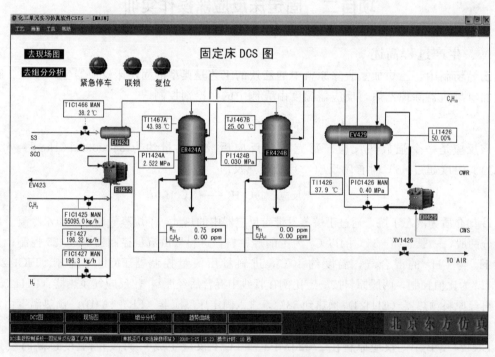

图 3-6　固定床反应器 DCS 图

# 二、主要设备、仪表和阀件

## 1. 主要设备

主要设备见表 3-4。

## 2. 仪表

仪表及报警信息见表 3-5。

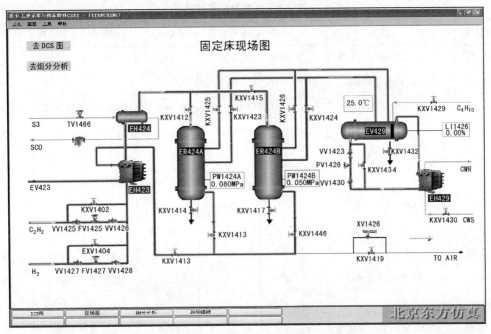

图 3-7　固定床反应器现场图

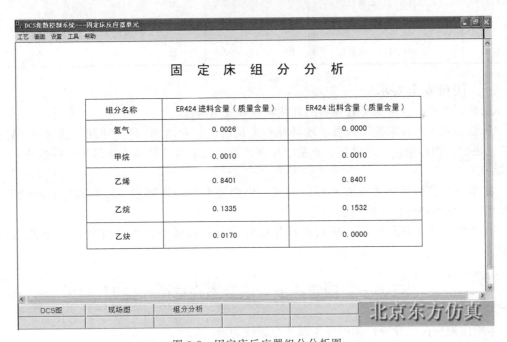

图 3-8　固定床反应器组分分析图

表 3-4　主要设备

| 设备位号 | 设备名称 | 设备位号 | 设备名称 |
|---|---|---|---|
| EH423 | 原料气与反应气换热器 | ER424A/B | 加氢反应器 |
| EH424 | 原料气预热器 | EV429 | $C_4$ 闪蒸器 |
| EH429 | $C_4$ 蒸气冷凝器 | | |

表 3-5　仪表及报警信息

| 仪表位号 | 说明 | 类型 | 量程高限 | 量程低限 | 工程单位 | 报警上限 | 报警下限 |
|---|---|---|---|---|---|---|---|
| PIC1426 | EV429 罐压力控制 | PID | 1.0 | 0.0 | MPa | 0.70 | 无 |
| TIC1466 | EH423 出口温控 | PID | 80.0 | 0.0 | ℃ | 43.0 | 无 |
| FIC1425 | $C_2H_2$ 流量控制 | PID | 700000.0 | 0.0 | kg/h | 无 | 无 |
| FIC1427 | $H_2$ 流量控制 | PID | 300.0 | 0.0 | kg/h | 无 | 无 |
| FT1425 | $C_2H_2$ 流量 | PV | 700000.0 | 0.0 | kg/h | 无 | 无 |
| FT1427 | $H_2$ 流量 | PV | 300.0 | 0.0 | kg/h | 无 | 无 |
| TC1466 | EH423 出口温度 | PV | 80.0 | 0.0 | ℃ | 43.0 | 无 |
| TI1467A | ER424A 温度 | PV | 400.0 | 0.0 | ℃ | 48.0 | 无 |
| TI1467B | ER424B 温度 | PV | 400.0 | 0.0 | ℃ | 48.0 | 无 |
| PC1426 | EV429 压力 | PV | 1.0 | 0.0 | MPa | 0.70 | 无 |
| LI1426 | EV429 液位 | PV | 100 | 0.0 | % | 80.0 | 20.0 |
| AT1428 | ER424A 出口氢浓度 | PV | 200000.0 | 90.0 | $\times 10^{-6}$ | 无 | 无 |
| AT1429 | ER424A 出口乙炔浓度 | PV | 1000000.0 | 无 | $\times 10^{-6}$ | 无 | 无 |
| AT1430 | ER424B 出口氢浓度 | PV | 200000.0 | 90.0 | $\times 10^{-6}$ | 无 | 无 |
| AT1431 | ER424B 出口乙炔浓度 | PV | 1000000.0 | 无 | $\times 10^{-6}$ | 无 | 无 |

### 三、岗位安全要求

① 认识生产装置区的所有物料的理化特性和安全特性。

② 加强对生产技术管理人员、现场操作人员的教育和培训，生产操作人员必须熟悉生产工艺规程、操作条件，原材料、产品、中间产物的反应放热性和火灾爆炸危险性质，杜绝操作失误。

③ 掌握生产装置区的所有物料的闪点、引燃温度、爆炸极限、主要用途、环境危害、燃爆危险、危险特性、防护方法。

④ 在各项实训过程中，严格按照操作规程完成，自觉地培养良好的操作习惯和安全意识。

## 任务一　固定床反应器冷态开车操作实训

本操作规程仅供参考，详细操作以评分系统为准。

装置的开工状态为反应器和闪蒸罐都处于已进行过氮气冲压置换后，保压在 0.03MPa 状态。可以直接进行实气冲压置换。

**1. EV429 闪蒸器充丁烷**

① 确认 EV429 压力为 0.03MPa。

② 打开 EV429 回流阀 PV1426 的前后阀 VV1429、VV1430。

③ 调节 PV1426（PIC1426）阀开度为 50%。

④ EH429 通冷却水，打开 KXV1430，开度为 50%。

⑤ 打开 EV429 的丁烷进料阀门 KXV1420,开度 50%。

⑥ 当 EV429 液位到达 50% 时,关进料阀 KXV1420。

**2. ER424A 反应器充丁烷**

(1)确认事项

① 反应器 0.03 MPa 保压。

② EV429 液位到达 50%。

(2)充丁烷 打开丁烷冷剂进 ER424A 壳层的阀门 KXV1423,有液体流过,充液结束。同时打开出 ER424A 壳层的阀门 KXV1425。

注:ER424 固定床反应器采用的是多级换热系统,反应的热量首先通过反应器壳层侧的冷凝剂丁烷通过蒸发吸热带走,蒸汽在闪蒸罐 EV429 内进行冷却,通过 EH429 把热量带走,丁烷冷凝成液体重新回到 ER424 的壳层中进行热交换。

**3. ER424A 启动**

(1)启动前准备工作

① ER424A 壳层有液体流过。

② 打开 S3 蒸气进料控制 TIC1466,开度 30%。

③ 调节 PIC1426 设定,压力控制设定在 0.4MPa。

(2)ER424A 充压、实气置换

① 打开 FIC1425 的前后阀 VV1425、VV1426 和 KXV1412。

② 打开阀 KXV1418。

③ 微开 ER424A 出料阀 KXV1413,丁烷进料控制 FIC1425(手动);慢慢增加进料,提高反应器压力,充压至 2.523MPa。

④ 慢开 ER424A 出料阀 KXV1413 至 50%,充压至压力平衡。

⑤ 乙炔原料进料控制 FIC1425 设自动,设定值 56186.8kg/h。

(3)ER424A 配氢,调整丁烷冷剂压力

① 稳定反应器入口温度在 38.0℃,使 ER424A 升温。

② 当反应器温度接近 38.0℃(超过 35.0℃),准备配氢,打开 FV1427 的前后阀 VV1427、VV1428。

③ 氢气进料控制 FIC1427 设自动,流量设定 80kg/h。

④ 观察反应器温度变化,当氢气量稳定后,FIC1427 设手动。

⑤ 缓慢增加氢气量,注意观察反应器温度变化。

⑥ 氢气流量控制阀开度每次增加不超过 5%。

⑦ 氢气量最终加至 200 kg/h 左右,此时 $[H_2]/[C_2]=2.0$,FIC1427 投串级。

⑧ 控制反应器温度 44.0℃ 左右。

注 1:氢炔比。乙炔加氢气反应的理论氢炔比为 1.0,如果氢炔比小于 1.0 则乙炔不能脱出,如果氢炔比大于 1.0 则意味着将会有过剩的氢气,但由于副反应的发生,这时候反应的选择性就会下降,所以一般采用的氢炔比为 1.2~2.5。

注 2:EH423 的废热利用,固定床反应器 ER424A 与 ER424B 的出料通过换热器 EH423 对进料的乙炔和氢气进行热交换,达到进料的预热及产品的冷却目的,以减少热能的损失,充分地进行废热利用。

注 3:比例调节。比例调节是指保持两种物料量比值为一定的调节。一般以生产中主要物料量 G1 的信号为主信号,另一种信号为从动信号,或者以不可控物料为主信号,可控信号来配比它。常见的比值调节方案有:开环比值调节和单闭环比值调节两种。

在本单元中,FIC1425(以 $C_2$ 为主的烃原料)为主物料,而 FIC1427($H_2$)的量是随主物料($C_2$ 为主的烃原料)量的变化而改变。

## 一、正常操作实训

### 1. 正常工况下工艺参数

① 正常运行时，反应器温度 TI1467A 为 44.0℃，压力 PI1424A 控制在 2.523MPa。

② FIC1425 设自动，设定值 56186.8kg/h，FIC1427 设串级。

③ PIC1426 压力控制在 0.4MPa，EV429 温度 TI1426 控制在 38.0℃。

④ TIC1466 设自动，设定值 38.0℃。

⑤ ER424A 出口氢气浓度低于 50ppm，乙炔浓度低于 200ppm。

⑥ EV429 液位 LI1426 为 50%。

### 2. ER424A 与 ER424B 间切换

① 关闭氢气进料。

② ER424A 温度下降低至 38.0℃后，打开 $C_4$ 制冷剂进 ER424B 的阀 KXV1424、KXV1426，关闭 $C_4$ 制冷剂进 ER424A 的阀 KXV1423、KXV1425。

③ 开 $C_2H_2$ 进 ER424B 的阀 KXV1415，微开 KXV1416。关 $C_2H_2$ 进 ER424A 的阀 KXV1412。

### 3. ER424B 的操作

ER424B 的操作与 ER424A 操作相同。

> 注：联锁
>
> ① 联锁源。现场手动紧急停车（紧急停车按钮），反应器温度高报（TI1467A/B>66℃）。
>
> ② 联锁动作。关闭氢气进料，FIC1427 设手动，关闭加热器 EH424 蒸汽进料，TIC1466 设手动，闪蒸器冷凝回流控制 PIC1426 设手动，开度 100%，自动打开电磁阀 XV1426。联锁有一复位按钮，在复位前，应首先确定反应器温度已降回正常，同时处于手动状态的各控制点的设定应设成最低值。

## 二、停车操作实训

### 1. 正常停车

① 关闭氢气进料，关 VV1427、VV1428，FIC1427 设手动，设定值为 0。

② 关闭加热器 EH424 蒸汽进料阀，TIC1466 设手动，开度 0。

③ 闪蒸器冷凝回流控制 PIC1426 设手动，开度 100%。

④ 逐渐减少乙炔进料，开大 EH429 冷却水进料。

⑤ 逐渐降低反应器温度、压力，至常温、常压。

⑥ 逐渐降低闪蒸器温度、压力，至常温、常压。

### 2. 紧急停车

① 与停车操作规程相同。

② 也可按急停车按钮。

> 注：电磁阀从原理上分为三大类（即直动式、分步直动式、先导式），而从阀瓣结构和材料上的不同与原理上的区别又分为六个分支小类（直动膜片结构、分步膜片结构、先导式膜片结构、直动活塞结构、分步活塞结构、先导活塞结构）。
>
> ① 直动式电磁阀。通电时，电磁线圈产生电磁力把关闭件从阀座上提起，阀门打开。断电时，电磁力消失，弹簧力把关闭件压在阀座上，阀门关闭。
>
> 特点：在真空、负压、零压时能正常工作，但一般通径不超过 25mm。

②分步直动式电磁阀。它是一种直动和先导式相结合的原理，当入口与出口压差≤0.05MPa，通电时，电磁力直接把先导小阀和主阀关闭件依次向上提起，阀门打开。当入口与出口压差>0.05MPa，通电时，电磁力先打开先导小阀，主阀下腔压力上升，上腔压力下降，从而利用压差把主阀向上推开。断电时，先导阀和主阀利用弹簧力或介质压力推动关闭件，向下移动，使阀门关闭。

特点：在零压差或真空、高压时亦能可靠工作，但功率较大，要求竖直安装。

③先导式电磁阀。通电时，电磁力把先导孔打开，上腔室压力迅速下降，在关闭件周围形成上低下高的压差，推动关闭件向上移动，阀门打开。断电时，弹簧力把先导孔关闭，入口压力通过旁通孔迅速进入上腔室在关闭件周围形成下低上高的压差，推动关闭件向下移动，关闭阀门。

特点：流体压力范围上限很高，但必须满足流体压差条件。

# 三、事故操作实训

## 1. 氢气进料阀卡住

事故现象：氢气量无法自动调节。

事故原因：FIC1427卡在20%处。

处理方法：降低EH429冷却水的量；用旁路阀KXV1404手工调节氢气量。

## 2. 预热器EH424阀卡住

事故现象：换热器出口温度超高。

事故原因：TIC1466卡在70%处。

处理方法：增加EH429冷却水的量；减少配氢量。

## 3. 闪蒸罐压力调节阀卡住

事故现象：闪蒸罐压力、温度超高。

事故原因：PIC1426卡在20%处。

处理方法：增加EH429冷却水的量，用旁路阀KXV1434手工调节。

## 4. 反应器漏气

事故现象：反应器压力迅速降低。

事故原因：反应器漏气，KXV1414卡在50%处。

处理方法：停工。

## 5. EH429冷却水停

事故现象：闪蒸罐压力、温度超高。

事故原因：EH429冷却水供应停止。

处理方法：停工。

## 6. 反应器超温

事故现象：反应器温度超高，会引发乙烯聚合的副反应。

事故原因：闪蒸罐通向反应器的管路有堵塞。

处理方法：增加EH429冷却水的量。

 **思考题**

1. 结合本单元说明比例控制的工作原理。

2. 为什么是根据乙炔的进料量调节配氢气的量，而不是根据氢气的量调节乙炔的进料量？

3. 根据本单元实际情况，说明反应器冷却剂的自循环原理。

4.观察在 EH429 冷却器的冷却水中断后会造成的结果。

5.结合本单元实际，理解"联锁"和"联锁复位"的概念。

6.电磁阀有几大类，各有什么特点？

# 项目三　流化床反应器操作实训

## 一、生产过程简述

流化床反应器工艺取材于 HIMONT 工艺本体聚合装置，用于生产高抗冲击共聚物。

以乙烯、丙烯以及反应混合气为原料在 70℃、1.35MPa 压力下，通过具有剩余活性的干均聚物（聚丙烯）的引发，在流化床反应器里进行反应，同时加入氢气以改善共聚物的本征黏度，生成高抗冲击共聚物。

### 1.反应机理

$$nC_2H_4 + nC_3H_6 \longrightarrow [C_2H_4-C_3H_6]_n$$

主要原料：乙烯，丙烯，具有剩余活性的干均聚物（聚丙烯），氢气。

高抗冲击共聚物（具有乙烯和丙烯单体的共聚物）为主产物，没有副产物。

### 2.工艺过程简述

具有剩余活性的干均聚物（聚丙烯），在压差作用下自闪蒸罐 D301 流入气相共聚反应器 R401，聚合物从顶部进入流化床反应器，落在流化床的床层上。在气体分析仪的控制下，氢气被加到乙烯进料管道中，以改进聚合物的本征黏度，满足加工需要。

来自乙烯汽提塔 T402 的回收气与反应器 R401 出口的未反应的循环单体汇合进入气体冷却器 E401 换热，移热后的循环物料进入压缩机 C401 的吸入口。补充的物料，氢气由 FC402、乙烯由 FC403、丙烯由 FC404 分别控制流量，三者混合后加入到压缩机 C401 排出口。以上物料通过一个特殊设计的栅板进入反应器，整个过程的氢气和丙烯的补充量根据工业色谱仪的分析结果进行调节，丙烯进料量以保证反应器的进料气体满足工艺要求的为准。

由反应器底部出口管路上的控制阀 LV401 来维持聚合物的料位，聚合物料位决定了停留时间，也决定了聚合反应的程度。为了避免过度聚合的鳞片状产物堆积在反应器壁上，反应器内配置转速较慢的刮刀 A401，以使反应器壁保持干净。

栅板下部夹带的聚合物细末，用一台小型旋风分离器 S401 除去，并送到下游的袋式过滤器处理。

共聚物的反应压力约为 1.4MPa（表），反应温度 70℃，由于系统压力位于闪蒸罐压力和袋式过滤器压力之间，从而在整个聚合物管路中形成一定压力梯度，以避免容器间物料的返混并使聚合物向前流动。

流化床反应器 PID 工艺流程图如图 3-9 所示，流化床反应器 DCS 图如图 3-10 所示，流化床反应器现场图如图 3-11 所示。

## 二、主要设备、仪表和阀件

### 1.主要设备

主要设备见表 3-6。

流化床反应器
工作原理

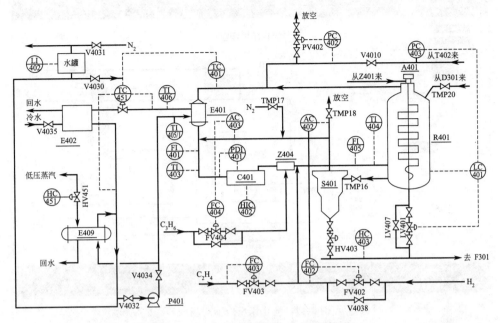

图 3-9　流化床反应器 PID 工艺流程图

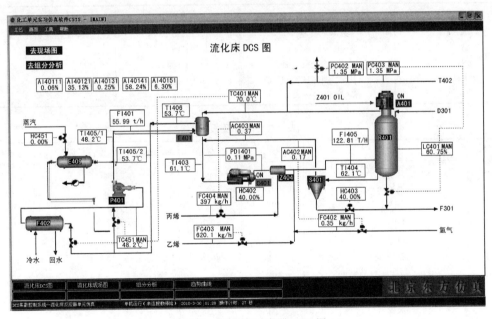

图 3-10　流化床反应器 DCS 图

## 2. 仪表

各类仪表及报警见表 3-7。

## 3. 阀件

各类阀件见表 3-8。

## 三、岗位安全要求

① 了解生产装置区的所有物料的理化特性。

② 了解生产装置区的所有物料的闪点、引燃温度、爆炸极限、主要用途、环境危害、

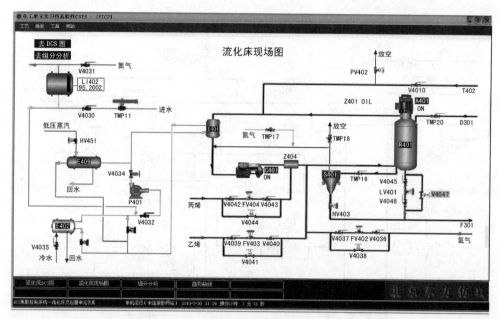

图 3-11　流化床反应器现场图

表 3-6　主要设备

| 设备位号 | 设备名称 | 设备位号 | 设备名称 |
| --- | --- | --- | --- |
| R401 | 共聚物反应器 | E401 | R401 循环冷却器 |
| A401 | R401 刮刀 | E402 | 冷却器 |
| S401 | R401 旋风分离器 | E409 | 加热器 |
| C401 | R401 循环压缩机 | P401 | 开车加热泵 |
| Z401 | 物料混合器 | | |

表 3-7　仪表及报警

| 位号 | 说明 | 类型 | 目标值 | 量程高限 | 量程低限 | 工程单位 |
| --- | --- | --- | --- | --- | --- | --- |
| FC402 | 氢气进料流量 | PID | 0.35 | 5.0 | 0.0 | kg/h |
| FC403 | 乙烯进料流量 | PID | 567.0 | 1000.0 | 0.0 | kg/h |
| FC404 | 丙烯进料流量 | PID | 400.0 | 1000.0 | 0.0 | kg/h |
| PC402 | R401 压力 | PID | 1.40 | 3.0 | 0.0 | MPa |
| PC403 | R401 压力 | PID | 1.35 | 3.0 | 0.0 | MPa |
| LC401 | R401 液位 | PID | 60.0 | 100.0 | 0.0 | % |
| TC401 | R401 循环物料的温度 | PID | 70.0 | 150.0 | 0.0 | ℃ |
| TC451 | 调节温度 | PID | 50.0 | | 0.0 | ℃ |
| LI402 | 水罐液位 | AI | 95.2 | | | % |
| FI401 | E401 循环水流量 | AI | 36.0 | 80.0 | 0.0 | t/h |
| FI405 | R401 气相进料流量 | AI | 120.0 | 250.0 | 0.0 | t/h |
| TI403 | E401 出口温度 | AI | 65.0 | 150.0 | 0.0 | ℃ |
| TI404 | R401 入口温度 | AI | 75.0 | 150.0 | 0.0 | ℃ |
| TI405/1 | E401 入口循环水温度 | AI | 60.0 | 150.0 | 0.0 | ℃ |
| TI405/2 | E401 出口循环水温度 | AI | 70.0 | 150.0 | 0.0 | ℃ |
| TI406 | E401 出口循环水温度 | AI | 70.0 | 150.0 | 0.0 | ℃ |
| AC402 | 反应物料$[H_2]/[C_2]$比 | AI | 0.18 | | | |
| AC403 | 反应物料$[C_2]/[C_3+C_2]$比 | AI | 0.38 | | | |

表 3-8  各类阀件

| 阀件位号 | 阀件名称 | 阀件位号 | 阀件名称 |
|---|---|---|---|
| V4010 | 汽提乙烯进料阀 | V4040 | FV403 后阀 |
| V4030 | 进水阀 | V4041 | FV403 旁路阀 |
| V4031 | 充氮阀 | V4042 | FV404 前阀 |
| V4032 | P401 入口阀 | FV404 | 丙烯进料阀 |
| V4034 | P401 出口阀 | V4043 | FV404 后阀 |
| V4035 | 冷却水阀 | V4044 | FV404 旁路阀 |
| HV451 | 低压蒸汽阀 | V4045 | LV401 前阀 |
| PV402 | 放空阀 | LV401 | 产品流量调节阀 |
| HV403 | S401 底阀 | V4046 | LV401 后阀 |
| V4036 | FV402 前阀 | V4047 | LV401 旁路阀 |
| FV402 | 氢气进料阀 | TMP11 | 进水阀 |
| V4037 | FV402 后阀 | TMP16 | S401 入口阀 |
| V4038 | FV402 旁路阀 | TMP17 | 系统充氮阀 |
| V4039 | FV403 前阀 | TMP18 | 放空阀 |
| FV403 | 乙烯进料阀 | TMP20 | 来自 D301 的活性组分进料阀 |

燃爆危险、危险特性、防护方法。

③ 操作过程中防止各种不正常现象的产生。

④ 在各项实训过程中，严格按照操作规程完成，自觉地培养良好的操作习惯和安全意识。

# 任务一  冷态开车操作实训

## 一、开车准备

准备工作包括：系统中用氮气充压，循环加热氮气，随后用乙烯对系统进行置换（按照实际正常的操作，用乙烯置换系统要进行两次，考虑到时间关系，只进行一次）。这一过程完成之后，系统将准备开始单体开车。

**1. 系统氮气充压加热**

① 充氮：打开充氮阀 TMP17，用氮气给反应器系统充压，当系统压力达 0.7MPa（表）时，关闭充氮阀。

② 当氮充压至 0.1MPa（表）时，按照正确的操作规程，启动 C401 共聚循环气体压缩机，将导流叶片（HIC402）定在 40%。

③ 环管充液：启动压缩机后，开进水阀 V4030，给水罐充液，开氮封阀 V4031。

④ 当水罐液位大于 10% 时，开泵 P401 入口阀 V4032，启动泵 P401，调节泵出口阀 V4034 至 60% 开度。

⑤ 打开反应器至旋分器阀 TMP16。

⑥ 手动开低压蒸汽阀 HC451，启动换热器 E409，加热循环氮气。

⑦ 打开循环水阀 V4035。

⑧ 当循环氮气温度达到 70℃时，TC451 投自动，调节其设定值，维持氮气温度 TC401 在 70℃左右。

### 2. 氮气循环

① 当反应系统压力达 0.7MPa 时，关充氮阀。

② 在不停压缩机的情况下，用 PIC402 和排放阀给反应系统泄压至 0.0MPa（表）。

③ 在充氮泄压操作中，不断调节 TC451 设定值，维持 TC401 温度在 70℃左右。

> 注：V4031 氮封的作用：这里的氮封是为了保障循环冷却水的水质而设计的。氮封可以阻止外界氧气及污染物进入密闭系统，同时对系统内循环水还有防垢、缓蚀的作用。

### 3. 乙烯充压

① 当系统压力降至 0.0MPa（表）时，关闭排放阀。

② 由 FC403 开始乙烯进料，乙烯进料量设定在 567.0kg/h 时投自动调节，乙烯使系统压力充至 0.25MPa（表）。

## 二、干态运行开车

### 1. 反应进料

① 当乙烯充压至 0.25MPa（表）时，启动氢气的进料阀 FC402，氢气进料设定在 0.102kg/h，FC402 投自动控制。

② 当系统压力升至 0.5MPa（表）时，启动丙烯进料阀 FC404，丙烯进料设定在 400kg/h，FC404 投自动控制。

③ 打开自乙烯汽提塔来的进料阀 V4010。

④ 当系统压力升至 0.8MPa（表）时，打开旋风分离器 S401 底部阀 HC403 至 20％开度，维持系统压力缓慢上升。

### 2. 准备接收 D301 来的均聚物

① 再次加入丙烯，将 FIC404 改为手动，调节 FV404 为 85％。

② 当 AC402 和 AC403 平稳后，调节 HC403 开度至 25％。

③ 启动共聚反应器的刮刀，准备接收从闪蒸罐（D301）来的均聚物。

## 三、共聚反应物的开车

① 确认系统温度 TC451 维持在 70℃左右。

② 当系统压力升至 1.2MPa（表）时，开大 HC403 开度在 40％和 LV401 在 20％～25％，以维持流态化。

③ 打开来自 D301 的聚合物进料阀。

④ 停低压加热蒸汽，关闭 HV451。

## 四、稳定状态的过渡

### 1. 反应器的液位控制

① 随着 R401 料位的增加，系统温度将升高，及时降低 TC451 的设定值，不断取走反应热，维持 TC401 温度在 70℃左右。

② 调节反应系统压力在 1.35MPa（表）时，PC402 自动控制，设定值为 1.35MPa。

③ 手动开启 LV401 至 30％，让共聚物稳定地流过此阀。

④ 当液位达到 60％时，将 LC401 设置投自动。

⑤ 随系统压力的增加，料位将缓慢下降，PC402 调节阀自动开大，为了维持系统压力在 1.35MPa，缓慢提高 PC402 的设定值至 1.40MPa（表）。

⑥ 当 LC401 在 60％投自动控制后，调节 TC451 的设定值，待 TC401 稳定在 70℃左右

时，TC401 与 TC451 串级控制。

**2.反应器压力和气相组成控制**

① 压力和组成趋于稳定时，将 LC401 和 PC403 投串级。

② FC404 和 AC403 串级联结。

③ FC402 和 AC402 串级联结。

**注 1：**冷却管网：流化床反应器的冷却管网系统主要由 1 个水槽、3 个换热器、1 套离心泵和 1 套复杂控制系统构成。水槽用于循环水的提供。E401 主要负责流化床反应器气体换热，E409 负责循环水蒸气加热，E402 负责循环水冷却。离心泵是管网的动力提供设备。复杂控制系统由 1 套串级控制系统和 1 套分程控制系统构成。

冷却水系统的工作流程由 3 部分构成。第一部分是不进行循环水处理的部分，该部分从 E401 出来后，不经过任何处理直接再次进入 E401。第二部分是对循环水进行蒸气加热处理的部分，该部分在离心泵出口处对循环水分出一定流量进行加热，再回到循环水主管路上。第三部分是对循环水进行冷却处理的部分，该部分由 E401 冷物流出口分支，E402 对其进行冷却处理后，再回到循环水主管路上。

**注 2：**TC401 与 TC451 的控制：流化床反应器单元的循环水系统有一套很复杂的控制系统，它由一套串级控制系统和一套分程控制系统构成。串级控制系统由主控 TC401 和副控 TC451 构成。TC401 是流化床出口气体温度的控制器，TC451 是冷却水系统 E401 换热器冷物流入口温度的控制器。整套系统就是主控通过控制副控来调节 E401 冷物流入口温度，从而控制流化床出口气体的温度。分程控制系统由控制器 TC451 和两个控制阀构成。一个控制阀控制 E401 冷物流出口不经过 E402 冷却的部分，另一个控制阀控制 E401 冷物流出口经过 E402 冷却的部分。TC451 通过控制两部分冷物流的流量来调节 E401 冷物流入口温度。此处的分程结构是 TC451 的开度由 0～100 的变化过程中，不经过 E402 部分流量的控制阀开度由 100～0，经过 E402 部分流量的控制阀开度由 0～100。

**注 3：**PC403 与 LC401 的控制：PC403 与 LC401 的控制是一套串级控制系统。主控是 PC403，副控是 LC401。PC403 是流化床压力的控制器，LC401 是流化床料位控制器。整套系统是主控 PC403 通过控制副控 LC401 来调节反应器料位，从而控制流化床的压力。

**注 4：**AC402 与 FC402 的控制以及 AC403 与 FC404 的控制：AC402 与 FC402 的控制是一套串级控制系统。主控是 AC402，副控是 FC402。AC402 是反应物料 $H_2/C_2$ 比的控制器，FC402 是氢气进料流量的控制器。整套系统是主控 AC402 通过控制副控 FC402 来调节氢气进料流量，从而控制流化床反应物料 $H_2/C_2$ 比。

AC403 与 FC404 的控制是一套串级控制系统。主控是 AC403，副控是 FC404。AC403 是反应物料 $C_2/C_3$ 比的控制器，FC404 是丙烯进料流量的控制器。整套系统是主控 AC403 通过控制副控 FC404 来调节丙烯进料流量，从而控制流化床反应物料 $C_2/C_3$ 比。

# 任务二　正常停车操作实训

**1.降反应器料位**

① 关闭催化剂来料阀 TMP20。

② 手动缓慢调节反应器料位。

**2.关闭乙烯进料，保压**

① 当反应器料位降至 10%，关乙烯进料。

② 当反应器料位降至 0，关反应器出口阀。

③ 关旋风分离器 S401 上的出口阀。

### 3. 关丙烯及氢气进料

① 手动切断丙烯进料阀。
② 手动切断氢气进料阀。
③ 排放导压至火炬。
④ 停反应器刮刀 A401。

### 4. 氮气吹扫

① 打开 TMP17，将氮气加入该系统。
② 当压力达 0.35MPa 时关闭 TMP17，放火炬。
③ 停压缩机 C401。

 任务三　正常运行管理和事故处理操作实训

## 一、正常运行管理

在实训过程中，密切注意各工艺参数的变化，维持生产过程运行稳定。
正常工况下的工艺参数指标见表 3-9。

表 3-9　正常工况工艺参数指标

| 工位号 | 正常指标 | 备注 |
|---|---|---|
| FC402 | 0.35kg/h | 调节氢气进料量(与 AC402 串级)正常值 |
| FC403 | 567.0kg/h | 单回路调节乙烯进料量正常值 |
| FC404 | 400.0kg/h | 调节丙烯进料量(与 AC403 串级)正常值 |
| PC402 | 1.4MPa | 单回路调节系统压力 |
| PC403 | 1.35MPa | 主回路调节系统压力 |
| LC401 | 60% | 反应器料位(与 PC403 串级) |
| TC401 | 70℃ | 主回路调节循环气体温度 |
| TC451 | 50℃ | 分程调节移走反应热量(与 TC401 串级) |
| AC402 | 0.18 | 主回路调节反应产物中 $H_2/C_2$ 之比 |
| AC403 | 0.38 | 主回路调节反应产物中 $C_2/(C_3+C_2)$ 之比正常值 |

## 二、事故处理操作实训

注重事故现象的分析、判断能力的培养。处理事故过程中，要迅速、准确、无误。

### 1. 泵 P401 停车

事故现象：温度调节器 TC451 急剧上升，然后 TC401 随之升高。
事故原因：运行泵 P401 停。
处理方法：① 调节丙烯进料阀 FV404，增加丙烯进料量；
　　　　　② 调节压力调节器 PC402，维持系统压力；
　　　　　③ 调节乙烯进料阀 FV403，维持 $C_2/C_3$ 比。

### 2. 压缩机 C401 停

事故现象：系统压力急剧上升。
事故原因：压缩机 C401 停。
处理方法：① 关闭催化剂来料阀 TMP20；
　　　　　② 手动调节 PC402，维持系统压力；
　　　　　③ 手动调节 LC401，维持反应器料位。

### 3. 丙烯进料停

事故现象：丙烯进料量为 0.0。

事故原因：丙烯进料阀卡。

处理方法：① 手动关小乙烯进料量，维持 $C_2/C_3$ 比；

② 关催化剂来料阀 TMP20；

③ 手动关小 PV402，维持压力；

④ 手动关小 LC401，维持料位。

**4. 乙烯进料停**

事故现象：乙烯进料量为 0.0。

事故原因：乙烯进料阀卡。

处理方法：① 手动关丙烯进料，维持 $C_2/C_3$ 比；

② 手动关小氢气进料，维持 $H_2/C_2$ 比。

**5. D301 供料停**

事故现象：D301 供料停止。

事故原因：D301 供料阀 TMP20 关。

处理方法：① 手动关闭 LV401；

② 手动关小丙烯和乙烯进料；

③ 手动调节压力。

 **思考题**

1. 什么叫流化床？与固定床比有什么特点。

2. 请简述本培训单元所选流程的反应机理。

3. 请解释以下概念：共聚、均聚、气相聚合、本体聚合。

4. 在开车及运行过程中，为什么一直要保持氮封？

5. 气相共聚反应的温度为什么绝对不能偏差所规定的温度？

6. 气相共聚反应的停留时间是如何控制的？

7. 气相共聚反应器的流态化是如何形成的？

8. 冷态开车时，为什么要首先进行系统氮气充压加热？

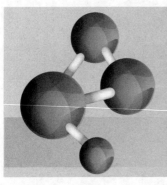

# 模块四
# 典型化工产品生产操作实训

## 学习指南

**知识目标** 理解本模块中各类典型化工产品的生产、反应原理、工艺流程；了解各类工艺设备、控制仪表；学习生产中常见的事故现象分析、判断、处理方法。

**能力目标** 能进行本模块中各类典型化工产品的各项操作。形成对生产过程中，事故现象的分析、判断能力，以及面对不正常现象或事故果断的处理能力。具备阅读复杂工艺流程图的能力。

**素质目标** 规范操作的习惯、强烈的责任心，安全操作、安全生产的理念，通力协作的团队精神，高尚的职业道德。

化学工业是国民经济中的一个重要组成部分，它为各行各业提供了生产资料和终端产品，也为人们的日常生活提供了衣、食、住、行等各方面必不可少的化工产品。因此，化学工业的发展对国民经济和人民物质、文化生活的提高起着举足轻重的作用。

化工产品是构成化工行业的物质基础，作为面向生产一线的化工专业的学生，不仅要掌握化工生产的理论知识，而且，要掌握必需的生产操作技能，这样才能满足企业对生产人员的要求。

根据对化工产品产能和用途的分析，以及对化工过程的分析，本模块列举了以下典型化工产品：合成氨、乙醛氧化制乙酸、丙烯酸甲酯、聚氯乙烯、甲醇。通过对这些化工产品和过程各个方面的系统实训，使学生掌握化工生产的基本操作方法，提高对化工生产规律的认识。

# 项目一　合成氨生产操作实训

## 一、产品、原料介绍

氨的主要用途是化学肥料。施用氮肥对促进农业增产有重要作用，而合成氨是各种氮肥的主要来源，95%以上的商品氮肥由合成氨提供或制得。氨也是生产其他含氮化合物的基本原料，如由氨生产硝酸、硝酸盐、铵盐、氰化物、肼等无机物，生产三大合成材料（塑料、合成纤维、合成橡胶）、染料和中间体、医药、炸药等。

1913年，哈伯（Frite Haber）与伯希（Carl Bosch）一起实现了由氮和氢直接合成氨的工业化，在德国奥堡（Oppau）投入生产，采用高温高压和铁系催化剂工艺，这就是著名的Haber-Bosch法。第一次世界大战结束后，德国因战败而被迫公开合成氨技术。在此基础上陆续开发了不同压力的合成方法：低压法（100atm）、中压法（200～300atm）和高压法（850～1000atm）。到了20世纪40年代末50年代初，出现了以天然气和石脑油替代煤为原料的生产工艺，促进了新的造气和净化技术的发展。60年代后，大型离心压缩机的发展使合成氨生产规模空前提高，出现了日产合成氨1000t以上的大型装置。

生产合成氨包括三大步骤。

造气——制备合成氨的原料气。原料氮气来源于空气。原料氢气则主要来源于含氢和一氧化碳的合成气，因此主要以天然气、石脑油、重质油和煤（或焦炭）等为原料。

净化——将原料气进行净化处理。从燃料化工得到的原料气中含有硫化物和碳的氧化物，这些物质对合成氨的催化剂有毒性作用，在氨合成前要经过净化脱除。净化包括脱硫、变换及脱碳三个过程。

合成——将原料气化学合成为氨。净制的氢氮混合气经压缩后，在适宜的条件下催化反应生成氨。反应后将氨分出作为产品，未反应的氢氮气经过分离，再循环使用。

## 二、工艺流程简述

### 1. 合成氨生产过程

下面以天然气、水蒸气、空气为原料，讲述合成氨的生产过程，可分为转化工段、净化工段、合成工段三个大工段。

（1）转化工段

① 原料气脱硫。原料天然气中含有 $6.0 \times 10^{-6}$ 左右的硫化物，这些硫化物是蒸汽转化工序所用催化剂的毒物，必须予以脱除。

② 原料气的一段蒸汽转化。在装有催化剂（镍）的一段炉转化管内，蒸汽与天然气进行吸热的转化反应，反应所需的热量由管外烧嘴提供。一段转化反应方程式如下：

$$CH_4 + H_2O === CO + 3H_2 - 206.4 \text{ kJ/mol}$$
$$CH_4 + 2H_2O === CO_2 + 4H_2 - 165.1 \text{ kJ/mol}$$

③ 转化气的二段转化。气态烃转化到一定程度后，送入装有催化剂的二段炉，同时加入适量的空气和水蒸气，与部分可燃性气体燃烧提供进一步转化所需的热量，所生成的氮气作为合成氨的原料。二段转化反应方程式如下。

a. 催化床层顶部空间的燃烧反应：

$$2H_2 + O_2 === 2H_2O + 484 \text{ kJ/mol}$$
$$2CO + O_2 === 2CO_2 + 566 \text{ kJ/mol}$$

b. 催化床层的转化反应：

$$CH_4 + H_2O === CO + 3H_2 - 206.4 \text{ kJ/mol}$$
$$CH_4 + CO_2 === 2CO + 2H_2 - 247.4 \text{ kJ/mol}$$

④ 高温变换、低温变换。二段炉的出口气中含有大量的CO，这些未变换的CO大部分在变换炉中氧化成$CO_2$，从而提高了$H_2$的产量。变换反应方程式如下：

$$CO + H_2O === CO_2 + H_2 + 556 \text{ kJ/mol}$$

⑤ 给水、炉水、蒸汽系统。来自水处理车间的脱盐水，经过脱氧，加入氨水调节 pH 值后，回收生产过程中的热量生产高压、中压、低压蒸汽。

⑥ 燃料气系统。一段炉转化管内进行转化反应，反应所需的温度和热量由管外烧嘴提供，燃料气系统将合理分配各个烧嘴的燃气用量。

从天然气增压站来的燃料气经调压后，进入对流段两组燃料预热盘管预热，预热后的燃料气，经燃料气系统合理分配到各个烧嘴燃烧，为转化提供反应所需热量。

（2）净化工段

① 脱碳。变换气中的$CO_2$是氨合成催化剂（镍的化合物）的一种毒物，因此，在进行氨合成之前必须从气体中脱除干净。脱碳工序采用吸收解吸法，可以脱除变换气中绝大部分$CO_2$，脱除的$CO_2$送入尿素装置或者放空。

② 甲烷化。甲烷化反应的目的是要从合成气中完全去除碳的氧化物。它是将碳的氧化物通过化学反应转化成甲烷来实现的，甲烷在合成塔中可以看成是惰性气体。甲烷化反应如下：

$$CO + 3H_2 \Longleftrightarrow CH_4 + H_2O + 206.3 \text{ kJ/mol}$$
$$CO_2 + 4H_2 \Longleftrightarrow CH_4 + 2H_2O + 165.3 \text{ kJ/mol}$$

③ 冷凝液回收系统。进入本工段的工艺气体（来自转化工段的变换气）通过冷凝，去除大部分的水。本工段的冷凝液一部分用于洗涤净化气，一部分用于生产蒸汽。

（3）合成工段

① 合成系统。氨合成的化学反应式如下：

$$\frac{3}{2}H_2 + \frac{1}{2}N_2 \Longleftrightarrow NH_3 + Q$$

在推荐的操作条件下，合成塔出口气中氨含量约 13.9%（摩尔分数），没有反应的气体循环返回合成塔，最后仍变为产品。

② 冷冻系统。通过冷冻系统，将合成产品逐级闪蒸，气液分离，气体再次逐级压缩，液体作为合成氨产品采出。

天然气制氨普遍采用蒸汽转化法，其典型流程如图 4-1 所示。经脱硫后的天然气，与水蒸气混合，在一段转化炉的反应管内进行转化反应，转化反应所需热量，通过反应管外用燃料燃烧供给。一段转化气进入二段转化炉，在此通入空气，燃烧掉一部分氢或其他可燃性气体，放出热量，以供剩余的气态烃进一步转化，同时又把合成氨所用的氮气引入系统。二段转化气依次进入中温变换和低温变换，在不同的温度下使气体中的一氧化碳与水蒸气反应，生成等量的氢和二氧化碳。经过以上几个工序，制出了合成氨所用的粗原料气，主要成分是氢、氮和二氧化碳。粗原料气进入脱碳工序，用含二乙醇胺或氨基乙酸的碳酸钾溶液除去二氧化碳，再经甲烷化工序除去气体中残余的少量一氧化碳和二氧化碳，得到纯净的氢氮混合气。氢氮混合气经合成气压缩机压缩到高压，送入合成塔进行合成反应。由于气体一次通过合成塔后只能有 10%～20% 的氢氮气反应，因此需要将出塔气体冷却，使产品氨冷凝分离，未反应的气体重新返回合成塔。在生产过程中，凡有生产余热可利用之处，都安排有热回收设备，构成了全厂的蒸汽动力系统，穿插于各个工艺工序之内，因此热能利用充分合理，能

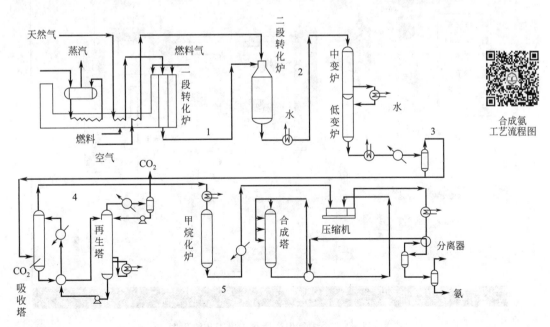

合成氨工艺流程图

图 4-1　合成氨生产工艺流程图

量消耗低。优点是设备投资少，流程简单，生产成本及公用工程费用低。

合成氨生产转化工段、净化工段、合成工段工艺流程图分别如图 4-2～图 4-4 所示。

**2. 合成氨工艺流程**

（1）天然气脱硫及水蒸气转化　常温下的天然气经过预热器（141-C）加热后，达到 45℃，

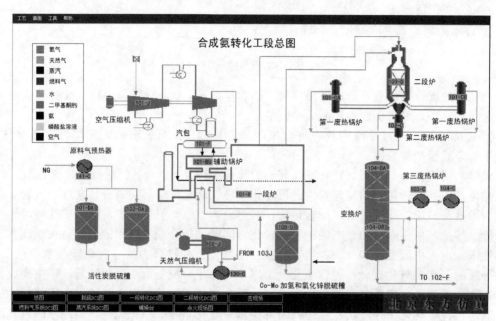

图 4-2　合成氨生产转化工段工艺流程图

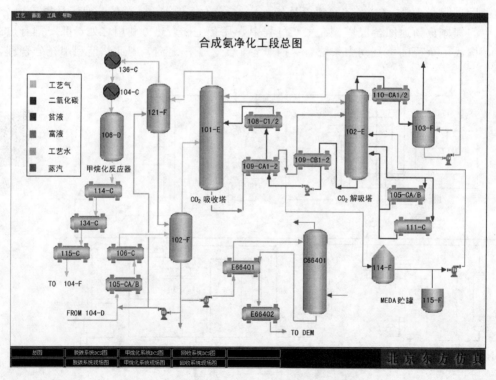

图 4-3　合成氨生产净化工段工艺流程图

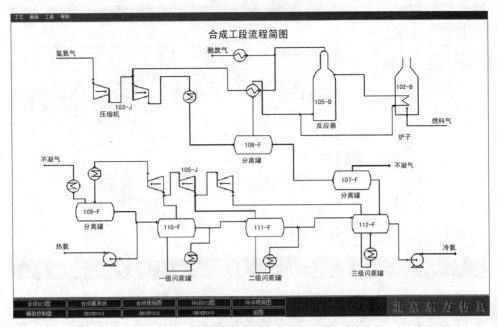

图 4-4　合成氨生产合成工段工艺流程图

进入活性炭脱硫槽（101-DA），天然气经过压缩机（102-J）压缩，压力从 1.80MPa 升至 3.86MPa，温度升至 130℃，经过一段炉部分余热加热，温度升至 216℃，经过 Co-Mo 加氢和氧化锌脱硫槽（108-D），硫含量（AR4）降至 $0.5×10^{-6}$ 以下。在天然气中加入中压水蒸气，水碳比为（3.5～4）：1，经过一段炉部分余热加热，温度升至 460.5℃，进入一段炉的辐射段（101-B）顶部，分配进入各反应管，从上而下流经催化剂层。气体在转化管内进行蒸汽转化反应，从各转化管出来的气体由底部汇集到集气管，再沿集气管中间的上升管上升，温度升到 800℃左右，甲烷含量（AR1-4）降至 10.0% 以下，送去二段转化炉。天然气脱硫及水蒸气转化工段流程 DCS 图和现场图如图 4-5、图 4-6 所示。

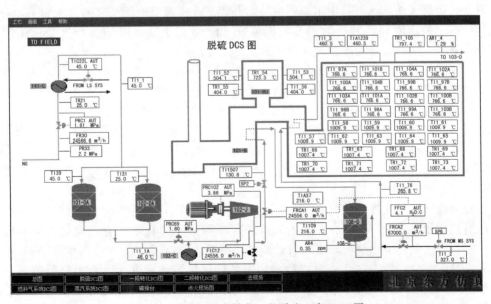

图 4-5　合成氨生产转化工段脱硫工序 DCS 图

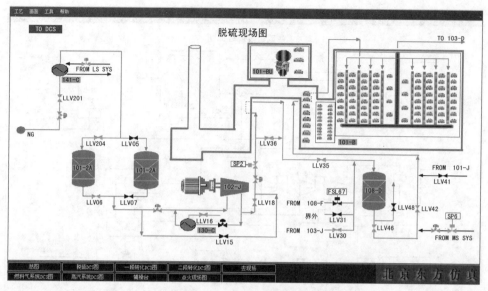

图 4-6　合成氨生产转化工段脱硫工序现场图

（2）一段炉燃烧气系统　天然气既是转化工段的化工原料，又是一段转化炉（101-B）和辅助锅炉（101-BU）的燃料。从天然气增压站来的燃料气经 PRC34 调压后，进入对流段第一组燃料预热盘管预热。预热后的天然气，一路进一段炉辅锅 101-UB 的三个燃烧嘴（DO121、DO122、DO123），流量由 FRC1002 控制，在 FRC1002 之前有一开工旁路，流入辅锅的点火总管（DO124、DO125、DO126），压力由 PCV36 控制；另一路进对流段第二组燃料预热盘管预热，预热后的燃料气作为一段转化炉的 8 个烟道烧嘴（DO113~DO120）、144 个顶部烧嘴（DO001~DO072）以及对流段 20 个过热烧嘴（DO073~DO092）的燃料。去烟道烧嘴气量由 MIC10 控制，顶部烧嘴气量分别由 MIC1~MIC9 共 9 个阀控制，过热烧嘴气量由 FIC1237 控制。反应管竖排在一段炉的炉膛内，管内装催化剂，含烃气体和水蒸气的混合物由炉顶进入自上而下进行反应。管外炉膛设有烧嘴，燃烧产生的热量以辐射方式传给管壁。燃烧天然气从辐射段顶部喷嘴喷入并燃烧，烟道气的流动方向自上而下，与管内的气体流向一致。离开辐射段的烟道气温度在 1000℃ 以上。一段炉燃烧气系统生产流程 DCS 图如图 4-7 所示，现场图如图 4-8 所示。

（3）一段炉转化系统　离开一段炉辐射段的烟道气温度高达 1000℃ 以上，进入对流段后，依次流过混合气、空气、蒸汽、原料天然气、锅炉水和燃烧天然气各个盘管，温度降到 250℃ 时，用排风机（101-BJ）排往大气。为了平衡全厂蒸汽用量设置一台辅助锅炉，也是以天然气为燃料，产生的烟道气在一段炉对流段的中央位置加入，因此与一段炉共用一半对流段、一台排风机和一个烟囱。辅助锅炉和几台废热锅炉共用一个汽包（101-F），产生 10.5MPa 的高压蒸汽。一段炉转化系统生产流程 DCS 图如图 4-9 所示、现场图如图 4-10 所示。

（4）二段转化及变换　空气经过加压到 3.3~2.5MPa，配入少量水蒸气，并在一段转化炉的对流段预热到 450℃ 左右，进入二段炉顶部与一段转化气汇合并燃烧，使温度升至 1200℃ 左右，再通过催化剂层。出二段炉的气体温度约 1000℃，压力为 3.0MPa，残余甲烷含量（AR1_3）在 0.3% 以下。从二段炉出来的转化气按顺序进入两台串联的废热锅炉以回收热量，产生蒸汽。从第二废热锅炉出来的气体温度约为 370℃，送往变换工序。天然气蒸汽转化制得的转化气中含有 CO，一般为 12%~14%，一氧化碳不是合成氨生产所需要的

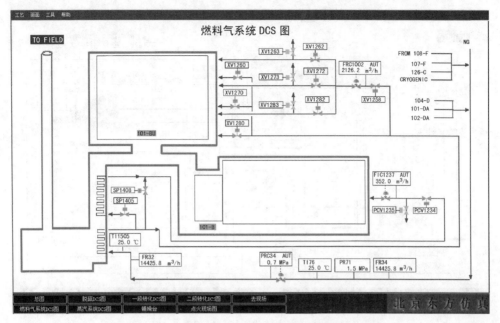

图 4-7 合成氨生产转化工段燃气系统 DCS 图

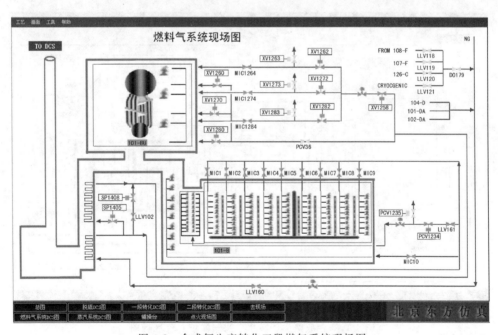

图 4-8 合成氨生产转化工段燃气系统现场图

直接原料，而且在一定条件下还会与合成氨的铁系催化剂发生反应，导致催化剂失活。因此，在原料气使用之前，必须将一氧化碳清除。清除一氧化碳分两步进行。第一步是大部分的一氧化碳先通过高温或中温固定床反应器（104-DA），一氧化碳经过高温变换反应，CO含量（AR9）降至 3％以下；第二步是通过低温固定床反应器（104-DB），一氧化碳经过低温变换反应，CO 含量（AR10）降至 0.3％左右。二段转化及变换生产流程 DCS 如图 4-11所示，现场图如图 4-12 所示。

（5）蒸汽系统　合成氨装置开车时，将从界外引入 3.8MPa、327℃的中压蒸汽约 50t/h。

模块四　典型化工产品生产操作实训  **145**

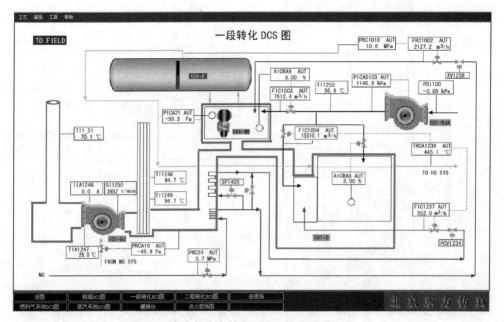

图 4-9　合成氨生产转化工段一段炉系统 DCS 图

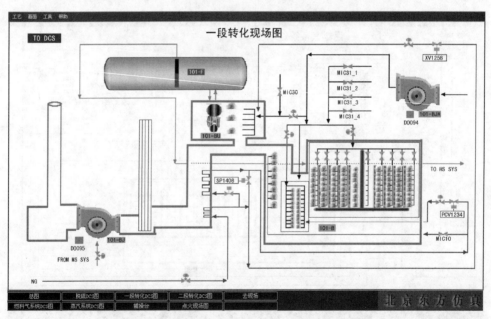

图 4-10　合成氨生产转化工段一段炉系统现场图

辅助锅炉和废热锅炉所用的脱盐水从水处理车间引入，用并联的低变出口气加热器（106-C）和甲烷化出口气加热器（134-C）预热到 100℃ 左右，进入除氧器（101-U）脱氧段，在脱氧段用低压蒸汽脱除水中溶解氧后，然后在贮水段加入二甲基酮肟除去残余溶解氧。最终溶解氧含量小于 7ppb（1ppb＝$10^{-9}$）。

除氧水加入氨水调节 pH 至 8.5～9.2，经锅炉给水泵 104-J/JA/JB 经并联的合成气加热器（123-C），甲烷化气加热器（114-C）及一段炉对流段低温段锅炉给水预热盘管加热到 295℃（TI1＿44）左右进入汽包（101-F），同时在汽包中加入磷酸盐溶液，汽包底部水经

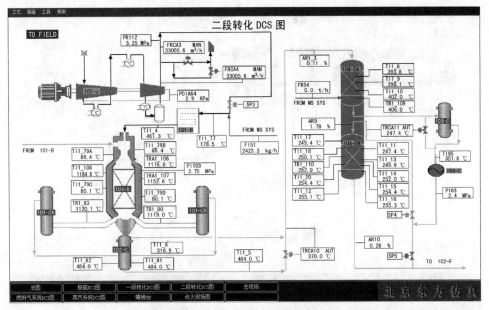

图 4-11　合成氨生产转化工段二段转化及高低变换 DCS 图

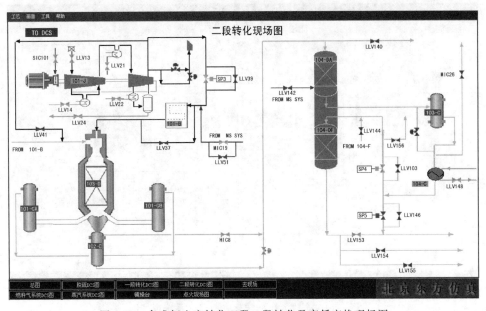

图 4-12　合成氨生产转化工段二段转化及高低变换现场图

101-CA/CB、102-C、103-C 一段炉对流段低温段废热锅炉及辅助锅，加热部分汽化后进入汽包，经汽包分离出的饱和蒸汽在一段炉对流段过热后送至 103-JAT，经 103-JAT 抽出 3.8MPa、327℃中压蒸汽，供各中压蒸汽用户使用。103-JAT 停运时，高压蒸汽经减压，全部进入中压蒸汽管网，中压蒸汽一部分供工艺使用、一部分供凝汽透平使用，其余供背压透平使用，并产生低压蒸汽，供 111-C、101-U 使用，其余为伴热使用。蒸汽系统 DCS 图如图 4-13 所示，现场图如图 4-14 所示。

（6）净化工段的脱碳系统　变换气中的 $CO_2$ 是氨合成催化剂（镍的化合物）的一种毒物，因此，在进行氨合成之前必须从气体中脱除干净。工艺气体中大部分 $CO_2$ 是在 $CO_2$ 吸收塔 101-E 中用 aMDEA（活化甲基二乙醇胺）溶液进行逆流吸收脱除的。从变换炉（104-

模块四　典型化工产品生产操作实训　147

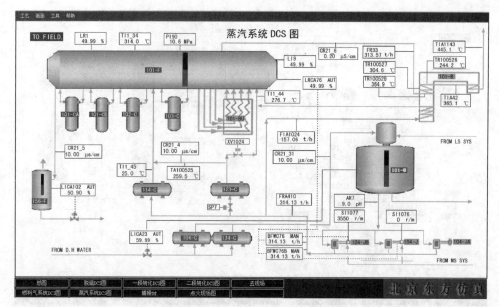

图 4-13　合成氨生产转化工段蒸汽系统 DCS 图

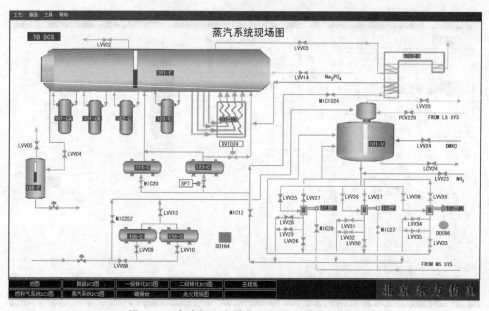

图 4-14　合成氨生产转化工段蒸汽系统现场图

D）出来的变换气（温度 60℃、压力 2.799MPa），用变换气分离器 102-F 将其中大部分水分除去以后，进入 $CO_2$ 吸收塔 101-E 下部的分布器。气体在塔 101-E 内向上流动穿过塔内塔板，使工艺气与塔顶加入的自下流动的贫液［解吸了 $CO_2$ 的 aMDEA 溶液，40℃（TI ＿24）］充分接触，脱除工艺气中所含 $CO_2$，再经塔顶洗涤段除沫层后出 $CO_2$ 吸收塔，出 $CO_2$ 吸收塔 101-E 后的净化气去往净化气分离器 121-F，在管路上由喷射器喷入从变换气分离器（102-F）来的工艺冷凝液（由 FICA17 控制），进一步洗涤，经净化气分离器（121-F）分离出喷入的工艺冷凝液，净化后的气体，温度 44℃、压力 2.764MPa，去甲烷化工序（106-D），液体与变换冷凝液汇合液由液位控制器 LICA26 调节去工艺冷凝液处理装置。

从 $CO_2$ 吸收塔 101-E 出来的富液（吸收了 $CO_2$ 的 aMDEA 溶液）先经溶液换热器

（109-CB1/2）加热、再经溶液换热器（109-CA1/2），被 $CO_2$ 汽提塔 102-E（102-E 为筛板塔，共 10 块塔板）出来的贫液加热至 105℃（TI109），由液位调节器 LIC4 控制，进入 $CO_2$ 汽提塔（102-E）顶部的闪蒸段，闪蒸出一部分 $CO_2$，然后向下流经 102-E 汽提段，与自下而上流动的蒸汽汽提再生。再生后的溶液进入变换气煮沸器（105-CA/B）、蒸汽煮沸器（111-C），经煮沸成汽液混合物后返回 102-E 下部汽提段，气相部分作为汽提用气，液相部分从 102-E 底部出塔。

从 $CO_2$ 汽提塔 102-E 底部出来的热贫液先经溶液换热器（109-CA1/2）与富液换热降温后进贫液泵，经贫液泵（107-JA/JB/JC）升压，贫液再经溶液换热器（109-CB1/2）进一步冷却降温后，经溶液过滤器 101-L 除沫后，进入溶液冷却器（108-CB1/2）被循环水冷却至 40℃（TI1_24）后，进入 $CO_2$ 吸收塔 101-E 上部。

从 $CO_2$ 汽提塔 102-E 顶部出来的 $CO_2$ 气体通过 $CO_2$ 汽提塔回流罐 103-F 除沫后，从塔 103-F 顶部出去，或者送入尿素装置或者放空，压力由 PICA89 或 PICA24 控制。分离出来的冷凝水由回流泵（108-J/JA）升压后，经流量调节器 FICA15 控制返回 $CO_2$ 吸收塔 101-E 的上部。103-F 的液位由 LICA5 及补入的工艺冷凝液（VV043 支路）控制。净化工段的脱碳系统生产流程 DCS 图如图 4-15 所示，现场图如图 4-16 所示。

（7）净化工段甲烷化系统　甲烷化系统的原料气来自脱碳系统，该原料气先后经合成气-脱碳气换热器（136-C）预热至 117.5℃（TI104）、高变气-脱碳气换热器（104-C）加热到 316℃（TI105），进入甲烷化炉（106-D），炉内装有 $18m^3$、J-105 型镍催化剂，气体自上部进入 106-D，气体中的 CO 和 $CO_2$ 与 $H_2$ 反应生成 $CH_4$ 和 $H_2O$。系统内的压力由压力控制器 PIC5 调节。甲烷化炉（106-D）的出口温度为 363℃（TIA1002A），依次经锅炉给水预热器（114-C）、甲烷化气脱盐水预热器（134-C）和水冷器（115-C），温度降至 40℃（TI139），甲烷化后的气体中 CO（AR2_1）和 $CO_2$（AR2_2）含量降至 10ppm 以下，进入合成气压缩机吸收罐 104-F 进行气液分离。净化工段甲烷化系统生产流程 DCS 图如图 4-17 所示，现场图如图 4-18 所示。

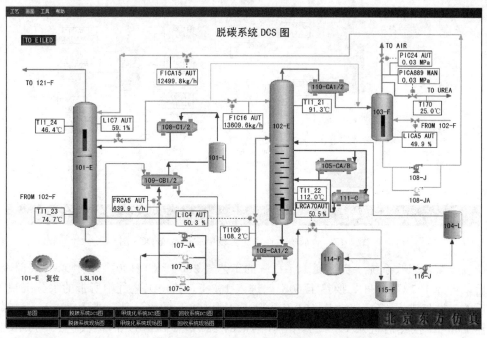

图 4-15　合成氨生产净化工段脱碳系统 DCS 图

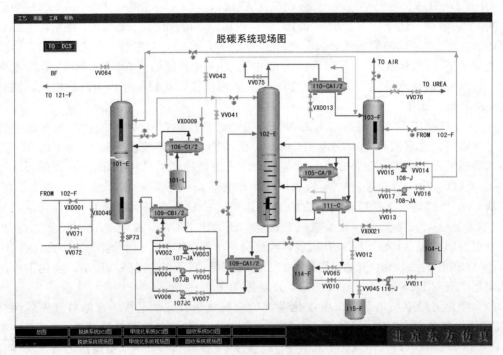

图 4-16　合成氨生产净化工段脱碳系统现场图

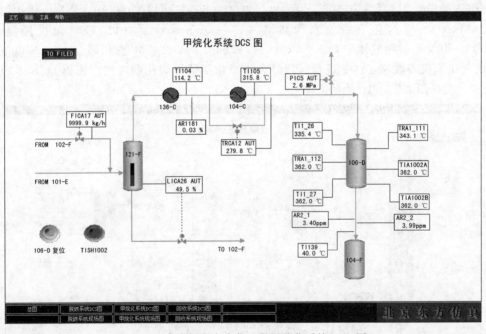

图 4-17　合成氨生产净化工段甲烷化系统 DCS 图

（8）冷凝液回收系统　自低变 104-D 来的工艺气 260℃（TI130），经 102-F 底部冷凝液淬冷后，再经 105-C、106-C 换热至 60℃，进入 102-F，其中工艺气中所带的水分沉积下来，脱水后的工艺气进入 $CO_2$ 吸收塔 101-E 脱除 $CO_2$。102-F 的水一部分进入 103-F，一部分经换热器 E66401 换热后进入 C66401，由管网来的 327℃（TI143）的蒸汽进入 C66401 的底部，塔顶产生的气体进入蒸汽系统，底部液体经 E66401、E66402 换热后排出。冷凝液回收

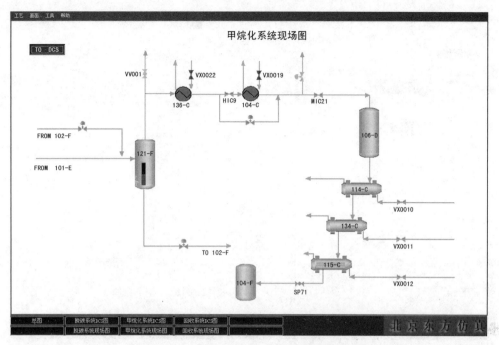

图 4-18　合成氨生产净化工段甲烷化系统现场图

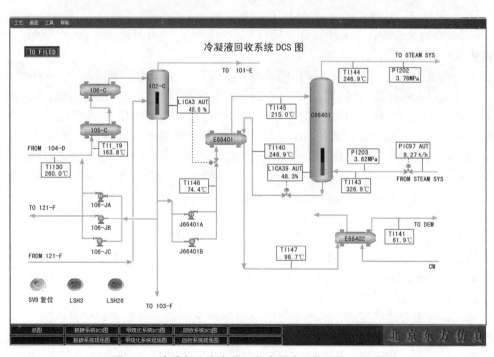

图 4-19　合成氨生产净化工段冷凝液回收系统 DCS 图

系统生产流程 DCS 图如图 4-19 所示，现场图如图 4-20 所示。

（9）合成系统　从甲烷化反应器（106-D）来的新鲜气（40℃、2.6MPa、$H_2/N_2$ 为 3∶1）先经压缩前分离罐（104-F）进合成气压缩机（103-J）低压段，在压缩机的低压缸将新鲜气体压缩到合成所需要的最终压力的 1/2 左右，出低压段的新鲜气先经 106-C 用甲烷化

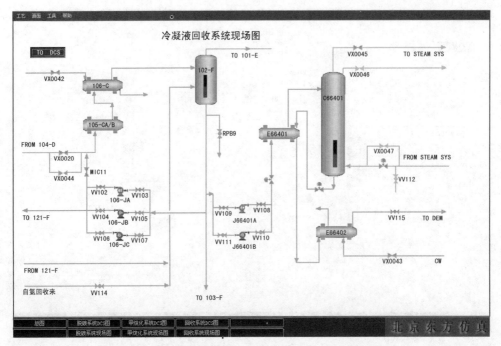

图 4-20　合成氨生产净化工段冷凝液回收系统现场图

进料气冷却至 93.3℃，再经水冷器（116-C）冷却至 38℃，最后经氨冷器（129-C）冷却至 7℃后与回收来的氢气混合进入中间分离罐（105-F），从中间分离罐出来的氢氮气再进合成气压缩机高压段。

合成回路来的循环气与经高压段压缩后的氢氮气混合进压缩机循环段，从循环段出来的合成气进合成系统水冷器（124-C）。高压合成气自最终冷却器 124-C 出来后，分两路继续冷却，第一路串联通过原料气和循环气一级和二级氨冷器 117-C 和 118-C 的管侧，冷却介质都是冷冻用液氨；另一路通过就地的 MIC23 节流后，在合成塔进气和循环气换热器 120-C 的壳侧冷却，两路会合后，又在新鲜气和循环气三级氨冷器 119-C 中用三级液氨闪蒸槽 112-F 来的冷冻用液氨进行冷却，冷却至 −23.3℃。冷却后的气体经过水平分布管进入高压氨分离器（106-F），在前几个氨冷器中冷凝下来的循环气中的氨就在 106-F 中分出，分离出来的液氨送往冷冻中间闪蒸槽（107-F）。从氨分离器出来后，循环气就进入合成塔进气——新鲜气和循环气换热器 120-C 的管侧，从壳侧的工艺气体中取得热量，然后又进入合成塔进气——出气换热器（121-C）的管侧，再由 HCV-11 控制进入合成塔（105-D），在 121-C 管侧的出口处分析气体成分。SP-35 是一专门的双向降爆板装置，是用来保护 121-C 的换热器，防止换热器的一侧卸压导致压差过大而引起破坏。

合成气进气由合成塔 105-D 的塔底进入，自下而上地进入合成塔，经由 MIC13 直接到第一层催化剂的入口，用以控制该处的温度，这一近路有一个冷激管线和两个进层间换热器副线可以控制第二、第三层的入口温度，必要时可以分别用 MIC14、MIC15 和 MIC16 进行调节。气体经过最底下一层催化剂床后，又自下而上地把气体导入内部换热器的管侧，把热量传给进来的气体，再由 105-D 的顶部出口引出。

合成塔出口气进入合成塔——锅炉给水换热器 123-C 的管侧，把热量传给锅炉给水，接着又在 121-C 的壳侧与进塔气换热而进一步被冷却，最后回到 103-J 高压缸循环段（最后一个叶轮）而完成了整个合成回路。

合成塔出来的气体有一部分是从高压吹出气分离缸 108-F 经 MIC18 调节并用 Fl63 指示流量后，送往氢回收装置或送往一段转化炉燃料气系统。从合成回路中排出气是为了控制气体中的甲烷和氩的浓度，甲烷和氩在系统中积累多了会使氨的合成率降低。吹出气在进入分离罐 108-F 以前先在氨冷器 125-C 冷却，由 108-F 分出的液氨送低压氨分离器 107-F 回收。

合成氨工艺现场图

合成塔备有一台开工加热炉（102-B），它是用于开工时把合成塔加温至反应温度，开工加热炉的原料气流量由 FI-62 指示，另外，它还设有一低流量报警器 FAL-85 与 FI-62 配合使用，MIC17 调节 102-B 燃料气量。合成系统生产流程 DCS 图如图 4-21 所示，现场图如图 4-22 所示。

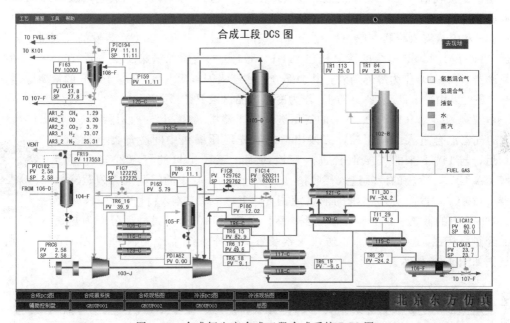

图 4-21　合成氨生产合成工段合成系统 DCS 图

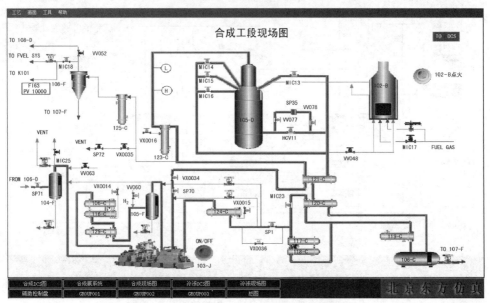

图 4-22　合成氨生产合成工段合成系统现场图

（10）冷冻系统　合成来的液氨进入中间闪蒸槽（107-F），闪蒸出的不凝性气体通过 PICA8 排出作为燃料气送一段炉燃烧。分离器 107-F 装有液面指示器 LICA12。液氨减压后由液位调节器 LICA12 调节进入三级闪蒸罐（112-F）进一步闪蒸，闪蒸后作为冷冻用的液氨进入系统中。冷冻的一、二、三级闪蒸罐操作压力分别为 0.4MPa（G）、0.16MPa（G）、0.0028MPa（G），三台闪蒸罐与合成系统中的第一、二、三氨冷器相对应，它们是按热虹吸原理进行冷冻蒸发循环操作的。液氨由各闪蒸罐流入对应的氨冷器，吸热后的液氨蒸发形成的气液混合物又回到各闪蒸罐进行气液分离，气氨分别进氨压缩机（105-J）各段气缸，液氨分别进各氨冷器。

由液氨接收槽（109-F）来的液氨逐级减压后补入到各闪蒸罐。一级闪蒸罐（110-F）出来的液氨除送第一氨冷器（117-C）外，另一部分作为合成气压缩机（103-J）一段出口的氨冷器（129-C）和闪蒸罐氨冷器（126-C）的冷源。氨冷器（129-C 和 126-C）蒸发的气氨进入二级闪蒸罐（111-F），110-F 多余的液氨送往 111-F。111-F 的液氨除送第二氨冷器（118-C）和弛放气氨冷器（125-C）作为冷冻剂外，其余部分送往三级闪蒸罐（112-F），112-F 的液氨除送 119-C 外，还可以由冷氨产品泵（109-J）作为冷氨产品送液氨贮槽贮存。

由三级闪蒸罐（112-F）出来的气氨进入氨压缩机（105-J）一段压缩，一段出口与 111-F 来的气氨汇合进入二段压缩，二段出口气氨先经压缩机中间冷却器（128-C）冷却后，与 110-F 来的气氨汇合进入三段压缩，三段出口的气氨经氨冷凝器（127-CA/CB），冷凝的液氨进入接收槽（109-F）。109-F 中的闪蒸气去闪蒸罐氨冷器（126-C），冷凝分离出来的液氨流回 109-F，不凝气作燃料气送一段炉燃烧。109-F 中的液氨一部分减压后送至一级闪蒸罐（110-F），另一部分作为热氨产品经热氨产品泵（1-3P-1/2）送往尿素装置。冷冻系统生产流程 DCS 图如图 4-23 所示，现场图如图 4-24 所示。

氨冷凝器结构及工作原理

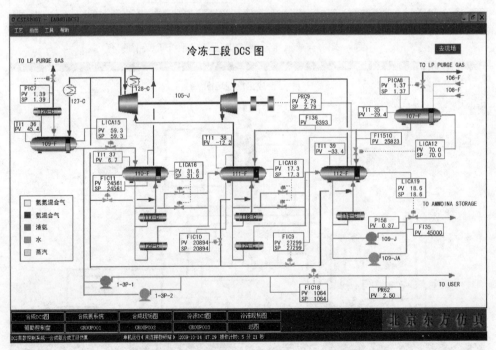

图 4-23　合成氨生产合成工段冷冻系统 DCS 图

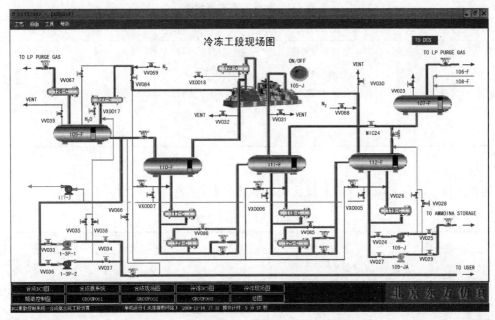

图 4-24 合成氨生产合成工段冷冻系统现场图

## 三、主要设备、仪表和阀件

### 1. 主要设备

转化工段、净化工段和合成工段主要设备见表 4-1～表 4-3。

表 4-1　转化工段主要设备

| 设备位号 | 设备名称 | 设备位号 | 设备名称 |
| --- | --- | --- | --- |
| 101-U | 除氧器 | 101-BJ/BJA | 风机 |
| 101-F | 汽包 | 101-DA/102-DA | 活性炭脱硫槽 |
| 101-J | 空气压缩机(蒸汽透平) | 108-D | Co-Mo 加氢和氧化锌脱硫槽 |
| 104-J/JA/JB | 锅炉给水高压泵(蒸汽透平) | 102-J | 天然气压缩机(蒸汽透平) |
| 101-BU | 辅助锅炉 | 103-D | 二段炉 |
| 101-CA/CB | 第一废热锅炉 | 104-DA/DB | 变换炉 |
| 101-B | 一段炉 | 102-C | 第二废热锅炉 |
| 141-C | 原料气预热器 | 103-C | 第三废热锅炉 |

表 4-2　净化工段主要设备

| 设备位号 | 设备名称 | 设备位号 | 设备名称 |
| --- | --- | --- | --- |
| 102-F/103-F/104-F | 气液分离罐 | 106-JA/107-JA/B/C 等 | 泵 |
| J66401A/B | 泵 | 114-F/115-F | MEDA 储罐 |
| E66401/2 | 换热器 | 101-L/104-L | 过滤器 |
| C66401 | 塔 | 106-D | 甲烷化反应器 |
| 101-E | $CO_2$ 吸收塔 | 108-C1/C2 等 | 换热器 |
| 102-E | $CO_2$ 解吸塔 | | |

表 4-3　合成工段主要设备

| 设备位号 | 设备名称 | 设备位号 | 设备名称 |
|---|---|---|---|
| 104-F | 压缩前分离罐 | 117-C～125-C 等 | 换热器 |
| 103-J/105-J | 压缩机 | 1-3P-1/2 | 泵 |
| 105-F～109-F | 分离罐 | 109-J/JA | 泵 |
| 102-B | 炉子 | 110-F～112-F | 三级闪蒸罐 |
| 105-D | 反应器 | 129-C | 氨冷器 |

### 2. 仪表

转化工段、净化工段和合成工段仪表分别见表 4-4～表 4-6。

表 4-4　转化工段仪表

| 位　号 | 说　明 | 工程单位 | 目标值 |
|---|---|---|---|
| AICRA6 | 辅锅氧含量控制 | % | 3 |
| AICRA8 | 101-B 氧含量控制 | % | 3 |
| FFC2 | 水碳比例控制 | | 3.5～4.2 |
| FIC1003 | 辅锅进风量控制 | m³/h | 7611 |
| FIC1004 | 过热烧嘴风量控制 | m³/h | 15510 |
| FIC12 | 102-J 防喘振流量控制 | m³/h | 0 |
| FIC1237 | 过热烧嘴燃气量控制 | m³/h | 320 |
| FRC1002 | 辅锅燃气进量控制 | m³/h | 2128 |
| FRCA1 | 102-J 出口流量控制 | m³/h | 24556 |
| FRCA2 | 101-B 进蒸汽量控制 | m³/h | 67000 |
| FRCA3 | 二段转化进空气流量控制 | m³/h | 33757 |
| FRCA4 | 101-J 出口总流量控制 | m³/h | 33757 |
| LICA102 | 156-F | % | 50 |
| LICA22 | 101-U 液位控制 | % | 50 |
| LRCA76 | 101-F 液位控制 | % | 50 |
| PIC13 | MS 压力控制 | MPa | 3.865 |
| PICA21 | 辅锅压力控制 | MPa | −60 |
| PICAS103 | 101-BJA 出口压力控制 | MPa | 1147 |
| PRC1 | 原料气入口压力控制 | MPa | 1.82 |
| PRC1018 | 101-F 压力控制 | MPa | 10.6 |
| PRC102 | 102-J 出口压力控制 | MPa | 3.86 |
| PRC34 | 燃气进料总压力控制 | MPa | 0.8 |
| PRC69 | 102-J 入口压力控制 | MPa | 1.82 |
| PRCA19 | 101-B 压力控制 | MPa | −50 |
| TIC22L | 进 101/2-DA 燃料气温度 | ℃ | 40～50 |
| TRCA104 | 进 104-DA 温度控制 | ℃ | 371 |
| TRCA11 | 进 104-DB 物料温度控制 | ℃ | 240 |
| TRCA1238 | 过热蒸汽温度控制 | ℃ | 445 |

表 4-5　净化工段仪表

| 位　号 | 说　明 | 工程单位 | 目　标　值 |
|---|---|---|---|
| FIC16 | 水洗液出 101-E 流量控制 | kg/h | 13600 |
| FIC97 | 蒸汽流量控制 | t/h | 9.26 |
| FICA15 | 水洗液入 101-E 流量控制 | kg/h | 12500 |
| FICA17 | 106-J 到 121-F 流量控制 | kg/h | 10000 |
| FRCA5 | 富液流量控制 | t/h | 640 |
| LIC4 | 101-E 塔底段液位控制 | % | 50 |
| LIC7 | 101-E 塔顶段液位控制 | % | 50 |
| LICA26 | 121-F 罐液位控制 | % | 50 |
| LICA3 | 102-F 液位控制 | % | 50 |
| LICA39 | C66401 液位控制 | % | 50 |
| LICA5 | 103-F 罐液位控制 | % | 50 |
| LRCA70 | 102-E 罐液位控制 | % | 50 |
| PIC24 | 103-F 罐顶压力控制 | MPa | 0.03 |
| PIC5 | 脱碳系统压力控制 | MPa | 2.7 |
| PICA89 | 103-F 罐顶压力控制 | MPa | 0.03 |
| TRCA12 | 106-D 入口工艺气流量控制 | ℃ | 280 |

表 4-6　合成工段仪表

| 位　号 | 说　明 | 工程单位 | 目　标　值 |
|---|---|---|---|
| FIC10 | 111-F 抽出氨气体流量控制 | kg/h | 19000 |
| FIC11 | 110-F 抽出氨气体流量控制 | kg/h | 23000 |
| FIC14 | 压缩机总抽出控制 | kg/h | 67000 |
| FIC18 | 109-F 液氨产量控制 | kg/h | 50 |
| FIC7 | 104-F 抽出流量控制 | kg/h | 11700 |
| FIC8 | 105-F 抽出流量控制 | kg/h | 12000 |
| FIC9 | 112-F 抽出氨气体流量控制 | kg/h | 24000 |
| LICA12 | 107-F 罐液位控制 | % | 50 |
| LICA14 | 121-F 罐液位控制 | % | 50 |
| LICA15 | 109-F 罐液位控制 | % | 50 |
| LICA16 | 110-F 罐液位控制 | % | 50 |
| LICA18 | 111-F 罐液位控制 | % | 50 |
| LICA19 | 112-F 罐液位控制 | % | 50 |
| PIC182 | 104-F 压力控制 | MPa | 2.6 |
| PIC194 | 107-F 压力控制 | MPa | 10.5 |
| PIC7 | 109-F 压力控制 | MPa | 1.4 |
| PICA8 | 107-F 压力控制 | MPa | 1.86 |
| PRC6 | 103-J 转速控制 | MPa | 2.6 |
| PRC9 | 112-F 压力控制 | kPa | 2.8 |

# 四、岗位安全要求

## 1. 透平式离心压缩机安全措施

透平式离心压缩机与活塞式压缩机不同，在安全技术措施上，除了一般的危险（如液体进入压缩机、蒸汽中的盐类沉积在透平的叶轮上、机械故障、金属颗粒偶然落入循环部分等）外，还有特殊的要求——防止喘振。喘振会导致压缩机主轴和叶轮严重变形，无法修复；隔板、曲折密封和导叶轮也严重损坏。离心压缩机上设计安装若干与信号系统和联锁装置相连接的各种信号发送器。当压缩机振幅在 0.063mm 时，信号系统动作；当振幅达到 0.11mm 时，压缩机即被联锁系统切断。

**2. 合成系统的安全措施**

氨的合成是在高温高压下进行，要严格遵守工艺规程，尤其是控制温度条件是安全操作的最重要因素。当设备和管道内温度剧烈波动时，个别部件（如法兰、焊缝等）变形，发生可燃性气体泄漏导致着火爆炸。另加压条件下操作的容器，安全阀不得少于两个。设置紧急状态下的排气通风设施。操作人员应了解生产工艺过程、设备操作条件以及复杂的控制、调节和预防事故的自动化系统的相互联系。

 ## 任务一　合成氨生产开车操作实训

### 一、转化工段开车

**1. 引 DW（脱盐水）、除氧器 101-U 建立液位**（蒸汽系统图）

① 全开预热器 106-C、134-C 现场入口总阀 LVV08。

② 全开 106-C 入口阀 LVV09。

③ 全开 134-C 入口阀 LVV10。

④ 全开 106-C、134-C 出口总阀 LVV13。

⑤ 开 LICA23。

⑥ 现场开 101-U 底排污阀 LCV24。

⑦ 当 LICA23 达 50% 投自动。

**2. 开 104-J、汽包 101-F 建立液位**（蒸汽系统图）

① 现场开 101-U 顶部放空阀 LVV20。

② 现场开 101-U 低压蒸汽阀 PCV229。

③ 开阀 LVV24，加 DMKO，以利分析 101-U 水中氧含量。

④ 开 104-J 出口总阀 MIC12。

⑤ 开 MIC1024。

⑥ 开 SP7（在辅操台按"SP7 开"按钮）。

⑦ 开阀 LVV23 加 NH$_3$。

⑧ 开 104-J/JB（选一组即可）：

a. 全开入口阀 LVV36/LVV25；

b. 全开平衡阀 LVV37/LVV27；

c. 开回流阀 LVV30/LVV26；

d. 开 104-J 的透平 MIC27/28，启动 104-J/JB；

e. 开 104-J 出口小旁路阀 LVV32/LVV29，控制 LR1（即 LRCA76 50% 投自动）在 50%，可根据 LICA23 和 LRCA76 的液位情况而开启 LVV31/LVV28。

⑨ 开 156-F 的入口阀 LVV04。

⑩ 将 LICA102 投自动，设为 50%。

⑪ 开 DO164，投用换热器 106-C、134-C、103-C、123-C。

**3. 开 101-BJ、101-BU 点火升温**（一段转化图、点火图）

① 开风门 MIC30。

② 开 MIC31 _ 1～MIC31 _ 4。

③ 开 AICRA8，控制氧含量（4％左右）。

④ 开 PICA21，控制辅锅炉膛 101-BU 负压（-60Pa 左右）。

⑤ 全开顶部烧嘴风门 LVV71、LVV73、LVV75、LVV77、LVV79、LVV81、LVV83、LVV85、LVV87（点火现场）。

⑥ 开 DO095，投用一段炉引风机 101-BJ。

⑦ 开 PRCA19，控制 PICA19 在-50Pa 左右。

⑧ 到辅操台按"启动风吹"按钮。

⑨ 到辅操台把 101-B 工艺总联锁开关打旁路。

⑩ 开燃料气进料截止阀 LVV160。

⑪ 全开 PCV36（燃料气系统图）。

⑫ 把燃料气进料总压力控制 PRC34 设在 0.8MPa 投自动。

⑬ 开点火烧嘴考克阀 DO124～DO126（点火现场图）。

⑭ 按点火启动按钮 DO216～DO218（点火现场图）。

⑮ 开主火嘴考克阀 DO121～DO123（点火现场图）。

⑯ 在燃料气系统图上开 FRC1002。

⑰ 全开 MIC1284～MIC1264。

⑱ 在辅操台上按"XV1258 复位"按钮。

⑲ 在辅操台上按"101-BU 主燃料气复位"按钮。

⑳ 101-F 升温、升压（蒸汽系统图）：

a. 在升压（PI90）前，稍开 101-F 顶部管放空阀 LVV02；

b. 当产汽后开阀 LVV14，加 $Na_3PO_4$；

c. 当 PI90＞0.4MPa 时，开过热蒸汽总阀 LVV03 控制升压；

d. 关 101-F 顶部放空阀 LVV02；

e. 当 PI90 达 6.3MPa、TRCA1238 比 TI1 _ 34 大于 50～80℃时，进行安全阀试跳（仿真中省略）。

**4. 108-D 升温、硫化**（一段转化图）

① 开 101-DA/102-DA（选一即可）：

a. 全开 101-DA/102-DA 进口阀 LLV204/LLV05。

b. 全开 101-DA/102-DA 出口阀 LLV06/LLV07。

② 全开 102-J 大副线现场阀 LLV15。

③ 在辅操台上按"SP2 开"按钮。

④ 稍开 102-J 出口流量控制阀 FRCA1。

⑤ 全开 108-D 入口阀 LLV35。

⑥ 现场全开入界区 NG 大阀 LLV201。

⑦ 稍开原料气入口压力控制器 PRC1。

⑧ 开 108-D 出口放空阀 LLV48。

⑨ 将 FRCA1 缓慢提升至 30％。

⑩ 开 141-C 的低压蒸汽 TIC22L，将 TI1 _ 1 加热到 40～50℃。

**5. 空气升温** （二段转化）

① 开二段转化炉 103-D 的工艺气出口阀 HIC8。

② 开 TRCA10。

③ 开 TRCA11。

④ 启动 101-J，控制 PR112 在 3.16MPa：

a. 开 LLV14 投 101-J 段间换热器 CW；

b. 开 LLV21 投 101-J 段间换热器 CW；

c. 开 LLV22 投 101-J 段间换热器 CW；

d. 开 LLV24；

e. 到辅操台上按 "FCV44 复位" 按钮；

f. 全开空气入口阀 LLV13；

g. 开 101-J 透平 SIC101；

h. 按辅操台上 "101-J 启动复位" 按钮。

⑤ 开空气升温阀 LLV41，充压。

⑥ 当 PI63 升到 0.2~0.3MPa 时，渐开 MIC26，保持 PI63<0.3MPa。

⑦ 开阀 LLV39，开 SP3 旁路，加热 103-D。

⑧ 当温升速度减慢，点火嘴：

a. 在辅操台上按 "101-B 燃料气复位" 按钮；

b. 开阀 LLV102；

c. 开炉顶烧嘴燃料气控制阀 MIC1~MIC9；

d. 开 1~9 排点火枪；

e. 开 1~9 排顶部烧嘴考克阀。

⑨ 当 TR1-105 达 200℃、TR1-109 达 140℃后，准备 MS 升温。

**6. MS 升温** （二段转化）

① 到辅操台按 "SP6 开" 按钮。

② 渐关空气升温阀 LLV41。

③ 开阀 LLV42，开通 MS 进 101-B 的线路。

④ 开 FRCA2，将进 101-B 蒸汽量控制在 10000~16000m³/h。

⑤ 控制 PI63<0.3MPa。

⑥ 当关空气升温阀 LLV41 后，到辅操台按 "停 101-J"。

⑦ 开 MIC19 向 103-D 进中压蒸汽，使 FI-51 在 1000~2000kg/h 左右。

⑧ 当 TR1_109 达 160℃后，调整 FRCA2 为 20000m³/h 左右。

⑨ 调整 MIC19，使 FI-51 在 2500~3000kg/h。

⑩ 当 TR1_109 达 190℃后，调整 PI63 为 0.7~0.8MPa。

⑪ 当 TR_80/83 达 400℃以前，FRCA2 提至 60000~70000m³/h，FI-51 在 45000kg/h 左右。

⑫ 将 TR1_105 提升至 760℃。

⑬ 当 TI_109 为 200℃时，开阀 LLV31，加氢。

⑭ 当 AR_4<0.5ppm 稳定后，准备投料。

**7. 投料** （脱硫图）

① 开 102-J：

a. 开阀 LLV16，投 102-J 段间冷凝器 130-C 的 CW 水；

b. 开 102-J 防喘振控制阀 FIC12；

c. 开 PRC69，设定在 1.5MPa 投自动；

d. 全开 102-J 出口阀 LLV18；

e. 开 102-J 透平控制阀 PRC102；

f. 在辅操台上按"102-J 启动复位"按钮。

② 关 102-J 大副线阀 LLV15。

③ 渐开 108-D 入炉阀 LLV46。

④ 渐关 108-D 出口放空阀 LLV48。

⑤ FRCA1 加负荷至 70%。

**8. 加空气**（二段转化及高低变）

① 到辅操台上按"停 101-J"按钮，使该按钮处于不按下状态，否则无法启动 101-J。

② 到辅操台上按"启动 101-J 复位"按钮。

③ 到辅操台上按"SP3 开"按钮。

④ 渐关 SP3 副线阀 LLV39。

⑤ 各床层温度正常后（一段炉 TR1 _ 105 控制在 853℃左右，二段炉 TI1 _ 108 控制在 1100℃左右，高变 TR1 _ 109 控制在 400℃），先开 SP5 旁路均压后，再到辅操台按"SP5"按钮，然后关 SP5 旁路，调整 PI63 到正常压力 2.92MPa。

⑥ 逐渐关小 MIC26 至关闭。

**9. 联低变**

① 开 SP4 副线阀 LLV103，充压。

② 全开低变出口大阀 LLV153。

③ 到辅操台按"SP4 开"按钮。

④ 关 SP4 副线阀 LLV103。

⑤ 到辅操台按"SP5 关"按钮。

⑥ 调整 TRCA _ 11 控制 TI1 _ 11 在 225℃。

**10. 其他**

① 开一段炉鼓风机 101-BJA。

② 101-BJA 出口压力控制 PICAS103 达 1147kPa，投自动。

③ 开辅锅进风量调节 FIC1003。

④ 调整 101-B、101-BU 氧含量为正常，AICRA6 为 3%，AICRA8 为 2.98%。

⑤ 当低变合格后，若负荷加至 80%，点过热烧嘴：

a. 开过热烧嘴风量控制 FIC1004；

b. 到辅操台按"过热烧嘴燃料气复位"按钮；

c. 开过热烧嘴考克 DO073～DO092；

d. 开料气去过热烧嘴流量控制器 FIC1237；

e. 开阀 LLV161；

f. 到操台按"过热烧嘴复位"按钮。

⑥ 当过热烧嘴点着后，到辅操台按"FAL67-加氢"按钮，加 $H_2$。

⑦ 关事故风门 MIC30。

⑧ 关事故风门 MIC31 _ 1～MIC31 _ 4。

⑨ 负荷从 80% 加至 100%：

a. 加大 FRCA2 的量；

b. 加大 FRCA1 的量。

⑩ 当负荷加至 100％正常后，到辅操台将 101-B 打联锁。

⑪ 点烟道烧嘴：

a. 开进烟道烧嘴燃料气控制 MIC10；

b. 开烟道烧嘴点火枪 DO219；

c. 开烟道烧嘴考克阀 DO113～DO120。

**11. 调至平衡**

① 将 PRC1 调至 1.82MPa，投自动。

② 将 PRC102 调至 3.86MPa，投自动。

③ 将 TIC22L 调至 45℃，投自动。

④ 将 FRCA1 调至 24556m$^3$/h，投自动。

⑤ 将 FRCA2 调至 67000m$^3$/h，投自动。

⑥ 将 PRCA19 调至 -50Pa，投自动。

⑦ 将 PRC1018 调至 10.6MPa，投自动。

⑧ 将 FRC1002 调至 2128m$^3$/h，投自动。

⑨ 将 FRC1003 调至 7611m$^3$/h，投自动。

⑩ 将 FRC1004 调至 15510m$^3$/h，投自动。

⑪ 将 ARCRA8 调至 3％，投自动。

⑫ 将 TRCA1238 调至 445℃，投自动。

⑬ 将 FIC1237 调至 320m$^3$/h，投自动。

⑭ 将 TRCA10 调至 370℃，投自动。

⑮ 将 TRCA11 调至 240℃，投自动。

⑯ 将 PICA21 调至 -60Pa，投自动。

# 二、净化工段开车

**1. 脱碳系统开车、回收系统冷凝液液位建立**

　　注：开阀时，如果未提到全开，均是指开度没有达到 100％；开泵的顺序是先开泵前阀，再开泵，最后开泵的后阀（不能颠倒）。

① 打开 $CO_2$ 汽提塔 102-E 塔顶放空阀 VV075，$CO_2$ 吸收塔 101-E 底阀 SP73。

② 将 PIC5 设定在 2.7MPa（甲烷化 DCS 图）、PIC24 设定在 0.03MPa，并投自动。

③ 开充压阀 VV072，VX0049 给 $CO_2$ 吸收塔 101-E 充压（脱碳现场图），同时全开 HIC9（甲烷化现场图）。

④ 现场启动 116-J，开阀给 $CO_2$ 汽提塔 102-E 充液：

a. 打开泵入口阀 VV010；

b. 现场启动泵 116-J；

c. 打开泵出口阀 VV011，VV013。

⑤ LRCA70 到 50％时，投自动，若 LRCA70 升高太快，可间断开启 VV013 来控制，启动 107-J（任选一），开 FRCA5 给 101-E 充液：

a. 打开泵入口阀 VV003/VV005/VV007；

b. 现场启动泵 107-JA/J B/J C；

c. 打开泵出口阀 VV002/VV004/VV006；

d. 打开调节阀 FRCA5，开度最初为 13.5％左右。

⑥ LIC4 到 50％后，开启 LIC4 并投自动 50％，建立循环。

⑦ 投用 LSL104（101-E 液位低联锁）。

⑧ 投用 $CO_2$ 吸收塔、$CO_2$ 汽提塔顶冷凝罐 108-C，110-C，现场开阀 VX0009、VX0013 进冷却水（注意 TI1＿21，TI1＿24 的温度显示）。

⑨ 投用 111-C 加热 $CO_2$ 汽提塔 102-E 内液体，现场开阀 VX0021 进蒸汽。

⑩ 投用 LSH3（回收系统 DCS 图，102-F 液位低联锁），LSH26（回收系统 DCS 图，121-F 液位低联锁）。

⑪ 打开间断开关现场阀 VV114 建立 102-F 液位（回收系统现场图，该液位应早点建立）。

⑫ LICA3 达 50％后，启动 106-J（任选一）：

a. 现场打开泵入口阀 VV103/VV105/VV107；

b. 现场启动泵 106-JA/J B/J C；

c. 现场打开泵出口阀 VV102/VV104/VV106。

⑬ 打开 LICA5 给 $CO_2$ 汽提塔回流液槽 103-F 充液。

⑭ LICA5 到 50％时，投自动，并启动 108-J（任选一），开启 LICA5：

a. 现场打开泵入口阀 VV015/VV017；

b. 现场启动泵 108-JA/B；

c. 现场打开泵出口阀 VV014/VV016；

d. 打开调节阀 FICA15；

e. LICA5 投自动，设为 50％。

⑮ LIC7 达到 50％后，LIC7 50％投自动（LIC7 升高过快可间断开启 VV041 控制），开 FIC16 建水循环。

⑯ 投用 FICA17，LICA26 投自动，设为 50％。

⑰ 开 SP5（控制自高低变换入 102-F 的工艺气流量）副线阀 VX0044，均压。

⑱ 全开变换气煮沸器 106-C 的热物流进口阀 VX0042。

⑲ 关副线阀 VX0044，开 SP5 主路阀 VX0020。

⑳ 关充压阀 VV072，开工艺气主阀旁路 VV071，均压，关闭 102-E 塔顶放空阀 VV075。

㉑ 关旁路阀 VV071 及 VX0049，开主阀 VX0001，关阀 VX0021 停用 111-C。

㉒ 开阀 MIC11，淬冷工艺气。

**2. 甲烷化系统开车**

① 开阀 VX0022，投用 136-C。

② 开阀 VX0019，投用 104-C。

③ 开启 TRCA12。

④ 投用甲烷化炉 106-D 温度联锁 TISH1002。

⑤ 打开阀 VX0011 投用甲烷化炉脱盐水预热器 134-C，打开阀 VX0012 投用水冷器 115-C。

⑥ 打开 SP71。

⑦ 稍开阀 MIC21 对甲烷化炉 106-D 进行充压。

⑧ 打开阀 VX0010 投用锅炉给水预热器 114-C。

⑨ 全开阀 MIC21，关闭 PIC5。

**3. 工艺冷凝液系统开车**

① 打开阀 VX0043 投用 C66402。

② LICA3 达 50％时，启动泵 J66401（任选一）：

a. 现场打开泵入口阀 VV109/VV111；

b. 启动泵 J66401A/B；

c. 现场打开泵出口阀 VV108/VV110。

③ 控制阀 LICA3、LICA39 设定在 50％时，投自动。

④ 开阀 VV115。

⑤ 开 C66401 顶放空阀 VX0046。

⑥ 关 C66401 顶放空阀 VX0046，开 FIC97。

⑦ 开中压蒸汽返回阀 VX0045，并入 101-B。

**4. 调至平衡**

① 将 FICA15 投自动，设为 12500kg/h。

② 将 FICA16 投自动，设为 13600kg/h。

③ 将 FRCA5 投自动，设为 640t/h。

④ 将冷凝罐 108C1/2 进水冷却阀 VX0009 的开度调为 100％。

⑤ 将冷凝罐 110CA1/2 进水冷却阀 VX0013 的开度调为 100％。

⑥ 将 111-C 进蒸汽阀 VX0021 的开度调为 100％。

⑦ 将 VX0001 的开度调为 100％。

⑧ 将 FICA17 投自动，设为 10000kg/h。

⑨ 将 FRCA12 投自动，设为 280℃。

⑩ 将 PIC5 投自动，设为 2.7MPa。

⑪ 将 VX0022 的开度调为 100％。

⑫ 将 VX0019 的开度调为 100％。

⑬ 将 VX0010 的开度调为 100％。

⑭ 将 VX0011 的开度调为 100％。

⑮ 将 VX0012 的开度调为 100％。

⑯ 将 VX0020 的开度调为 100％。

⑰ 将 VX0045 的开度调为 100％。

⑱ 将 FIC97 调至 9.26t/h，投自动。

⑲ 调节 MIC11，将 TI1_19 控制在 155～175℃。

## 三、合成工段开车

**1. 合成系统开车**

① 投用 LSH109（104-F 液位高联锁），LSH111（105-F 液位高联锁）（辅助控制盘画面）。

② 打开 SP71（合成工段现场），把工艺气引入 104-F，PIC-182（合成工段 DCS）设置在 2.6MPa 投自动。

③ 显示合成塔压力的仪表换为低量程表Ⓛ（合成工段现场合成塔旁）。

④ 投用 124-C（合成工段现场开阀 VX0015 进冷却水），123-C（合成工段现场开阀 VX0016 进锅炉水预热合成塔塔壁），116-C（合成工段现场开阀 VX0014），打开阀 VV077，VV078 投用 SP35（在合成工段现场合成塔底右部进口处）。

⑤ 按 103-J 复位（辅助控制盘画面），然后启动 103-J（合成工段现场启动按钮），开泵 117-J 注液氨（在冷冻系统图的现场画面）。

⑥ 开 MIC23，HCV11，把工艺气引入合成塔 105-D，合成塔充压（合成工段现场图）。

⑦ 逐渐关小防喘振阀 FIC7，FIC8，FIC14。

⑧ 开 SP1 副线阀 VX0036 均压后（一小段时间），开 SP1，开 SP72（在合成塔现场图画面上）及 SP72 前旋塞阀 VX0035（合成塔现场图）。

⑨ 当合成塔压力达到 1.4MPa 时换高量程压力表⑪（现场图合成塔旁）。

⑩ 关 SP1 副线阀 VX0036，关 SP72 及前旋塞阀 VX0035，关 HCV11。

⑪ 开 PIC-194 设定在 10.5MPa，投自动（108-F 出口调节阀）。

⑫ 开入 102-B 旋塞阀 VV048，开 SP70。

⑬ 开 SP70 前旋塞阀 VX0034，使工艺气循环起来。

⑭ 打开 108-F 顶 MIC18 阀（开度为 100，合成现场图）。

⑮ 投用 102-B 联锁 FSL85（辅助控制盘画面）。

⑯ 打开 MIC17（合成塔系统图）进燃料气，102-B 点火（合成现场图），合成塔开始升温。

⑰ 开阀 MIC14 调节合成塔中层温度，开阀 MIC15、MIC16，控制合成塔下层温度（合成塔现场图）。

⑱ 停泵 117-J，停止向合成塔注液氨。

⑲ PICA8 设定在 1.68MPa 投自动（冷冻工段 DCS 图）。

⑳ LICA14 设定在 50% 投自动，LICA13 设定在 40% 投自动（合成工段 DCS 图）。

㉑ 当合成塔入口温度达到反应温度 380℃ 时，关 MIC17，102-B 熄火，同时打开阀门 HCV11 预热原料气。

㉒ 关入 102-B 旋塞阀 VV048，现场打开氢气补充阀 VV060。

㉓ 开 MIC13 进冷激起调节合成塔上层温度。

㉔ 106-F 液位 LICA-13 达 50% 时，开阀 LCV13，把液氨引入 107-F。

**2. 冷冻系统开车**

① 投用 LSH116（110-F 液位高联锁），LSH118（111-F 液位高联锁），LSH120（112-F 液位高联锁），PSH840/841 联锁（辅助控制盘）。

② 投用 127-C（冷冻系统现场开阀 VX0017 进冷却水）。

③ 打开 109-F 充液氨阀门 VV066，建立 80% 液位（LICA15 至 80%）后关充液阀。

④ PIC7 设定值为 1.4MPa，投自动。

⑤ 开三个制冷阀（在现场图开阀 VX0005，VX0006，VX0007）。

⑥ 按 105-J 复位按钮，然后启动 105-J（在现场图开启动按钮），开出口总阀 VV084。

⑦ 开 127-C 壳侧排放阀 VV067。

⑧ 开阀 LCV15（打开 LICA15）建立 110-F 液位。

⑨ 开出 129-C 的截止阀 VV086（在现场图）。

⑩ 开阀 LCV16（打开 LICA16）建立 111-F 液位，开阀 LCV18（LICA18）建立 112-F 液位。

⑪ 投用 125-C（打开阀门 VV085）。

⑫ 当 107-F 有液位时开 MIC24，向 111-F 送氨。

⑬ 开 LCV-12（开 LICA12）向 112-F 送氨。

⑭ 关制冷阀（在现场图关阀 VX0005，VX0006，VX0007）。

⑮ 当 112-F 液位达 20% 时，启动 109-J/JA 向外输送冷氨。

⑯ 当 109-F 液位达 50% 时，启动 1-3P-1/2 向外输送热氨。

## 一、停车过程的各项工作

**1. 停车前的准备工作**

① 按要求准备好所需的盲板和垫片。

② 将引 $N_2$ 胶带准备好。

③ 如催化剂需更换，应做好更换前的准备工作。

④ $N_2$ 纯度≥99.8%（$O_2$ 含量≤0.2%），压力>0.3MPa，在停车检修中，一直不能中断。

**2. 停车期间分析项目**

① 停工期间，$N_2$ 纯度每 2h 分析一次，$O_2$ 纯度≤0.2%为合格。

② 系统置换期间，根据需要随时取样分析。

③ $N_2$ 置换标准

$$转化系统：\qquad CH_4 < 0.5\%$$

$$弛放气系统：\qquad CH_4 < 0.5\%$$

④ 蒸汽、水系统　在 101-BU 灭火之前以常规分析为准，控制指标在规定范围内，必要时取样分析。

**3. 停工期间注意事项**

① 停工期间要注意安全，穿戴劳保用品，防止出现各类人身事故。

② 停工期间要做到不超压、不憋压、不串压，安全平稳停车。注意工艺指标不能超过设计值，控制降压速度不得超过 0.05MPa/min。

③ 做好催化剂的保护，防止水泡、氧化等，停车期间要一直充 $N_2$ 保护在正压以上。

**4. 停车步骤**

接到调度停车命令后，先在辅操台上把工艺联锁开关置为旁路。

## 二、合成氨生产停车操作实训

**1. 转化工艺气停车**

① 总控降低生产负荷至正常的 75%。

② 到辅操台上按"停过热烧嘴燃料气"按钮。

③ 关各过热烧嘴的考克阀 DO073～DO092。

④ 关 MIC10，停烟道烧嘴燃料气。

⑤ 关各烟道烧嘴考克阀 DO113～DO120。

⑥ 关烟道烧嘴点火枪 DO219。

⑦ 当生产负荷降到 75%左右时，切低变，开 SP5，SP5 全开后关 SP4。

⑧ 关低变出口大阀 LLV153。

⑨ 开 MIC26，关 SP5，使工艺气在 MIC26 处放空。

⑩ 到辅操台上控"停 101-J"按钮。

⑪ 逐渐开打 FRCA4，使空气在 FRCA4 放空，逐渐切除进 103-D 的空气。

⑫ 全开 MIC-19。

⑬ 空气完全切除后到辅操台上按"SP3 关"按钮。

⑭ 关闭空气进气阀 LLV13。

⑮ 关闭 SIC101。

⑯ 切除空气后，系统继续减负荷，根据炉温逐个关烧嘴。

⑰ 在负荷降至 50%～75% 时，逐渐打开事故风门 MIC30、MIC31_1～MIC3L4。

⑱ 停 101-BJA。

⑲ 关闭 PICAS103。

⑳ 开 101-BJ，保持 PRCA19 在 −50Pa、PICA21 在 −250Pa 以上，保证 101-B 能够充分燃烧。

㉑ 在负荷减至 25% 时，FRCA2 保持 10000m$^3$/h，开 102-J 大副线阀 LLV15。

㉒ 停 102-J，关 PRC102。

㉓ 开 108-D 出口阀 LLV48，放空。

㉔ 当 TI1_105 降至 600℃ 时，将 FRCA2 降至 50000m$^3$/h。

㉕ TR1_105 降至 350～400℃ 时，到辅操台上按"SP6 关"按钮，切除蒸汽。

㉖ 蒸汽切除后，关死 FRCA2。

㉗ 关 MIC19。

㉘ 在蒸汽切除的同时，在辅操台上按"停 101-B 燃料气"按钮。

㉙ 一段炉顶部烧嘴全部熄灭，关烧嘴考克阀 DO001～DO072，自然降温。

㉚ 关一段炉顶部烧嘴各点火枪 DO207～DO215。

**2. 辅锅和蒸汽系统停车**

① 101-B 切除原料气后，根据蒸汽情况减辅锅 TR1_54 温度。

② 到辅操台上按"停 101-BU 主燃料气"按钮。

③ 关主烧嘴燃料气考克阀 DO121～DO123。

④ 关点火烧嘴考克阀 DO216～DO218。

⑤ 当 101-F 的压力 PI90 降至 0.4MPa 时改由顶部放空阀 LVV02 放空。

⑥ 关过热蒸汽总阀 LVV03。

⑦ 关 LVV14，停加 Na$_3$PO$_4$。

⑧ 关 MIC27/28，停 104-J/JB。

⑨ 关 MIC12。

⑩ MIC1024，停止向 101-F 进液。

⑪ 关 LVV24，停加 DMKO。

⑫ 关 LVV23，停加 NH$_3$。

⑬ 关闭 LICA23，停止向 101-U 进液。

⑭ 当 101-BU 灭火后，TR1_105<80℃ 时，关 DO094，停 101-BJ。

⑮ 关闭 PRCA19。

⑯ 关闭 PRCA21。

**3. 燃料气系统停车**

① 101-B 和 101-BU 灭火后，关 PRC34。

② 关 PRC34 的截止阀 LLV160。

③ 关闭 FIC1237。

④ 关闭 FRC1002。

**4. 脱硫系统停车**

① 108-D 降温至 200℃，关 LLV30，切除 108-D 加氢。

② 关闭 PRC1。

③ 关原料气入界区 NG 大阀 LLV201。

④ 当 108-D 温度降至 40℃以下时，关原料气进 108-D 大阀 LLV35。

⑤ 关 LLV204/LLV05，关进 101-DA/102-DA 的原料天然气。

⑥ 关 TIC22L，切除 141-C。

**5. 甲烷化系统停车**

① 开启工艺气放空阀 VV001。

② 关闭 106-D 的进气阀 MIC21。

③ 关闭 136-C 的蒸汽进口阀 VX0022。

④ 关闭 104-C 的蒸汽进口阀 VX0019。

⑤ 停联锁 TISH1002。

**6. 脱碳系统停车步骤**

① 停联锁 LSL104、LSH3、LSH26。

② 关 $CO_2$ 去尿素截止阀 VV076（脱碳系统现场图，103-F 顶截止阀）。

③ 关工艺气入 102-F 主阀 VX0020，关闭工艺气入 101-E 主阀 VX0001。

④ 停泵 106-J，关阀 MIC11（淬冷工艺气冷凝液阀）及 FICA17。

⑤ 停泵 J66401，关 102-F 液位调节器 LICA3。

⑥ 关 103-F 液位调节器 LICA5。

⑦ 停泵 108-J，关闭 FICA15、LIC7、FIC16。

⑧ 停泵 116-J，关闭 VV013，关进蒸汽阀 VX0021。

⑨ 关阀 FRCA5（脱碳系统 DCS 图，退液阀 LRCA70 在泵 107J 至贮槽 115F 间，阀 FRCA5 在泵 107J 至换热器 109-CB1/2 间）。

⑩ 开启充压阀 VV072、VX0049，全开 LIC4、LRCA70。

⑪ LIC4 降至 0 时，关闭充压阀 VV072、VX0049，关阀 LIC4。

⑫ 102-E 液位 LRCA70 降至 5％时停泵 107-J。

⑬ 102-E 液位降至 5％后关退液阀 LRCA70。

**7. 工艺冷凝液系统停车**

① 关 C66401 顶蒸汽截止阀 VX0045（去 101-B）。

② 关蒸汽入口调节器 FIC97。

③ 关冷凝液去水处理截止阀 VV115。

④ 开 C66401 顶放空阀 VX0046。

⑤ 至常温、常压，关放空阀 VX0046。

**8. 合成系统停车**

① 关阀 MIC18 弛放气（合成现场图，108-F 顶）。

② 停泵 1-3P-1/2（冷冻现场图）。

③ 工艺气由 MIC25 放空（合成现场图），103-J 降转速（此处无需操作）。

④ 依次打开 FCV14、FCV8、FCV7，注意防喘振。

⑤ 逐次关 MIC14、MIC15、MIC16，合成塔降温。

⑥ 106-F 液位 LICA13 降至 5％时，关 LCV13。

⑦ 108-F 液位 LICA14 降至 5％时，关 LCV14。

⑧ 关 SP1、SP70。

⑨ 停 125-C、129-C（冷冻现场图，关阀 VV085、VV086）。

⑩ 停 103-J。

**9. 冷冻系统停车**

① 渐关阀 FV11，105-J 降转速（此处无需操作）。

② 关 MIC24。

③ 107-F 液位 LICA12 降至 5％时关 LCV12。

④ 现场开三个制冷阀 VX0005、VX0006、VX0007，提高温度，蒸发剩余液氨。

⑤ 待 112-F 液位 LICA19 降至 5％时，停泵 109-JA/B。

⑥ 停 105-J。

# 任务三　正常运行管理和事故处理操作实训

## 一、正常运行管理

在实训过程中，密切注意各工艺参数的变化，维持生产过程运行稳定。

正常工况下的工艺参数指标见表 4-7～表 4-9。

**表 4-7　温度参数**

| 工位号 | 指标/℃ | 备注 | 工位号 | 指标/℃ | 备注 |
|---|---|---|---|---|---|
| TRCA10 | 370 | 104-DA 入口温度控制 | TR6_19 | −9 | 工艺气经 118-C 后温度 |
| TRCA11 | 240 | 104-DB 入口温度控制 | TR6_20 | −23.3 | 工艺气经 119-C 后温度 |
| TRCA1238 | 445 | 过热蒸汽温度控制 | TR6_21 | 38 | 入 103-J 二段工艺气温度 |
| TR1_105 | 853 | 101-B 出口温度控制 | TI1_28 | 166 | 工艺气经 123-C 后温度 |
| TI1_2 | 327 | 工艺蒸汽 | TI1_29 | −9 | 工艺气进 119-C 温度 |
| TI1_3 | 490 | 辐射段原料入口 | TI1_30 | −23.3 | 工艺气进 120-C 温度 |
| TI1_4 | 482 | 二段炉入口空气 | TI1_31 | 140 | 工艺气出 121-C 温度 |
| TI1_34 | 314 | 汽包出口 | TI1_32 | 23.2 | 工艺气进 121-C 温度 |
| TIA37 | 232 | 原料预热盘管出口 | TI1_35 | −23.3 | 107-F 罐内温度 |
| TI1_57～65 | 1060 | 辐射段烟气 | TI1_36 | 40 | 109-F 罐内温度 |
| TR80/83 | 1000 | 101-CB/CA 入口 | TI1_37 | 4 | 110-F 罐内温度 |
| TR81/82 | 482 | 101-CB/CA 出口 | TI1_38 | −13 | 111-F 罐内温度 |
| TR1_109 | 429 | 高变炉底层 | TI1_39 | −33 | 112-F 罐内温度 |
| TR1_110 | 251 | 低变炉底层 | TI1_46 | 401 | 合成塔一段入口温度 |
| TI1_1 | 40 | 141-C 原料气出口温度 | TI1_47 | 480.8 | 合成塔一段出口温度 |
| TI1_21 | 90 | 102-E 塔顶温度 | TI1_48 | 430 | 合成塔二段中温度 |
| TI1_22 | 110.8 | 102-E 塔底温度 | TI1_49 | 380 | 合成塔三段入口温度 |
| TI1_23 | 74 | 101-E 塔底温度 | TI1_50 | 400 | 合成塔三段中温度 |
| TI1_24 | 45 | 101-E 塔顶温度 | TI1_84 | 800 | 开工加热炉 102-B 炉膛温度 |
| TI1_19 | 178 | 工艺气进 102-F 温度 | TI1_85 | 430 | 合成塔二段中温度 |
| TI140 | 247 | E66401 塔底温度 | TI1_86 | 419.9 | 合成塔二段入口温度 |
| TI141 | 64 | C66401 热物流出口温度 | TI1_87 | 465.5 | 合成塔二段出口温度 |
| TI143 | 327 | 蒸汽进 E66401 温度 | TI1_88 | 465.5 | 合成塔二段出口温度 |
| TI144 | 247 | E66401 塔顶气体温度 | TI1_89 | 434.5 | 合成塔三段出口温度 |
| TI145 | 212.4 | 冷物流出 C66401 温度 | TI1_90 | 434.5 | 合成塔三段出口温度 |
| TI146 | 76 | 冷物流入 C66401 温度 | TR1_113 | 380 | 工艺气经 102-B 后塔温度 |
| TI147 | 105 | 冷物流入 C66402 温度 | TR1_114 | 401 | 合成塔一段入口温度 |
| TI104 | 117.0 | 工艺气出 136-C 温度 | TR1_115 | 480 | 合成塔一段出口温度 |
| TI105 | 316.00 | 工艺气出 104-C 温度 | TR1_116 | 430 | 合成塔二段中温度 |
| TI109 | 105.0 | 富液进 102-E 的温度 | TR1_117 | 380 | 合成塔三段入口温度 |
| TI139 | 40.00 | 甲烷化后气体出 115-C 温度 | TR1_118 | 400 | 合成塔三段中温度 |
| TR6_15 | 120 | 出 103-J 二段工艺气温度 | TR1_119 | 301 | 合成塔塔顶气体出口温度 |
| TR6_16 | 40 | 入 103-J 一段工艺气温度 | TRA1_120 | 144 | 循环气温度 |
| TR6_17 | 38 | 工艺气经 124-C 后温度 | TR5_(13-24) | 140 | 合成塔 105-D 塔壁温度 |
| TR6_18 | 10 | 工艺气经 117-C 后温度 | | | |

表 4-8　压力参数

| 工位号 | 指标/MPa | 备注 | 工位号 | 指标/MPa | 备注 |
|---|---|---|---|---|---|
| PRC1 | 1.569 | 原料气压控 | PI202 | 3.86 | E66401 入口蒸汽压力 |
| PRC34 | 0.8 | 燃料气压控 | PI203 | 3.81 | E66401 出口蒸汽压力 |
| PRC1018 | 10.5 | 101-F 压控 | PI59 | 10.5 | 108-F 罐顶压力 |
| PRCA19 | $-5\times10^{-5}$ | 101-B 炉膛负压控制 | PI65 | 6 | 103-J 二段入口压力 |
| PRCA21 | $-6\times10^{-5}$ | 101-BU 炉膛负压控制 | PI80 | 12.5 | 103-J 二段出口压力 |
| PICAS103 | $1.147\times10^{-3}$ | 总风道压力控制 | PI58 | 2.5 | 109-J/JA 后压 |
| PRC102 | 3.95 | 102-J 出口压力控制 | PR62 | 4 | 1_3P-1/2 后压 |
| PR12 | 3.21 | 101-J 出口压力控制 | PDIA62 | 5 | 103-J 二段压差 |
| PI63 | 2.92 | 104-C 出口压力控制 | | | |

表 4-9　流量参数

| 工位号 | 指标/(kg/h) | 备注 | 工位号 | 指标(/kg/h) | 备注 |
|---|---|---|---|---|---|
| FRCA1 | 24556 | 入 101-B 原料气 | FIC1003 | 7611 | 去 101-BU 助燃空气 |
| FRCA2 | 67000 | 入 101-B 蒸汽 | FIC1004 | 15510 | 去过热嘴助燃空气 |
| FRCA3 | 33757 | 入 103-D 空气 | FIA1024 | 157T/H | 去锅炉给水预热盘管水量 |
| FR32/FR34 | 17482 | 燃料气流量 | FR19 | 11000 | 104-F 的抽出量 |
| FRC1002 | 2128 | 101-BU 燃料气 | FI62 | 60000 | 经过开工加热炉的工艺气流量 |
| FIC1237 | 320 | 混合燃料气去过热烧嘴 | FI63 | 7500 | 弛放氢气量 |
| FR33 | 304T/H | 101-F 产气量 | FI35 | 20000 | 冷氨抽出量 |
| FRA410 | 3141T/H | 锅炉给水流量 | FI36 | 3600 | 107-F 到 111-F 的液氨流量 |

## 二、事故处理操作实训

注重事故现象的分析、判断能力的培养。处理事故过程中，要迅速、准确、无误。

### 1. 101-J 压缩机故障

事故现象：空气流量变小；出口压力下降。

事故原因：101-J 压缩机故障。

处理方法：① 总控立即关死 SP3，转化岗位现场检查是否关死；

② 切低变、开 SP5，SP5 全开后关 SP4，关出口大阀；

③ 总控全开 MIC19；

④ 总控视情况适当降低生产负荷，防止一段炉及对流段盘管超温；

⑤ 如空气盘管出口 TR4 仍超温，灭烟道烧嘴；

⑥ 如 TRC1238 超温，逐渐灭过热烧嘴；

⑦ 加氢由 103-J 段间改为一套来 $H_2$（103-J 如停）。与此同时，总控开 PRC5，关 MIC21、MIC20，103-J 打循环，如工艺空气不能在很短时间内恢复就应停车，以节省蒸汽、净化保证溶液循环，防止溶液稀释。当故障消除后，应立即恢复空气配入 103-D，空气重新引入到二段炉的操作步骤同正常开车一样，防止引空气太快造成催化剂床温度飞升损坏（TI1_108 不应超过 1060℃）。

### 2. 中压蒸汽（MS）突然下降

事故现象：中压蒸汽压力、流量等突然下降。

事故原因：中压蒸汽（MS）突然下降。

处理方法：① 立即停 103-J，平衡蒸汽；

② 总控降生产负荷，保证水碳比联锁不跳；

③ 迅速查明原因并与调度联系；

④ 加氢改至一套供 $H_2$；

⑤ 如 103-J 停后，MS 仍下降，可停 105-J；如仍下降则继续停下去；

⑥ 切 104-DB，开 SP5，SP5 全开后，关 SP4；

⑦ 切空气，关 SP3，全开 MIC19；

⑧ 灭烟道烧嘴、过热烧嘴、101-B 减火；

⑨ 切 101-B 原料气，开 108-D 出口放空，102-J 停，开 102-J 大副线阀；

⑩ FRCA2 为 47t/h，TR1-105 为 760℃，等待投料；

⑪ 查明原因恢复后，按开车程序开车。

**3. 101-E 液位低联锁**

事故现象：LIC4 回零；PICA89 下降，AR1181 上升。

事故原因：LSL104 低联锁。

处理方法：等 LSL104 联锁条件消除后，按复位按钮，101-E 复位。

**4. 107-J 跳车**

事故现象：FRCA5 流量下降；LIC4 下降；AR1181 逐渐上升。

事故原因：107-J 跳车。

处理方法：① 开 MIC26 放空，系统减负荷至 80%；

② 降 103-J 转速；

③ 迅速启动另一台备用泵；

④ 调整流量，关小 MIC26；

⑤ 解除 PB1187，PB1002（备用泵不能启动）；

⑥ 开 MIC26，调整好压力；

⑦ 停 1-3P，关出口阀；

⑧ 105-J 降转速，冷冻调整液位；

⑨ 关闭 MIC18、MIC24，氢回收去 105-F 截止阀；

⑩ 手动关掉 LIC13/14/12；

⑪ 关 MIC13～MIC16，HCV1，MIC23；

⑫ 关闭 MIC1101，AV1113，LV1108，LV1119，LV1309，FV1311，FV1218；

⑬ 切除 129-C，125-C；

⑭ 停 109-J，关出口阀。

**5. 1-3P-1 跳车**

事故现象：109-F 液位 LICA15 上升。

事故原因：1-3P-1 跳车。

处理方法：① 打开 LCV15，调整 109-F 液位；

② 启动备用泵。

**6. 105-J 跳车**

事故现象：FIC-9，FIC-10，FIC-11 全开；LICA-15，LICA-16，LICA-18，LICA-19 逐渐下降。

事故原因：105-J 跳车。

处理方法：① 停 1-3P-1/2，关出口阀；

② 全开 FCV14、FCV7、FCV8，开 MIC25 放空，103-J 降转速（此处无需操作）；

③ 按 SP1A，SP70A；

④ 关 MIC18、MIC24，氢回收去 105-F 截止阀；

⑤ 手动关掉 LCV13、LCV14、LCV12；

⑥ 关 MIC13～MIC16，HCV1，MIC23；

⑦ 停 109-J，关出口阀；

⑧ 105-J 降转速，冷冻调整液位；

⑨ LCV15，LCV16A/B，LCV18A/B，LCV19 置手动关。

### 思考题

1. 简述合成氨的主要原、辅料，合成氨的性质和用途。

2. 请画出合成氨生产的工艺流程框图。

3. 合成氨生产共有几个工段，其中合成工段所用的催化剂、每个工段的主要设备是什么？

4. 写出转化工段的主反应方程和副反应方程式。

5. 请解释净化工段各工序的工艺原理。

6. 分析生产中产生的不正常现象原因，并写出处理方法。

7. 根据自己在各项开车过程中的体会，对本工艺过程提出自己的看法。

## 项目二　常减压炼油生产操作实训

### 一、原料、产品介绍

#### 1. 原料

石油又称原油，是从地下深处开采的棕黑色可燃黏稠液体，是常减压炼油生产的原料。石油是古代海洋或湖泊中的生物经过漫长的演化形成的混合物，与煤一样属于化石燃料。

石油的性质因产地而异，密度为 0.8～1.0g/mL，黏度范围很宽，凝固点差异很大（−60～30℃），沸点范围为常温到 500℃ 以上，可溶于多种有机溶剂，不溶于水，但可与水形成乳状液。

组成石油的化学元素主要是碳（83%～87%）、氢（11%～14%），其余为硫（0.06%～0.8%）、氯（0.02%～1.7%）、氧（0.08%～1.82%）及微量金属元素（镍、钒、铁等）。由碳和氢形成的烃类构成石油的主要组成部分，占 95%～99%，含硫、氧、氯的化合物对石油产品有害，在石油加工中应尽量除去。

不同产地的石油中，各种烃类所占比例相差很大，这些烃类主要是烷烃、环烷烃、芳香烃。通常以烷烃为主的石油为石蜡基石油；以环烷烃、芳香烃为主的为环烷基石油；介于二者之间的为中间基石油。

#### 2. 产品

石油产品可分为石油燃料、石油溶剂与化工原料、润滑剂、石蜡、石油沥青、石油焦 6 类。其中，各种燃料产量最大，约占总产量的 90%；各种润滑剂品种最多，产量约占 5%。各国都制定了产品标准，以适应生产和使用的需要。

汽油是消耗量最大的品种。汽油的沸点范围（又称馏程）为30～205℃，密度为0.70～0.78g/mL，商品汽油按其在气缸中燃烧时抗爆震燃烧性能的优劣区分，标记为辛烷值70、80、90或更高。号愈大，性能愈好。汽油主要用作汽车、摩托车、快艇、直升机、农林用飞机的燃料。商品汽油中掺入添加剂（如抗爆剂）以改善使用和贮存性能。

喷气燃料主要供喷气式飞机使用。沸点范围为60～280℃或150～315℃（俗称航空煤油）。为适应高空低温、高速飞行需要，这类油要求发热量大，在-50℃不出现固体结晶。

煤油沸点范围为180～310℃，主要供照明、生活炊事用。要求火焰平稳、光亮而不冒黑烟。

柴油沸点范围为180～360℃和350～400℃两类。对石油及其加工产品，习惯上对沸点或沸点范围低的称为轻；相反称为重。故上述前者称为轻柴油，后者称为重柴油。商品柴油按凝固点分级，如10、-20等，表示最低使用温度。柴油广泛用于大型车辆、船舶。由于高速柴油机（汽车用）比汽油机省油，柴油需求量增长速度大于汽油，一些小型汽车也改用柴油。对柴油质量要求是燃烧性能和流动性好。燃烧性能用十六烷值表示，愈高愈好，大庆原油炼制的柴油十六烷值可达68。高速柴油机用的轻柴油十六烷值为42～55，低速的在35以下。

燃料油用作锅炉、轮船及工业炉的燃料。商品燃料油用黏度大小区分不同牌号。

石油溶剂用于香精、油脂、试剂、橡胶加工、涂料工业作溶剂，或清洗仪器、仪表、机械零件。

从石油制得的润滑油约占总润滑剂产量的95%以上。除润滑性能外，还具有冷却、密封、防腐、绝缘、清洗、传递能量的作用。产量最大的是内燃机油（占40%），其余为齿轮油、液压油、汽轮机油、电器绝缘油、压缩机油，合计占40%。商品润滑油按黏度分级，负荷大、速度低的机械用高黏度油，否则用低黏度油。炼油装置生产的是采取各种精制工艺制成的基础油，再加多种添加剂，因此具有专用功能，附加产值高。

润滑脂俗称黄油，是润滑剂加稠化剂制成的固体或半流体，用于不宜使用润滑油的轴承、齿轮部位。

石油蜡包括石蜡（占总消耗量的10%）、地蜡、石油脂等。石蜡主要做包装材料、化妆品原料及蜡制品，也可作为化工原料生产脂肪酸（肥皂原料）。

石油沥青主要供道路、建筑使用。

石油焦用于冶金（钢、铝）、化工（电石）行业作电极。

除上述石油商品外，各个炼油装置还得到一些在常温下是气体的产物，总称炼厂气，可直接作燃料或加压液化分出液化石油气，可作燃料或化工原料。

## 二、生产工艺流程简述

### 1. 常减压生产过程

常压蒸馏和减压蒸馏习惯上合称为常减压蒸馏，被称为炼油工艺的"龙头"。常减压蒸馏直接加工原油，它的加工能力被称为原油加工能力或炼油厂生产规模。大型炼油厂的常减压能力已超过每年$1\times10^{7}$t，主要设备直径10m以上。

常减压蒸馏基本上属于物理过程。原料油在蒸馏塔内按挥发能力分成沸点范围不同的油品（称为馏分），这些油有的经调和、加添加剂后以产品形式出厂，相当大的部分是后续加工的原料，因此，常减压蒸馏又称为原油的一次加工。

常减压蒸馏通常包括3个工序：原油的脱盐、脱水；常压蒸馏；减压蒸馏。

原油的脱盐、脱水又称预处理。从油田送往炼油厂的原料往往含有盐（主要是氯化物）、水（溶于油或呈乳化状态），可导致设备的腐蚀，在设备内壁结垢和影响成品油的组成，需在加工前脱除。常用的办法是加破乳剂和水，使油中的水聚集，并从油中分出，而盐分溶于水中，再加以高压电场配合，使形成的较大水滴顺利除去。

常压蒸馏的目的是把原油按沸点范围分为汽油、煤油、柴油各个馏分，这些馏分直接由塔内分出，故称直馏馏分，塔底残余油称为常压渣油，又称重油，作为减压蒸馏或二次加工的原料。常压蒸馏的主要操作条件是：蒸馏塔塔顶压力接近常压，塔内各处温度与原油的组成和产品要求有关，塔底温度约为350℃。

减压蒸馏是对常压渣油继续蒸馏分出有用的馏分。采用减压蒸馏操作是为了降低蒸馏温度，防止常压渣油长时间高温加热发生化学变化和结焦影响正常操作。减压蒸馏可蒸出柴油、润滑油和二次加工原料，塔底产物常压下沸点在500℃以上，可制沥青、石油焦，也可作燃料。减压蒸馏塔塔顶压力为2~8kPa（相当于大气压的2%~8%），塔底温度一般不超过400℃。常减压工艺流程总图如图4-25所示。

常减压
工艺流程

### 2. 生产工艺流程

（1）原油换热、脱盐脱水和闪蒸系统　罐区原油（65℃）由原油泵（P101/1，2）抽入装置后，首先与闪蒸塔顶汽油、常压塔顶汽油（H-101/1-4）换热至80℃

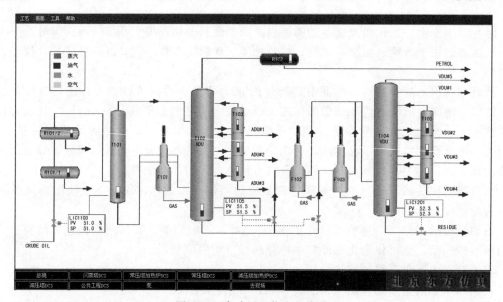

图4-25　常减压工艺流程总图

左右，然后分两路进行换热：一路原油与减一线（H-102/1,2）、减三线（H-103/1,2）、减一中（H-105/1,2）换热至140℃（TIC1101）左右；另一路原油与减二线（H-106/1,2）、常一线（H-107）、常二线（H-108/1,2）、常三线（H-109/1,2）换热至140℃（TI1101）左右，然后两路汇合后进入电脱盐罐（R101/1,2）进行脱盐脱水。

脱盐后原油（130℃左右）从电脱盐出来分两路进行换热，一路原油与减三线（H-103/3,4）、减渣油（H-104/3-7）、减三线（H-103/5,6）换热至235℃（TI1134）左右；二路原油与常一中（H-111/1-3）、常二线（H-108/3）、常三线（H-109/3）、减二线（H-106/5,6）、常二中（H-112/2,3）、常三线（H-109/4）换热至235℃（TIC1103）左右；两路汇合后进入闪蒸塔（T101）。也可直接进入常压炉。

闪蒸塔顶油汽以180℃（TI1131）左右进入常压塔顶部或直接进入汽油换热器（H-101/1-4），空冷器（L-101/1-3）。

拔头原油经拔头原油泵（P102/1,2）抽出与减四线（H-113/1）换热后分两路：一路与减二中（H-110/2-4）、减四线（H-113/2）换热至 281℃（TIC1102）左右；二路与减渣油（H-104/8-11）换热至 281℃（TI1132）左右，两路汇合后与减渣油（H-104/12-14）换热至 306.8℃（TI1106）左右，再分两路进入常压炉对流室加热，然后再进入常压炉辐射室加热至要求温度入常压塔（T102）进料段进行分馏。原油脱盐脱水及闪蒸系统生产流程 DCS 图如图 4-26 所示，现场图如图 4-27 所示。

（2）常压塔 常压塔顶油先与原油（H-101/1-4）换热后进入空冷（K-1，2），再入后冷器（L-101）冷却，然后进入汽油回流罐（R102）进行脱水，切出的水放入下水道。汽油经过汽油泵（P103/1,2）一部分打顶回流，一部分外放。不凝气则由 R102 引至常压瓦斯罐（R103），冷凝下来的汽油由 R103 底部

常压塔
工作原理

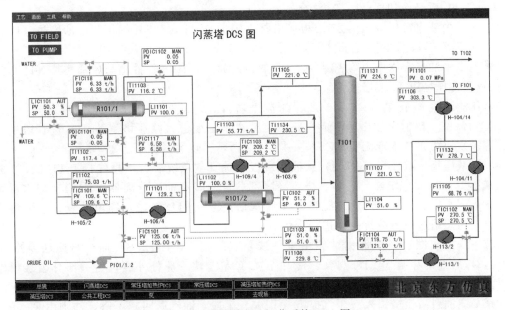

图 4-26　脱盐脱水及闪蒸系统 DCS 图

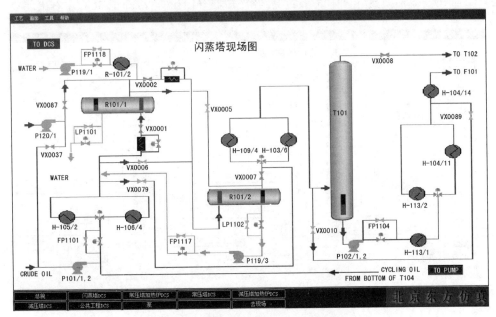

图 4-27　脱盐脱水及闪蒸系统现场图

模块四　典型化工产品生产操作实训  175

返回 R102，瓦斯由 R103 顶部引至常压炉作自产瓦斯燃烧或放空。

常一线从常压塔第 32 层（或 30 层）塔板上引入常压汽提塔（T103）上段，汽提油汽返回常压塔第 34 层塔板上，油则由泵（P106/1，P106/B）自常一线汽提塔底部抽出，与原油换热（H-107）后经冷却器（L-102）冷却至 70℃ 左右出装置。

常二线从常压塔第 22 层（或 20 层）塔板上引入常压汽提塔（T103）中段，汽提油汽返回常压塔第 24 层塔板上，油则由泵（P107，P106/B）自常二线汽提塔底部抽出，与原油换热（H-108/1,2）后经冷却器（L-103）冷却至 70℃ 左右出装置。

常三线从常压塔第 11 层（或 9 层）塔板上引入常压汽提塔（T103）下段，汽提油汽返回常压塔第 14 层塔板上，油则由泵（P108/1,2）自常三线汽提塔底部抽出，与原油换热（H-109/1-4）后经冷却器（L-104）冷却至 70℃ 左右出装置。

常压一中油自常压塔顶第 25 层板上由泵（P104/1，P104/B）抽出与原油换热（H-111/1-3）后返回常压塔第 29 层塔板上。

常压二中油自常压塔顶第 15 层板上由泵（P104/B，P105）抽出与原油换热（H-112/2,3）后返回常压塔第 19 层塔板上。

常压渣油经塔底泵（P109/1,2）自常压塔 T102 底抽出，分两路去减压炉（F102，F103）对流室，辐射室加热后合成一路以工艺要求温度进入减压塔（T104）进料段进行减压分馏。常压塔系统生产流程 DCS 图如图 4-28 所示，现场图如图 4-29 所示。

（3）减压塔　减压塔（T104）顶油汽二级经抽真空系统后，不凝气自 L-110/1，2 放空或入减压炉（F102）作自产瓦斯燃烧。冷凝部分进入减顶油水分离器（R104）切水，切出的水放入下水道，污油进入污油罐进一步脱水后由泵（P118/1,2）抽出装置，或由缓蚀剂泵抽出去闪蒸塔进料段或常一中进行回炼。

减一线油自减压塔上部集油箱由减一线泵（P112/1，P112/B）抽出与原油换热（H-102/1,2）后经冷却器（L-105/1,2）冷却至 45℃ 左右，一部分外放，另一部分去减顶作回流用。

减二线油自减压塔引入减压汽提塔（T105）上段，油汽返回减压塔，油则由泵（P113，P112/B）抽出与原油换热（H-106/1-6）后经冷却器（L-106）冷却至 50℃ 左右出装置。

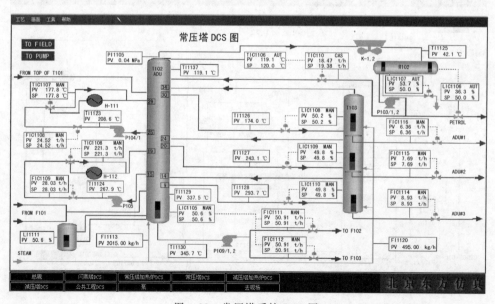

图 4-28　常压塔系统 DCS 图

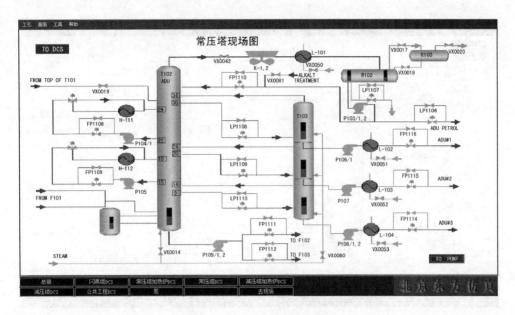

图 4-29  常压塔系统现场图

减三线油自减压塔引入减压汽提塔（T105）中段，油汽返回减压塔，油则由泵（P114/1，P114/B）抽出与原油换热（H-103/1-6）后经冷却器（L-107）冷却至80℃左右出装置。

减四线油自减压塔引入减压汽提塔（T105）下段，油汽返回减压塔，油则由泵（P115，P114/B）抽出，一部分先与原油换热（H-113/1，2），再与软化水换热（H-113/3，4；H-114/1，2）后经冷却器（L-108）冷却至50～85℃出装置；另一部分打入减压塔四线集油箱下部作净洗油用。

冲洗油自减压塔由泵（P116/1，2）抽出后与L-109/2换热，一部分返塔作脏洗油用，另一部分外放。

减一中油自减压塔一、二线之间由泵（P110/1，P110/B）抽出与软化水换热（H-105/3），再与原油换热（H-105/1，2）后返回减压塔。

减二中油自减压塔三、四线之间由泵（P111，P110/B）抽出与原油换热（H-110/2-4）后返回减压塔。

减压渣油自减压塔底由泵（P117/1，2）抽出与原油换热（H-104/3-14）后，经冷却器（L-109）冷却后出装置。减压塔系统生产流程DCS图如图4-30所示，现场图如图4-31所示。

## 三、主要设备、仪表和阀件

### 1. 主要设备

常减压生产主要设备见表4-10。

### 2. 仪表、操作条件及工艺指标

（1）闪蒸塔 T101  各项指标见表4-11所示。

（2）常压塔 T102  各项指标见表4-12。

（3）减压塔 T104  各项指标见表4-13。

（4）常压炉 F101，减压炉 F102、F103  各项指标见表4-14。

（5）调节器  各项指标见表4-15。

（6）仪表  各类仪表见表4-16。

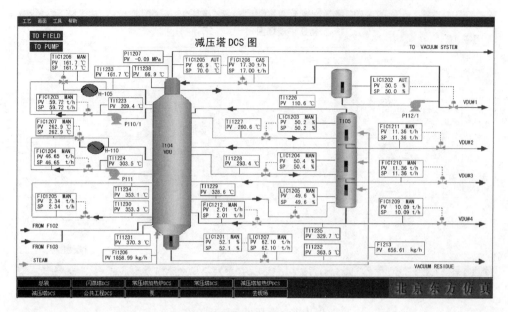

图 4-30  减压塔系统 DCS 图

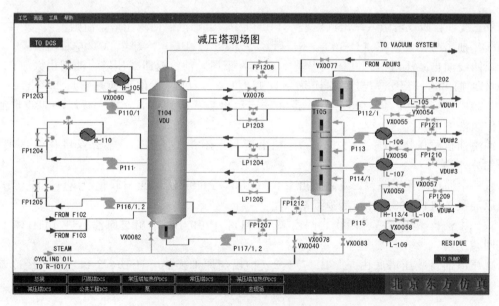

图 4-31  减压塔系统现场图

表 4-10  常减压生产主要设备

| 流程图位号 | 主要设备 |
|---|---|
| 闪蒸塔 DCS(现场) | R101/1,2(电脱盐罐),P101/1,2(原油泵),H-105(减一中油),H-106(减二线),H-109(常三线),H-103(减三线),T101(闪蒸塔),H-113(减四线),H-104(减渣油) |
| 常压加热炉 DCS(现场) | F101(常压炉) |
| 常压塔 DCS(现场) | T102(常压塔),P103/1,2(汽油泵),R102(汽油回流罐),T103(常压汽提塔),P104～P109(泵),R103(瓦斯罐) |
| 减压塔加热炉 DCS(现场) | F102～F103(减压炉) |
| 减压塔(现场) | T104(减压塔),T105(减压汽提塔),P110～P117(泵) |

表 4-11　闪蒸塔 T101 各项指标

| 名称 | 温度/℃ | 压力(表)/MPa | 流量/(t/h) |
|---|---|---|---|
| 进料流量 | 235 | 0.065 | 126.262 |
| 塔底出料 | 228 | 0.065 | 121.212 |
| 塔顶出料 | 230 | 0.065 | 5.05 |

表 4-12　常压塔 T102 各项指标

| 名称 | 温度/℃ | 压力(表)/MPa | 流量/(t/h) |
|---|---|---|---|
| 常顶回流出塔 | 120 | 0.058 | |
| 常顶回流返塔 | 35 | | 10.9 |
| 常一线馏出 | 175 | | 6.3 |
| 常二线馏出 | 245 | | 7.6 |
| 常三线馏出 | 296 | | 8.94 |
| 进料 | 345 | | 121.2121 |
| 常一中出/返 | 210/150 | | 24.499 |
| 常二中出/返 | 270/210 | | 28.0 |
| 常压塔底 | 343 | | I01.8 |

表 4-13　减压塔 T104 各项指标

| 名称 | 温度/℃ | 压力/MPa | 流量/(t/h) |
|---|---|---|---|
| 减顶出塔 | 70 | −0.09 | |
| 减一线馏出/回流 | 150/50 | | 17.21/0 |
| 减二线馏出 | 260 | | 11.36 |
| 减三线馏出 | 295 | | 11.36 |
| 减四线馏出 | 330 | | 10.1 |
| 进料 | 385 | | |
| 减一中出/返 | 220/180 | | 59.77 |
| 减二中出/返 | 305/245 | | 46.687 |
| 脏油出/返 | | | |
| 减压塔底 | 362 | | 61.98 |

表 4-14　常压炉 F101，减压炉 F102、F103 各项指标

| 名称 | 氧含量/% | 炉膛负压/mmHg | 炉膛温度/℃ | 炉出口温度/℃ |
|---|---|---|---|---|
| F101 | 3～6 | −2.0 | 610.0 | 368.0 |
| F102 | 3～6 | −2.0 | 770.0 | 385.0 |
| F103 | 3～6 | −2.0 | 730.0 | 385.0 |

注：1mmHg=133.322Pa。

表 4-15　调节器各项指标

| 序号 | 位号 | 正常值 | 单位 | 说明 |
|---|---|---|---|---|
| 1 | FIC1101 | 126.2 | t/h | 原油进料 |
| 2 | FIC1104 | 121.2 | t/h | T101 塔底出料 |
| 3 | FIC1106 | 60.6 | t/h | 炉 F101 的一路进料 |
| 4 | FIC1107 | 60.6 | t/h | 炉 F101 的另一路进料 |
| 5 | FIC1111 | 51.9 | t/h | 炉 F102 的进料 |
| 6 | FIC1112 | 51.9 | t/h | 炉 F103 的进料 |
| 7 | FIC1207 | 61.2 | t/h | T104 塔底出料 |

| 序号 | 位号 | 正常值 | 单位 | 说明 |
|------|------|--------|------|------|
| 8 | FIC1117 | 6.35 | t/h | R101/1 洗涤水进料 |
| 9 | FIC1118 | 6.35 | t/h | R101/2 洗涤水进料 |
| 10 | FIC1116 | 6.36 | t/h | 常一线汽提塔出料 |
| 11 | FIC1115 | 7.65 | t/h | 常二线汽提塔出料 |
| 12 | FIC1114 | 8.94 | t/h | 常三线汽提塔出料 |
| 13 | FIC1108 | 25 | t/h | 常一中循环量 |
| 14 | FIC1109 | 28 | t/h | 常二中循环量 |
| 15 | FIC1211 | 11.36 | t/h | 减二线汽提塔出料 |
| 16 | FIC1210 | 11.36 | t/h | 减三线汽提塔出料 |
| 17 | FIC1209 | 10.1 | t/h | 减四线汽提塔出料 |
| 18 | FIC1203 | 59.77 | t/h | 减一中循环量 |
| 19 | FIC1204 | 46.69 | t/h | 减二中循环量 |
| 20 | FIC1208 | 17.21 | t/h | 减一线汽提塔返回量 |
| 21 | FIC1110 | 10.9 | t/h | 常顶返回量 |
| 22 | LIC1101 | <50 | % | R101/1 水位 |
| 23 | LIC1102 | <50 | % | R101/2 水位 |
| 24 | LIC1103 | 50 | % | T101 油位 |
| 25 | LIC1105 | 50 | % | T102 油位 |
| 26 | LIC1201 | 50 | % | T104 油位 |
| 27 | LIC1106 | 50 | % | R102 油位 |
| 28 | LIC1107 | <50 | % | R102 水位 |
| 29 | LIC1108 | 50 | % | 常一线汽提塔油位 |
| 30 | LIC1109 | 50 | % | 常二线汽提塔油位 |
| 31 | LIC1110 | 50 | % | 常三线汽提塔油位 |
| 32 | LIC1202 | 50 | % | 减一线汽提塔油位 |
| 33 | LIC1203 | 50 | % | 减二线汽提塔油位 |
| 34 | LIC1204 | 50 | % | 减三线汽提塔油位 |
| 35 | LIC1205 | 50 | % | 减四线汽提塔油位 |
| 36 | TIC1101 | | ℃ | 与 H-105/2 换热后原油温度 |
| 37 | TIC1103 | | ℃ | 与 H-109/4 换热后原油温度 |
| 38 | TIC1102 | | ℃ | 与 H-113/2 换热后原油温度 |
| 39 | TIC1104 | 368 | ℃ | 炉 F101 出口油温度 |
| 40 | TIC1105 | 610 | ℃ | 炉 F101 炉膛温度 |
| 41 | TIC1106 | 120 | ℃ | 常顶返回温度 |
| 42 | TIC1107 | | ℃ | 常一中返回温度 |
| 43 | TIC1108 | | ℃ | 常二中返回温度 |
| 44 | TIC1201 | 385 | ℃ | 炉 F102 出口油温度 |
| 45 | TIC1202 | 770 | ℃ | 炉 F102 炉膛温度 |
| 46 | TIC1203 | 385 | ℃ | 炉 F103 出口油温度 |
| 47 | TIC1204 | 730 | ℃ | 炉 F103 炉膛温度 |
| 48 | TIC1205 | 70 | ℃ | 减一线返回温度 |
| 49 | TIC1206 | | ℃ | 减一中返回温度 |
| 50 | TIC1207 | | ℃ | 减二中返回温度 |
| 51 | PDIC1101 | | | R101/1 入口含盐压差 |
| 52 | PDIC1102 | | | R101/2 入口含盐压差 |
| 53 | PIC1102 | −2 | mmHg | F101 炉膛负压 |
| 54 | PIC1103 | 0.3 | MPa | F101 过热蒸汽压力 |
| 55 | PIC1201 | −2 | mmHg | F101 炉膛负压 |
| 56 | PIC1202 | 0.3 | MPa | F102 过热蒸汽压力 |
| 57 | PIC1204 | −2 | mmHg | F101 炉膛负压 |
| 58 | PIC1205 | 0.3 | MPa | F103 过热蒸汽压力 |
| 59 | ARC1101 | 4 | % | F101 内含氧量 |
| 60 | ARC1201 | 4 | % | F102 内含氧量 |
| 61 | ARC1202 | 4 | % | F103 内含氧量 |

表 4-16  各类仪表

| 序号 | 位号 | 正常值 | 单位 | 说明 |
|---|---|---|---|---|
| 1 | FI1102 | 38 | t/h | 与 H-105/2 换热油量 |
| 2 | FI1103 | 28 | t/h | 与 H-109/4 换热油量 |
| 3 | FI1105 | 35 | t/h | 与 H-104/11 换热油量 |
| 4 | TI1101 | 130 | ℃ | 与 H-106/4 换热后油温 |
| 5 | TI1102 | 118 | ℃ | R101/1 入口温度 |
| 6 | TI1103 | 116 | ℃ | R101/1 出口温度 |
| 7 | TI1134 | 232 | ℃ | 与 H-103/6 换热后油温 |
| 8 | TI1105 | 222 | ℃ | T101 入口温度 |
| 9 | TI1107 | 222 | ℃ | T101 内温度 |
| 10 | TI1132 | 280 | ℃ | 与 H-104/11 换热后油温 |
| 11 | TI1131 | 225 | ℃ | T101 塔顶蒸汽温度 |
| 12 | TI1106 | 304 | ℃ | 与 H-104/14 换热后油温 |
| 13 | TI1112 | 368 | ℃ | F101 出口油温 |
| 14 | TI1113 | 368 | ℃ | F101 出口油温 |
| 15 | TI1122 | 380~450 | ℃ | F101 过热蒸汽出口温度 |
| 16 | TI1123 | 210 | ℃ | 常一中出口油温 |
| 17 | TI1124 | 270 | ℃ | 常二中出口油温 |
| 18 | TI1125 | 35 | ℃ | 常顶返回油温 |
| 19 | TI1126 | 175 | ℃ | 常一线出口油温 |
| 20 | TI1127 | 245 | ℃ | 常二线出口油温 |
| 21 | TI1128 | 296 | ℃ | 常三线出口油温 |
| 22 | TI1129 | 343 | ℃ | T102 塔底温度 |
| 23 | TI1209 | 380~450 | ℃ | F102 过热蒸汽出口温度 |
| 24 | TI1222 | 380~450 | ℃ | F103 过热蒸汽出口温度 |
| 25 | TI1226 | 150 | ℃ | 减一线流出温度 |
| 26 | TI1127 | 260 | ℃ | 减二线流出温度 |
| 27 | TI1128 | 295 | ℃ | 减三线流出温度 |
| 28 | TI1129 | 330 | ℃ | 减四线流出温度 |
| 29 | TI1223 | 220 | ℃ | 减一中出口油温 |
| 30 | TI1224 | 305 | ℃ | 减二中出口油温 |
| 31 | TI1234 | 353 | ℃ | 脏洗油线温度 |
| 32 | PI1101 | 0.03 | MPa | T101 塔顶油气压力 |
| 33 | PI1105 | 0.058 | MPa | T102 塔顶油气压力 |
| 34 | PI1207 | −0.09 | MPa | T104 塔顶油气压力 |

## 四、岗位安全要求

① 认识生产装置区的所有物料的理化特性。

② 熟悉生产装置区的所有物料的闪点、引燃温度、爆炸极限、主要用途、环境危害、燃爆危险、危险特性、防护方法。

③ 注意整个装置的检查，以防泄漏或憋压。

④ 注意各塔底泵运行情况，发现异常及时处理，严格控制好各塔底液面，随时补油。

⑤ 在各项实训过程中，严格按照操作规程完成，自觉地培养良好的操作习惯和安全意识。

## 一、开车准备工作

① 与开工有关的修建项目全部完成并验收合格。

② 设备、仪表及流程符合要求。

③ 水、电、汽、风及化验能满足装置要求。

④ 安全设施完善，排污管道具备投用条件，操作环境及设备要清洁、整齐、卫生。

⑤ 准备好黄油、破乳剂、20$^\#$机械油、液氨、缓蚀剂、碱等辅助材料。

⑥ 原油含水不大于 1％，油温不高于 50℃，原油与炼厂联系，外操人员做好从罐区引燃料油的工作。

⑦ 准备好开工循环油、回流油、燃料气（油）。

## 二、装油

① 开原油泵 P101/1（P101/2 备用），将原油输入炼油装置。

② 打开原油入口阀 FIC1101（开度为 50％），并根据 T101 的液位随时调整。

③ 开启阀 TIC1101（开度为 50％），加热原油。

④ 开启含盐调节阀 PDIC1101（开度为 50％），引油到电脱盐罐 R101/1。

⑤ 全开闪蒸塔 T101 的现场阀 VX0001，建立 R101/1 的液位。

⑥ 全开闪蒸塔 T101 的现场阀 VX0002，建立 R101/2 的液位。

⑦ 开启含盐调节阀 PDIC1102（开度为 50％），引油到电脱盐罐 R101/2。

⑧ 全开闪蒸塔 T101 的现场阀 VX0007，建立 T101 的液位。

⑨ 开启阀 TIC1103（开度为 50％），加热原油。

⑩ T101 塔底液位 LIC1103 达到 50％时，启动泵 P102/1，将 T101 中的油打入炉 F101 进行加热。

⑪ 启动闪蒸塔底泵 P102/2（备用）。

⑫ 开启 T101 的塔底出油阀 FIC1104（开度为 50％），并根据 T101 的液位 LIC1103 随时调整。

⑬ 开启阀 TIC1102（开度为 50％），加热原油。

⑭ 开炉 F101 的油路入口阀 FIC1106（开度为 50％），建立常压塔 T102 的液位。

⑮ 开炉 F101 的油路入口阀 FIC1107（开度为 50％），建立常压塔 T102 的液位。

⑯ 常压塔 T102 塔底液位 LIC1105 达到 50％时，启动泵 P109/1，向炉 F102、F103 输油。

⑰ 启动 P109/2（备用）。

⑱ 开启 T102 塔底阀 FIC1111（开度为 50％），并根据 LIC1105（50％）随时调整，建立减压塔 T104 的液位。

⑲ 开启 T102 塔底阀 FIC1112（开度为 50％），并根据 LIC1105（50％）随时调整，建立减压塔 T104 液位。

⑳ 待减压塔 T104 的液位 LIC1201 超过 50％时，开启 T104 塔底出料泵 P117/1。

㉑ 开启减压塔 T104 的塔底出料泵 P117/2（备用）。

㉒ 开启减压塔 T104 的现场阀 VX0040，开通开工循环线。

㉓ 关闭原油泵 P101/1（P101/2 备用），装油完毕。

### 三、冷循环

冷循环的目的主要是检查工艺流程是否有误，设备、仪表是否正常，同时脱去管线内部残存的水。待切水工作完成，各塔底液面偏高（50％左右）后，便可进行冷循环。

① 冷循环具体步骤与装油步骤相同；流程不变。

② 冷循环时要控制好各塔液面稍过 50％左右（LIC1103、LIC1105、LIC1201），并根据各塔液面情况进行补油。

③ R101/1,2 底部要经常反复切水：间断打开 LIC1101、LIC1102 水位调节阀，控制不超过 50％。

④ 各塔底用泵切换一次，检查机泵运行情况是否良好（在该仿真中不做具体要求）。

⑤ 换热器、冷却器副线稍开，让油品自副线流过（在该仿真中不做具体要求）。

⑥ 根据各塔的液位情况（将 LIC1103、LIC1105、LIC1201 控制在略大于 50％），随时调节流量大小。

⑦ 检查塔顶汽油、瓦斯流程是否打开，防止憋压：

a. 闪蒸塔顶油气出口阀 VX0008（开度为 50％）；

b. 从闪蒸塔出来到常压塔中部偏上进气阀 VX0019（开度为 50％）；

c. 常压塔顶循环出口阀 VX0042（开度为 50％）；

d. 常压塔 T102 塔顶冷却器 L-101 冷凝水入口阀 VX0050（开度为 50％）；

e. 不凝气由汽油回流罐（R102）到常压瓦斯罐（R103）的出口阀 VX0017（开度为 50％）；

f. 由常压瓦斯罐（R103）冷却下来的汽油返回汽油回流罐（R102）的阀 VX0018（开度为 50％）；

g. 常压瓦斯罐（R103）的排气阀 VX0020（开度为 50％）。

⑧ 启用全部有关仪表显示。

⑨ 如果循环油温度 TI1109 低于 50℃，炉 F101 可以间断点火，但出口温度（TI1113 或 TI1112）不高于 80℃。

⑩ 冷循环工艺参数平稳后（主要是 3 个塔液位控制在 50％左右，运行时间可少于 4h），在此做好热循环的各项准备工作。

---

**注**：加热炉简单操作步骤（以常压炉为例）：在常压炉的 DCS 图中打开烟道挡板 HC1101 开度 50％，打开风门 ARC1101 开度为 50 左右，打开 PIC1102 开度逐渐开大到 50％，调节炉膛负压，到现场打开自然风，现场打开 VX0013 开度为 50％左右，点燃点火棒，现场点击 IGNITION 为开状态。再在 DCS 画面中稍开瓦斯气流量调节阀 TIC11105，逐渐开大调节温度，见到加热炉底部出现火燃标志图证明加热炉点火成功。

调节时可调节自然风风门、瓦斯及烟道挡板的开度，来控制各指标。实际加热炉的操作包括烘炉等细节，仿真操作不做具体要求。仿真过程的冷循环要保持稳定一段时间（10min）。

---

### 四、热循环

当冷循环问题处理完毕后，开始热循环，流程不变。

**1. 热循环前准备工作**

① 分别到各自现场图中打开 T101、T102、T104 的顶部阀门，防止塔内憋压（部分在前面已经开启）。

② 到泵现场图启动空冷风机 K-1,2；到常压塔现场和减压塔现场打开各冷凝冷却器给水阀门，检查 T102、T104 馏出线流程是否完全贯通，防止塔内憋压（到现场图中打开手阀及机泵，在 DCS 操作画面中打开各调节阀）：

a. 空冷风机 K-1,2；

b. 常一线冷凝冷却器 L-102 给水阀 VX0051（开度为 50%）；

c. 常二线冷凝冷却器 L-103 给水阀 VX0052（开度为 50%）；

d. 常三线冷凝冷却器 L-104 给水阀 VX0053（开度为 50%）；

e. 减一线冷凝冷却器 L-105 给水阀 VX0054（开度为 50%）；

f. 减二线冷凝冷却器 L-106 给水阀 VX0055（开度为 50%）；

g. 减三线冷凝冷却器 L-107 给水阀 VX0056（开度为 50%）；

h. 减四线冷凝冷却器 L-108 给水阀 VX0057（开度为 50%）；

i. 减压塔底出料冷凝冷却器 L-109 给水阀 VX0058（开度为 50%）；

j. 减四线软水换热器 H-113/4 给水阀 VX0059（开度为 50%）；

k. 减压塔 T104 减一中给水阀 VX0060（开度为 50%）。

③ 循环前到闪蒸塔现场将原油入电脱盐罐副线阀门（VX0079、VX0006、VX0005）全开（在后面还要关死这几个副线阀门），甩开电脱盐罐 R101/1,2，防止高温原油烧坏电极棒。开电脱盐罐副线时会引起入电脱盐罐原油流量的变化，要注意调节各塔的液位（LIC1103、LIC1105、LIC1201）。

**2. 热循环升温、热紧过程**

① 炉 F101、F102、F103 开始升温，起始阶段以炉膛温度为准，前 2h 温度不得大于 300℃，2h 后以炉 F101 出口温度为主，以每小时 20～30℃ 速度升温（在这里我们只要适当控制升温速度即可，不要太快，步骤②、③在这里可省去，实际在工厂要严格按升温曲线进行升温操作）。

② 当炉 F101 出口温度升至 100～120℃ 时，恒温 2h 脱水，升温至 150℃ 后，恒温 2～4h 脱水。

③ 恒温脱水至塔底无水声，回路罐中水减少，进料段温度与塔底温度较为接近时，炉 101 开始以每小时 20～25℃ 速度升温至 250℃ 时恒温，全装置进行热紧。

④ 炉 F102、F103 出口温度 TIC1201、TIC1203 始终保持与炉 F101 出口温度 TIC1104 平衡，温差不得大于 30℃。

⑤ 常压塔顶温度 TIC1106 升至 100～120℃ 时，联系轻质油引入，汽油开始打顶回流（在常压塔塔顶回流现场图中打开轻质油线阀 VX0081，打开 FIC1110 开度要自己调节，此时严格控制水液面 LIC1107，严禁回流带水）。

⑥ 常压炉 F101 出口温度 TIC1104 升至 300℃ 时，常压塔自上而下开侧线，开中段回流（到现场图中打开手阀及机泵，在 DCS 操作画面中打开各调节阀）：

a. 常一线：LIC1108、FIC1116、泵 P106/1；

b. 常二线：LIC1109、FIC1115、泵 P107；

c. 常三线：LIC1110、FIC1114、泵 P108/1,2；

d. 常一中：FIC1108、TIC1107、泵 P104/1；

e. 常二中：FIC1109、TIC1108、泵 P105。

升温阶段即脱水阶段，塔内水分在相应的压力下开始大量汽化，所以必须加倍注意，加强巡查，严防 P102/1,2、P109/1,2、P117/1,2 泵抽空。并根据各塔液面情况进行补油。同时再次检查塔顶汽油线是否导通，以免憋压。

**3. 热循环过程注意事项**

① 热循环过程中要注意整个装置的检查，以防泄漏或憋压。

② 各塔底泵运行情况，发现异常及时处理。

③ 严格控制好各塔底液面，随时补油。

 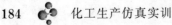

④ 升温同时打开 F101、F102、F103 过热蒸汽（分别在常压塔加热炉和减压塔加热炉的 DCS 画面中打开 PIC1103、PIC1202、PIC1205 开度为 50％即可），并放空，防止炉管干烧。

## 五、常压系统转入正常生产

### 1. 切换原油

① T102 自上而下开完侧线后，启动原油泵。将渣油改为出装置。启用渣油冷却器 L-109/2，将渣油温度控制在 160℃以内，在减压塔 T104 现场打开渣油出口阀 VX0078，关闭开工循环线 VX0040，原油量控制在 70～80t/h。

② 导好各侧线、冷换热设备及外放流程，关闭放空，待各侧线来油后，联系调度和轻质油，并启动侧线泵、侧线外放（前面已经打开）。

③ 当过热蒸汽温度（TI1122）超过 350℃时，缓慢打开 T102 底吹汽现场开启 VX0014、常压塔 T102 各侧线吹蒸汽阀 VX0080，关闭过热蒸汽放空阀（仿真中没做）。

④ 待生产正常后缓慢将原油量提至正常（参数见指标表格）。

### 2. 常压塔正常生产

① 切换原油后，炉 F101 以 20℃/h 的速度升温至工艺要求温度。

② 炉 F101 抽空温度正常后，常压塔自上而下开常一中、常二中回流（前面已经做开启了）。

③ 原油入脱盐罐温度 TI1102 低于 140℃时，将原油入脱盐罐副线开关关闭。

④ 司炉工控制好炉 F101 出口温度，常压技工按工艺指标和开工方案调整操作，使产品尽快合格，及时联系调度室将合格产品改入合格罐。

⑤ 根据产品质量条件控制侧线吹汽量。

### 3. 注意事项

① 控制好 R102 汽油液面 LIC1106 及水液面 LIC1107，待汽油液面正常后停止补汽油，用本装置汽油打回流。

② 过热蒸汽压力 PIC1103 控制在 0.3～0.35MPa，温度 TI1122 控制在 380～450℃。开塔顶部吹汽时要先放净管线内冷凝水，再缓慢开汽，防止蒸汽吹翻塔盘。

③ R101/1,2 送电，脱盐工作好脱盐罐切水工作，防止原油含水过大影响操作。

④ 严格控制好侧线油出装置温度。

⑤ 通知化验室按时作分析。

## 六、减压系统转入正常生产

### 1. 开侧线

① 当常压开侧线后，减压炉开始以 20℃/h 的速度升温至工艺指标要求的范围内。

② 当过热蒸汽温度超过 350℃开减压塔底吹汽，现场打开 VX0082、减压塔 T104 各侧线吹蒸汽现场阀 VX0083，关过热蒸汽放空（仿真中没做）。

③ 当炉 F102、F103 出口温度 TI1209、TI1222 升至 350℃时，打开炉 F102、F103 开炉管注汽阀 VX0021、VX0026。

④ 减压塔开始抽真空。

抽真空分三段进行：

a. 第一段，0～200mmHg；

b. 第二段，200～500mmHg；

c. 第三段，500～最大压力。

操作步骤：在抽真空系统图上，先打开冷却水现场阀 VX0086，然后依次打开抽一线现场阀 VX0084、抽二线现场阀 VX0085 等抽真空阀门，并打开 VX0034 和泵 P118/1,2。

⑤ T104 顶温度超过工艺指标时，将常三线油倒入减压塔顶打回流（即开减压塔顶回流

线汽油入口阀 VX0077)，待减一线有油（即 LIC1202 大于 0）后，改减一线本线打回流（即关闭减压塔顶回流线阀 VX0077，开启减压塔顶回流阀 VX0076，开泵 P112/1，开减压塔顶回流量调节阀 FIC1208），常三线改出装置，控制塔顶温度（TIC1205）在指标范围内。

⑥ 减压塔自上而下开侧线。操作方法同常压步骤，基本相同。

a. 减一线：LIC1202。

b. 减二线：LIC1203、FIC1211，泵 P113。

c. 减三线：LIC1204、FIC1210，泵 P114/1。

d. 减四线：LIC1205、FIC1209，泵 P115。

e. 减一中：FIC1203、TIC1206，泵 P110/1。

f. 减二中：FIC1204、TIC1207，泵 P111。

g. 脏洗油系：FIC1205，泵 P116/1。

**2. 调整操作**

① 当炉 F102、F103 出口温度达到工艺指标后，自上而下开中段回流，开回流时先放净设备管线内存水，严禁回流带水。

② 侧线有油后联系调度室、轻质油，启动侧线泵将侧线油改入催化料或污油罐。

③ 倒好侧线流程，启动 P116/1，2 开脏洗油系统，同时启用净洗油系统。

④ 根据产品质量调节侧线吹汽流量。

⑤ 司炉工稳定炉出口温度，减压技工根据开工方案要求尽快调整产品使其合格，将合格产品改进合格罐。

⑥ 将软化水引入装置，启用蒸汽发生器系统。自产气先排空，待蒸汽合格不含水后，再并入低压蒸汽网络或引入蒸汽系统。

**3. 注意事项**

① 开炉管注汽，塔部吹气应先放净管线内冷凝存水。

② 过热蒸汽压力控制在 0.25～0.3MPa，温度控制在 380～450℃范围内。

③ 抽真空前先检查抽真空系统流程是否正确。抽真空后，检查系统是否有泄漏，控制好 R104 液面。

④ 控制好蒸汽发生器水液面，自产蒸汽压力不大于 0.6MPa。

⑤ 开净洗油、脏洗油系统，应先放尽过滤器、调节阀等低点冷凝水。应缓慢开启，防止吹翻塔盘。

⑥ 将常三线油引入减顶打回流前必须检查常三线油颜色，防止黑油污染减压塔。打回流时减一线流量计、外放调节阀走副线。

## 七、投用一脱三注

① 生产正常后，将原油入电脱盐温度 TI1102 控制在 120～130℃，压力控制在 0.8～1.0MPa 范围内，电流不大于 150A。然后开始注入破乳剂、水。

② 常顶开始注氨，注破乳剂。

③ 操作步骤：在闪蒸塔现场图上打开破乳剂泵 P120/1 和水泵 P119/1、P119/3，然后打开出口阀 VX0037、VX0087 开度 50%，在 DCS 图上，打开 FIC1117、FIC1118，开度均为 50%。

## 八、调至平衡

生产正常、各项操作工艺指标达到要求后，主要调节阀所处状态如下：

① 闪蒸塔底液位 LIC1103 投自动，SP＝50，原油进料流量 FIC1101（PV）接近 125 时投串级；

② 闪蒸塔底出料 FIC1104 投自动，SP＝121；

 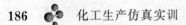

③ 常压炉出口温度 TIC1104 投自动，SP=368，炉膛温度 TIC1105 投串级；

④ 风道含氧量 ARC1101 投自动，SP=4，炉膛负压 PIC1102 投自动，SP=-2；

⑤ 烟道挡板开度 HC1101 投手动，OP=50；

⑥ 常压塔塔底液位 LIC1105 投自动，SP=50，塔底出料 FIC1111，FIC1112 都投串级；

⑦ 塔顶温度 TIC1106 投自动，SP=120，塔顶回流量 FIC1110 投串级；

⑧ 塔顶分液罐 V102 油液位 LIC1106 投自动，SP=50，水液位 LIC1107 投自动，SP=50；

⑨ 减压炉出口温度 TIC1201 和 TIC1203 投自动，SP=385，炉膛温度 TIC1202 和 TIC1204 投串级；

⑩ 风道含氧量 ARC1201 和 ARC1202 投自动，SP=4，炉膛负压 PIC1201 和 PIC1204 投自动，SP=-2；

⑪ 烟道挡板开度 HC1201 和 1202 投手动，OP=50；

⑫ 减压塔塔底液位 LIC1201 投自动，SP=50，塔底出料 FIC1207 投串级；

⑬ 塔顶温度 TIC1205 投自动，SP=70，塔顶回流量 FIC1208 投串级，LIC1202 投自动，SP=50；

⑭ 现场各换热器，冷凝器手阀开度为 50，即 OP=50，各塔底注气阀开度为 50%，抽真空系统蒸汽阀开度为 50%，泵的前后手阀开度为 50%；

⑮ 所有液位及各油品出料根据生产情况投自动。

## 任务二 常减压生产正常停工操作实训

### 一、降量前先停电脱盐系统

① 打开 R101/1,2 原油副线阀门，关闭 R101/1,2 进出口阀门，停止注水、注剂。静止送电 30min 后开始排水，使原油中水分充分沉降。

② 待 R101/1,2 内污水排净后，启动 P119/1,2 将 R101/1,2 内原油自原油循环线打入原油线回炼。

注：待 R101/1,2 罐内无压力后打开罐顶放空阀。

③ R101/1,2 内原油退完后，将常二线油自脱盐罐冲洗线倒入 R101/1,2 内进行冲洗。在罐底排污线放空。

④ 各冲洗 1h。

⑤ 降量分多次进行，降量速度为 10～15t/h。

⑥ 降量初期保持炉出口温度不变，调整各侧线油抽出量，保证侧线产品质量合格。

⑦ 降量过程中注意控制好各塔底液面，调节各冷却器用水量，将侧线油品出装置温度控制在正常范围内。

### 二、常压减压降量关侧线

① 当原油量降至正常指标的 60%～70% 时开始降炉温。炉出口温度以 25～30℃/h 的速度均匀降温。

② 降温时将各侧线油品改入催化料或污油罐，常减压各侧线及汽油回流罐控制高液面，作洗塔用。

③ F101 出口温度降到 280℃ 左右时，T102 开始自上而下关侧线，停中段回流，各侧线及汽油停止外放。

④ F102、F103 出口温度降到 320℃左右时，T104 开始自上而下关侧线，停中段回流，各侧线及汽油停止外放。

塔破真空分三个阶段进行。

a. 第一阶段：正常值　约 500mmHg。

b. 第二阶段：正常值　500～250mmHg。

c. 第三阶段：正常值　250～0mmHg。

d. 破真空时应关闭 L-10/3，4 顶部瓦斯放空阀。

e. 当过热蒸汽出口温度降至 300℃时，停止所有塔部吹气，进行放空。

### 三、装置打循环，炉子熄火，污油改出装置

① 停原油泵，开启 T104 现场阀 VX0040，打循环。

② 停 T104 现场阀 VX0078，打循环。

   注：将侧线油倒入减一线打回流时应打开减一线流量计和外放调节阀的副线阀门。

③ 停燃气阀 TIC1105，炉 F101 熄火。

④ 停燃气阀 TIC1202，炉 F102 熄火。

⑤ 停燃气阀 TIC1204，炉 F103 熄火。

⑥ 待炉膛温度降至 200℃时停风机 K-1,2，打开放爆门加速冷却，过热蒸汽停掉。

⑦ 炉子熄火后，开 VX0078，将各塔底油全部打出装置。

## 任务三　常减压生产事故处理操作实训

**1. 原油中断**

事故现象：塔液面下降，塔进料压力降低，塔顶温度升高。

事故原因：原油泵 P101/1 故障。

处理方法：① 切换原油泵 P101/2；

　　　　　② 不行按停工处理。

**2. 供电中断**

事故现象：各泵运转停止。

事故原因：供电部门线路发生故障。

处理方法：① 来电后，相继启动顶回流泵、原油泵、初底泵、常底泵、中断回流泵及侧线泵；

　　　　　② 各岗位按生产工艺指标调整操作至正常。

**3. 循环水中断**

事故现象：① 油品出装置温度升高；

　　　　　② 减顶真空度急剧下降。

事故原因：供水单位停电或水泵出故障不能正常供水。

处理方法：① 停水时间短，降温降量，维持最低量生产或循环；

　　　　　② 停水时间长，按紧急停工处理。

**4. 供汽中断**

事故现象：① 流量显示回零，各塔、罐操作不稳；

　　　　　② 加热炉操作不稳；

　　　　　③ 减顶真空度下降。

事故原因：锅炉发生故障，或因停电不能正常供汽。

处理方法：如果只停汽而没有停电，则改为循环，如果既停汽又停电，按紧急停工处理。

**5. 净化风中断**

事故现象：仪表指示回零。

事故原因：空气压缩机发生故障。

处理方法：① 短时间停风，将控制阀改副线，用手工调节各路流量、温度、压力等；

② 长时间停风，按降温降量循环处理。

**6. 加热炉着火**

事故现象：炉出口温度急剧升高，冒大量黑烟。

事故原因：炉管局部过热结焦严重，结焦处被烧穿。

处理方法：熄灭全部火嘴并向炉膛内吹入灭火蒸汽。

**7. 常压塔底泵停**

事故现象：① 泵出口压力下降，常压塔液面上升；

② 加热炉熄火，炉出口温度下降。

事故原因：泵出故障，被烧或供电中断。

处理方法：切换备用泵。

**8. 常顶回流阀阀卡 10%**

事故现象：塔顶温度上升，压力上升。

事故原因：阀使用时间太长。

处理方法：开旁通阀。

**9. 减压塔出料阀阀卡 10%**

事故现象：塔底液位上升。

事故原因：阀使用时间太长。

处理方法：开旁通阀。

**10. 闪蒸塔底泵抽空**

事故现象：泵出口压力下降，塔底液面迅速上升，炉膛温度迅速上升。

事故原因：泵本身故障。

处理方法：切换备用泵，注意控制炉膛温度。

**11. 减压炉熄火**

事故现象：炉膛温度下降，炉出口温度下降，火灭。

事故原因：燃料中断。

处理方法：① 减压部分按停工处理；

② 常渣出装置。

**12. 抽-1 故障**

事故现象：减压塔压力上升。

事故原因：真空泵本身故障。

处理方法：加大抽-2 蒸汽量。

**13. 低压闪电**

事故现象：全部或部分低压电机停转，操作混乱。

事故原因：供电不稳。

处理方法：① 如时间短，切换备用泵，顺序为顶回流，中段回流，处理量调节；

② 及时联系电修部门送电，按工艺指标调整操作。

### 14. 高压闪电

事故现象：全部或部分高压电机停转，闪蒸塔和常压塔进料中断，液面下降。

事故原因：供电不稳。

处理方法：① 如时间短，切换备用泵；

　　　　　② 及时联系电修部门送电，按工艺指标调整操作。

### 15. 原油含水

事故现象：原油泵可能抽空，闪蒸塔液面下降，压力上升。

事故原因：原油供应紧张。

处理方法：加强电脱盐罐操作，加强切水。

## 思考题

1. 原油及炼油产品的性质和用途。
2. 请画出常减压的工艺流程框图。
3. 一脱三注的工艺原理。
4. 分析常减压生产中产生的不正常现象原因，并写出处理方法。
5. 根据自己在各项开车过程的体会，对本工艺过程提出自己的看法。

# 项目三　丙烯酸甲酯操作实训

## 一、原料、产品介绍

### 1. 原料

生产丙烯酸甲酯的原料为丙烯酸与甲醇。丙烯酸的分子式为 $CH_2$ ＝$CHCOOH$，是无色、具有腐蚀性和刺激性的液体，与水、醇、醚和氯仿互溶，聚合性很强。丙烯酸是近年来不饱和有机酸中产量增长最快的品种，工业上主要以丙烯为原料制得。丙烯酸具体性质见表 4-17。

**表 4-17　丙烯酸性质**

| 性质 | 数据 | | 性质 | 数据 |
|---|---|---|---|---|
| 外观 | 无色液体,有刺激性气味 | | 纯度/% | ≥99.0 |
| 熔点/℃ | 14 | | 沸点/℃ | 141 |
| 密度 | 相对密度(水) | 1.05 | 蒸气压/kPa | 1.33(39.9℃) |
| | 相对密度(空气＝1) | 2.45 | | |
| 闪点/℃ | 50(开杯) | | 稳定性 | 稳定 |

甲醇是结构最简单的饱和一元醇，分子量为 32.04，又称"木醇"或"木精"，是无色、有酒精气味、易挥发的液体。甲醇有毒，误饮 5～10mL 能双目失明，大量饮用会导致死亡，常用于制造甲醛、农药和二甲醚等，并用作有机物的萃取剂和酒精的变性剂等。甲醇通常由一氧化碳与氢气在高温、高压下反应制得。甲醇具体性质见表 4-18。

### 2. 产品

丙烯酸甲酯是一种重要的化工原料。涂料工业中，用于制造丙烯酸甲酯-醋酸乙烯-苯乙烯三元共聚物、丙烯酸酯涂料和地板上光剂。橡胶工业中，用于制造耐高温、耐油性橡胶。有机工业中，用于生产有机合成中间体和活化剂、黏合剂。塑料工业中，用于合成树脂单体。化纤工业中与丙烯腈共聚可改善丙烯腈的可纺性、热塑性及染色性能。

## 表 4-18　甲醇性质

| 性质 | 数据 | 性质 | 数据 |
|------|------|------|------|
| 外观 | 无色、透明、高度挥发 | 燃烧热/(kJ/mol) | 725.76 |
| 熔点/℃ | −97.8 | 沸点/℃ | 64.5 |
| 相对密度 | 0.792(20/4℃) | 蒸气压/kPa | 13.33 |
| 闪点/℃ | 12.22(开杯) | 爆炸极限/% | 6~36.5(体积分数) |

丙烯酸甲酯的分子式为 $CH_2CHCOOCH_3$，分子量为 86.09，微溶于水，具体性质见表 4-19。

## 表 4-19　丙烯酸甲酯性质

| 性质 | 数据 | | 性质 | 数据 |
|------|------|------|------|------|
| 外观 | 无色透明液体 | | 纯度/% | 98.0~99.0 |
| 熔点/℃ | −75 | | 沸点/℃ | 80.0 |
| 相对密度 | 水=1 | 0.95 | 蒸气压/kPa | 13.38(28℃) |
| | 空气=1 | 2.97 | | |
| 闪点/℃ | −3(开杯) | | 稳定性 | 稳定 |

# 二、生产工艺流程简述

## 1. 生产基本原理

在丙烯酸甲酯生产工艺中，丙烯酸与甲醇反应，生成丙烯酸甲酯，磺酸型离子交换树脂被用作催化剂。

(1) 酯化反应原理　丙烯酸与醇的酯化反应是一种生产有机酯的反应。其反应方程式如下：

$$CH_2\!\!=\!\!CHCOOH + CH_3OH \rightleftharpoons CH_2\!\!=\!\!CHCOOCH_3 + H_2O$$

这是一个平衡反应，为使反应向有利于产品生成的方向进行，可采用一些方法，一种方法是用比反应量过量的酸或醇，另一种方法是从反应系统中移除产物。

(2) 丙烯酸与甲醇的酯化反应

① 酯化反应器的主反应。酯化反应器的主反应的化学方程式如下：

$$\underset{(AA)}{CH_2\!\!=\!\!CHCOOH} + \underset{(MeOH)}{CH_3OH} \underset{}{\overset{H^+\,(IER)}{\rightleftharpoons}} \underset{(MA)}{CH_2\!\!=\!\!CHCOOCH_3} + H_2O$$

注：IER 指离子交换树脂；AA 为丙烯酸；MA 为丙烯酸甲酯。

② 酯化反应器的副反应。

$$CH_2\!\!=\!\!CHCOOH + 2CH_3OH \longrightarrow \underset{(MPM)}{(CH_3O)CH_2CH_2COOCH_3} + H_2O$$

$$2CH_2\!\!=\!\!CHCOOH + CH_3OH \overset{H^+\,(IER)}{\longrightarrow} \underset{(D\text{-}M)}{CH_2\!\!=\!\!CHCOOC_2H_4COOCH_3} + H_2O$$

注：MPM 为 3-甲氧基丙酸甲酯；D-M 为 3-丙烯酰氧基丙酸甲酯（二聚丙烯酸甲酯）。

$$2CH_2\!\!=\!\!CHCOOH + CH_3OH \overset{H^+\,(IER)}{\longrightarrow} \underset{(HOPM)}{HOC_2H_4COOCH_3}$$

注：HOPM 为 3-羟基丙酸甲酯。

$$2CH_2\!\!=\!\!CHCOOH + CH_3OH \overset{H^+\,(IER)}{\longrightarrow} \underset{(MPA)}{CH_3OC_2H_4COOH}$$

注：MPA 为 3-甲氧基丙酸。

$$2CH_2=\!\!=\!\!CHCOOH \xrightarrow{H^+ \ (IER)} CH_2=\!\!=\!\!CHCOOC_2H_4COOH$$
$$(\text{D-AA})$$

注：D-AA 为 3-丙烯酰氧基丙酸（二聚丙烯酸）。

其他副产物是由于原料中杂质的反应而形成的。典型的丙烯酸中杂质的反应如下：

$$CH_3COOH+R\!-\!OH \longrightarrow CH_3COOR+H_2O$$
$$C_2H_5COOH+R\!-\!OH \longrightarrow C_2H_5COOR+H_2O$$

丙烯酸甲酯的酯化反应在固定床反应器内进行，它是一个可逆反应，本工艺采用酸过量使反应向正方向进行。

反应在如下情况下进行：温度，75℃（MA）；醇/酸摩尔比，0.75（MA）。

由于甲酯易于通过蒸馏的方法从丙烯酸中分离出来，从经济性角度，醇的转化率被设在 60%～70% 的中等程度。未反应的丙烯酸从精制部分被再次循环回反应器后转化为酯。

用于甲酯单元的离子交换树脂的恶化因素有：金属离子的沾污、焦油性物质的覆盖、氧化、不可恢复的溶胀等。因此，如果催化剂有意被长期使用，这些因素应引起注意。被金属铁离子沾污导致的不可恢复的溶胀应特别注意。

（3）丙烯酸回收　丙烯酸回收是利用丙烯酸分馏塔精馏的原理，轻的甲酯、甲醇和水从塔顶蒸出，重的丙烯酸从塔底排出来。

（4）醇萃取及回收　醇萃取塔利用醇易溶于水的物性，用水将甲醇从主物流中萃取出来，同时萃取液夹带了一些甲酯，再经过醇回收塔，经过精馏，大部分水从塔底排出，甲醇和甲酯从塔顶蒸出，返回反应器循环使用。

（5）醇拔头　醇拔头塔为精馏塔，利用精馏的原理，将主物流中少部分的醇从塔顶蒸出，含有甲酯和少部分重组分的物流从塔底排出，并进一步分离。

（6）酯精制　酯精制塔为精馏塔，利用精馏的原理，将主物流从塔顶蒸出，塔底部分重组分返回丙烯酸分馏塔重新回收。

**2. 生产工艺流程**

（1）丙烯酸甲酯生产流程框图　生产流程框图如图 4-32 所示。

丙烯酸甲酯
工艺流程图

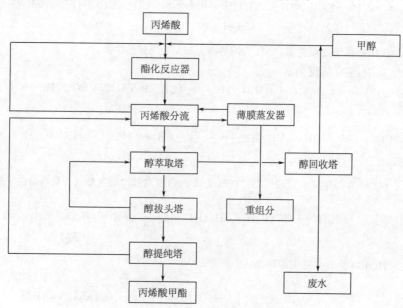

图 4-32　丙烯酸甲酯生产流程框图

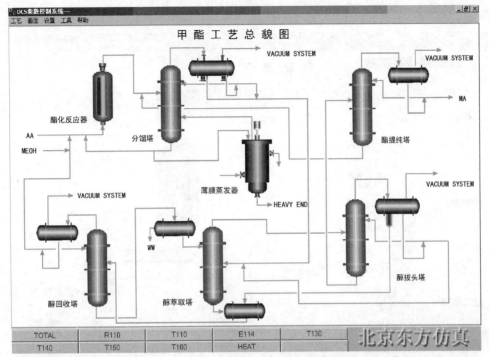

图 4-33 丙烯酸甲酯生产总流程 DCS 图

（2）丙烯酸甲酯生产总流程 DCS 图 生产总流程 DCS 图如图 4-33 所示。

（3）丙烯酸甲酯生产流程简述

① 加料反应。从罐区来的新鲜的丙烯酸和甲醇与从醇回收塔（T140）顶回收的循环的甲醇以及从丙烯酸分馏塔（T110）底回收的经过循环过滤器（FL101）的部分丙烯酸作为混合进料，经过反应预热器（E101）预热到指定温度后送至 R101（酯化反应器）进行反应。为了使平衡反应向产品方向移动，同时降低醇回收时的能量消耗，进入 R101 的丙烯酸过量。酯化反应器 DCS 图如图 4-34 所示，现场图如图 4-35 所示。

② 分馏工艺。从 R101 排出的产品物料送至 T110（丙烯酸分馏塔）。在该塔内，粗丙烯酸甲酯、水、甲醇作为一种均相共沸混合物从塔顶回收，作为主物流进一步提纯，经过 E112 冷却进入 V111（T110 回流罐），在此罐中分为油相和水相，油相由 P111A/B 抽出，一路作为 T110 塔顶回流，另一路和由 P112A/B 抽出的水相一起作为 T130（醇萃取塔）的进料。同时，从塔底回收未转化的丙烯酸。丙烯酸分馏工艺 DCS 图如图 4-36 所示，现场图如图 4-37 所示。

③ 薄膜蒸发器工艺。T110 塔底，一部分的丙烯酸及酯的二聚物、多聚物和阻聚剂等重组分送至 E114（薄膜蒸发器）分离出丙烯酸，回收到 T110 中，重组分送至废水处理单元重组分贮罐。薄膜蒸发器工艺 DCS 图如图 4-38 所示，现场图如图 4-39 所示。

薄膜蒸发器结构及工作原理

④ 醇萃取工艺。T110 的塔顶流出物经 E130（醇萃取塔进料冷却器）冷却后被送往 T130（醇萃取塔）。由于水-甲醇-甲酯为三元共沸系统，很难通过简单的蒸馏从水和甲醇中分离出甲酯，因此采用萃取的方法把甲酯从水和甲醇中分离出来。从 V130 由 P130A/B 抽出溶剂（水）加至萃取塔的顶部，通过液-液萃取，将未反应的醇从粗丙烯酸甲酯物料中萃取出来。醇萃取工艺 DCS 图如图 4-40 所示，现场图如图 4-41 所示。

萃取塔工作原理

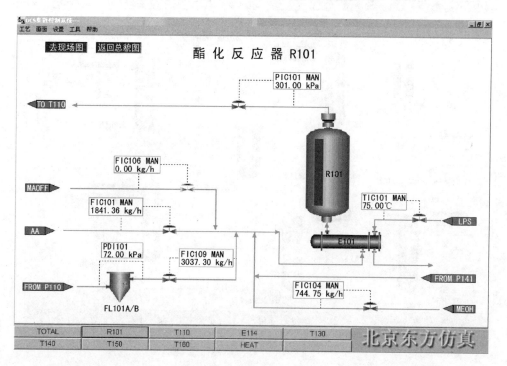

图 4-34　酯化反应器 DCS 图

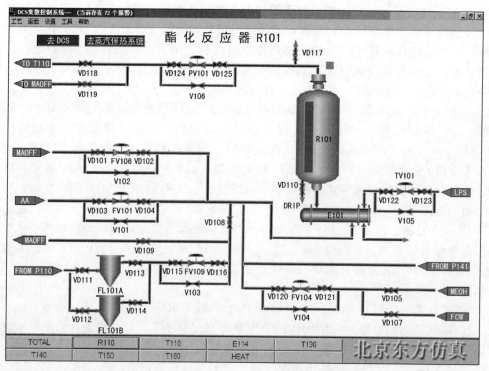

图 4-35　酯化反应器现场图

化工生产仿真实训

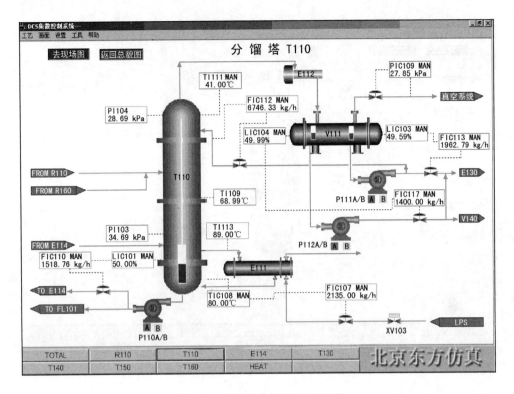

图 4-36 丙烯酸分馏工艺 DCS 图

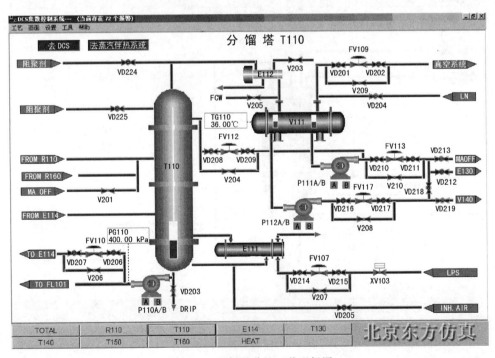

图 4-37 丙烯酸分馏工艺现场图

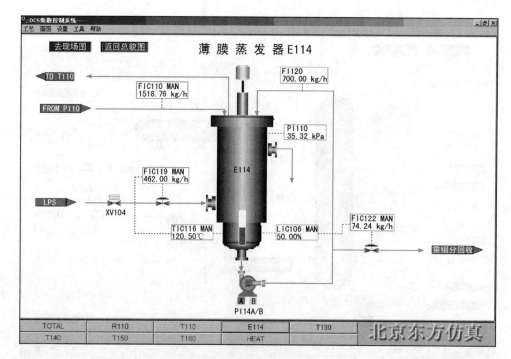

图 4-38　薄膜蒸发器工艺 DCS 图

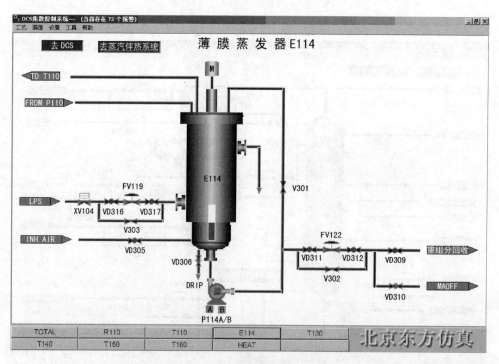

图 4-39　薄膜蒸发器工艺现场图

化工生产仿真实训

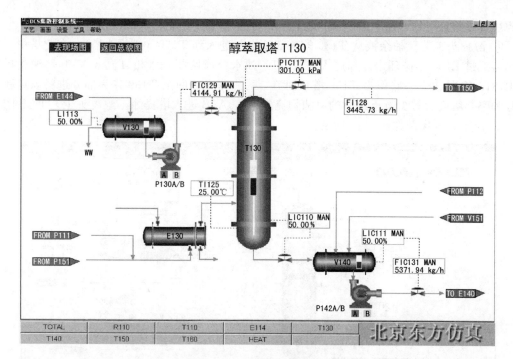

图 4-40　醇萃取工艺 DCS 图

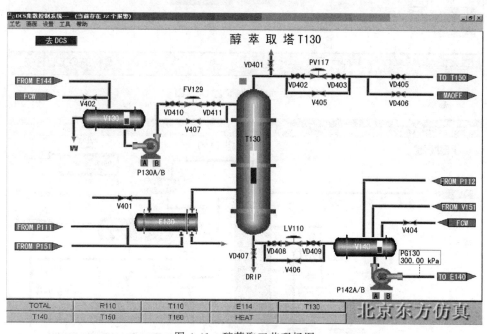

图 4-41　醇萃取工艺现场图

⑤ 醇回收工艺。从 T130 底部得到的萃取液进到 V140，再经 P142A/B 抽出，经过 E140 与醇回收塔底分离出的水换热后进入 T140（醇回收塔）。在此塔中，在顶部回收醇并循环至 R101。基本上由水组成的 T140 的塔底物料经 E140 与进料换热后，再经过 E144 用 10℃的冷冻水冷却后，进入 V130，再经泵抽出循环至 T130 重新用作溶剂（萃取剂），同时多余的水作为废水送到废水罐。T140 顶部是回收的甲醇，经 E142 循环水冷却进入到 V141，再经由 P141A/B 抽出，一路作为 T140 塔顶回流，另一路是回收的醇与新鲜的醇合

并为反应进料。醇回收工艺 DCS 图如图 4-42 所示，现场图如图 4-43 所示。

⑥ 醇拔头工艺。抽余液从 T130 的顶部排出并进入到 T150（醇拔头塔）。在此塔中，塔顶物流经过 E152 用循环水冷却进入到 V151，油水分成两相，水相自流入 V140，油相再经由 P151A/B 抽出，一路作为 T150 塔顶回流，另一路循环回至 T130 作为部分进料以重新回收醇和酯。塔底含有少量重组分的甲酯物流经 P150A/B 进入塔提纯。醇拔头工艺 DCS 图如图 4-44 所示，现场图如图 4-45 所示。

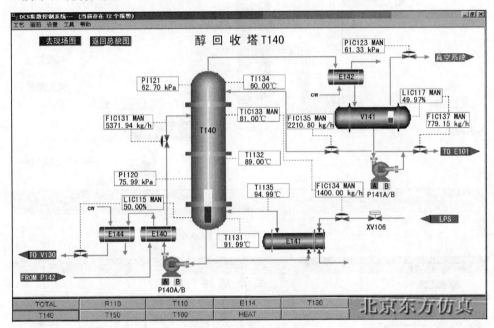

图 4-42 醇回收工艺 DCS 图

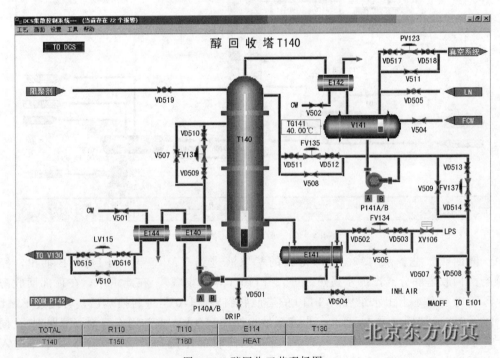

图 4-43 醇回收工艺现场图

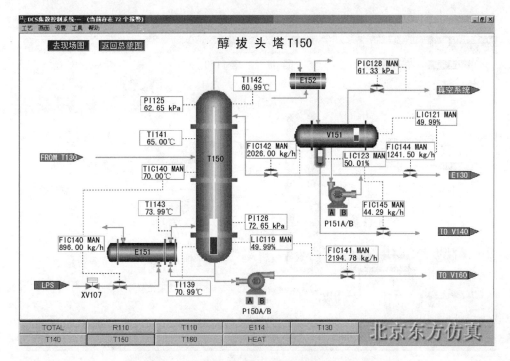

图 4-44　醇拔头工艺 DCS 图

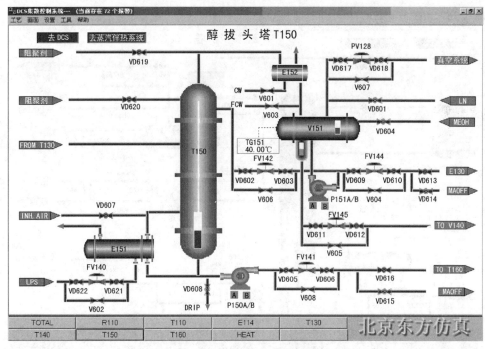

图 4-45　醇拔头工艺现场图

　　⑦ 酯提纯工艺。T150 的塔底流出物送往 T160（酯提纯塔）。在此，将丙烯酸甲酯进行进一步提纯，含有少量丙烯酸、丙烯酸甲酯的塔底物流经 P160A/B 循环回 T110 继续分馏。塔顶作为丙烯酸甲酯成品在塔顶馏出，经 E162A/B 冷却进入 V161（丙烯酸产品塔塔顶回流罐）中，由 P161A/B 抽出，一路作为 T160 塔顶回流返回 T160 塔，另一路出装置至丙烯酸甲酯成品日罐。酯提纯工艺 DCS 图如图 4-46 所示，现场图如图 4-47 所示。

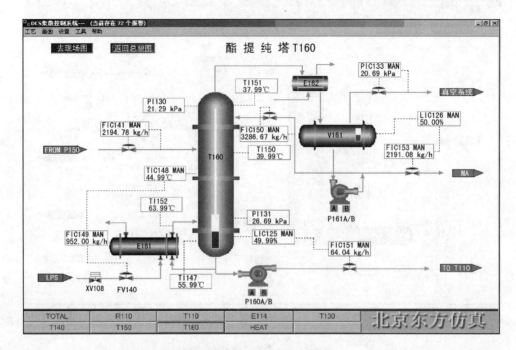

图 4-46　酯提纯工艺 DCS 图

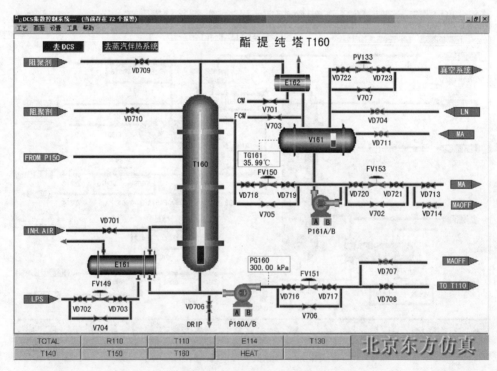

图 4-47　酯提纯工艺现场图

## 三、主要设备及工艺指标

### 1. 主要设备

丙烯酸甲酯设备总览见表 4-20。

**表 4-20  丙烯酸甲酯设备总览**（包括反应器、塔、泵、加热器）

| 序号 | 设备位号 | 设备名称(中英文) | 设备原理 |
|---|---|---|---|
| 1 | E101 | R101 预热器(R101 PREHEATER) | 换热器 |
| 2 | FL101A/B | 反应器循环过滤器(REACTOR RECYCLE FILTER) | |
| 3 | R101 | 酯化反应器(ESTERIFICATION REACTOR) | ① 固定床反应器<br>② 甲酯的酯化反应在固定床反应器内进行,它是一个可逆反应,本工艺采用酸过量使反应向正方向进行 |
| 4 | T110 | 丙烯酸分馏塔(AA  FRACTIONATOR) | ① 这是精馏塔<br>② 丙烯酸回收是利用丙烯酸分馏塔精馏的原理 |
| 5 | E112 | T110 冷凝器(T110 CONDENSER) | 冷凝器 |
| 6 | V111 | T110 塔顶受液罐(T110 RECEIVER) | 油水气三项分离器(堰板式),左边分离出来水通过泵 P112A/B 进入缓冲罐,右边是分离出来的油(主要是醇、酯),同时过 P111A/B 进入下一单元 |
| 7 | P111A/B | T110 回流泵(T110 REFLUX PUMP) | |
| 8 | P112A/B | V111 排水泵(V111 WATER DRAW OFF PUMP) | |
| 9 | E114 | T110 二段再沸器(REBOILER,T110 2$^{ND}$) | 薄膜蒸发器 |
| 10 | E130 | T130 给料冷却器(T130 FEED COOLER) | |
| 11 | T130 | 醇萃取塔(ALCOHOL EXTRACTION COLUMN) | ① 这是醇萃取塔<br>② 利用甲醇易溶于水的物性,用水将甲醇从主物流中萃取出来 |
| 12 | V130 | V130 给水罐(V130 WATER FEED DRUM) | |
| 13 | P130A/B | T130 给水泵(T130 WATER FEED PUMP) | |
| 14 | V140 | T140 缓冲罐(T140 BUFFER DRUM) | |
| 15 | P142A/B | T140 给料泵(T140 FEED PUMP ) | |
| 16 | E140 | T140 底部一段冷却器(T140 BOTTOMS 1$^{ST}$ COOLER) | |
| 17 | T140 | 醇回收塔(ALCOHOL RECOVERY COLUMN) | ① 这是精馏塔<br>② T130 底部得到的萃取液经过精馏,大部分水从塔底排出,甲醇和甲酯从塔顶蒸出,返回反应器循环使用 |
| 18 | E144 | T140 底部二段冷却器(T140 BOTTOMS 2$^{ND}$ COOLER) | |
| 19 | E142 | T140 塔顶冷凝罐(T140 CONDENSER) | |
| 20 | V141 | T140 塔顶受液罐(T140 RECEIVER) | |
| 21 | P141A/B | T140 回流泵(T140 REFLUX PUMP) | |
| 22 | T150 | 醇拔头塔(ALCOHOL TOPPING COLUMN) | ① 醇拔头塔为精馏塔<br>② 利用精馏的原理,将主物流中少部分的醇从塔顶蒸出,含有甲酯和少部分重组分的物流从塔底排出,并进一步分离 |
| 23 | E152 | T150 塔顶冷却器(T150 CONDENSER) | |
| 24 | V151 | T150 塔顶受液罐(T150 RECEIVER) | 分离器,下面是水包,上面是油包,水自流进入到 V140 作萃取液 |
| 25 | P151A/B | T150 回流泵(T150 REFLUX PUMP) | |
| 26 | P150A/B | T150 底部泵(T150 BOTTOMS PUMP) | |

| 序号 | 设备位号 | 设备名称（中英文） | 设备原理 |
|---|---|---|---|
| 27 | T160 | 酯提纯塔（ESTER PURIFICCATION COLUMN） | ① 酯精制塔为精馏塔<br>② 利用精馏的原理,将主物流从塔顶蒸出,塔底部分重组分返回丙烯酸分馏塔重新回收 |
| 28 | P160A/B | T160 回流泵（T160 REFLUX PUMP） | |
| 29 | E162A/B | T160 塔顶冷却器（T160 CONDENSER） | |
| 30 | V161 | T160 塔顶受液罐（T160 RECEIVER） | |
| 31 | P161A/B | T160 回流泵（T160 REFLUX PUMP） | |
| 32 | E111 | T110 再沸器（T110 REBOILER） | |
| 33 | P110A/B | T110 塔底泵（T110 BOTTOMS PUMP） | |
| 34 | P114A/B | E114 底部泵（E114 BOTTOMS PUMP） | |
| 35 | E141 | T140 再沸器（T140 REBOILER） | |
| 36 | P140A/B | T140 底部泵（T140 BOTTOMS PUMP） | |
| 37 | E151 | T150 再沸器（T150 REBOILER） | |
| 38 | E161 | T160 再沸器（T160 REBOILER） | |

### 2. 主要工艺指标

主要操作条件及工艺指标见表 4-21。

**表 4-21  主要操作条件及工艺指标**

| | 位号 | 单位 | 数值指标 | 备注 |
|---|---|---|---|---|
| R101（酯化反应器） | | | | |
| 流量 | FIC101 | kg/h | 1841.36 | AA 至 E101 |
| | FIC104 | kg/h | 744.75 | MEOH 至 E101 |
| | FIC106 | kg/h | 1741.23 | 甲酯粗液至 E101 |
| | FIC109 | kg/h | 3037.30 | T110 底部物料至 E101 |
| 温度 | TIC101 | ℃ | 75 | R101 入口温度 |
| 压力 | PIC101 | kPa(A) | 301.00 | R101 反应器压力 |
| T110（丙烯酸分馏塔） | | | | |
| 流量 | FIC110 | kg/h | 1518.76 | T110 塔釜至 E114 |
| | FIC112 | kg/h | 6746.33 | V111 至 T110 回流 |
| | FIC113 | kg/h | 1962.79 | V111 水相至 T130 |
| | FIC117 | kg/h | 1400.00 | V111 油相至 T130 |
| | FIC107 | kg/h | 2135.00 | LPS(塔底再沸蒸汽)至 E111 |
| 温度 | TI111 | ℃ | 41 | T110 塔顶温度 |
| | TI109 | ℃ | 69 | T110 进料段温度 |
| | TI108 | ℃ | 80 | T110 塔底温度 |
| | TI113 | ℃ | 89 | 再沸器 E111 至 T110 温度 |
| | TG110 | ℃ | 36 | 回流罐现场温度显示 |
| 压力 | PI104 | kPa(A) | 28.70 | T110 塔顶压力 |
| | PI103 | kPa(A) | 34.70 | T110 塔釜压力 |
| | PIC109 | kPa(A) | 27.86 | V111 罐压力 |
| E114（薄膜蒸发器） | | | | |
| 流量 | FIC110 | kg/h | 1518.76 | T110 至 E114 |
| | FIC119 | kg/h | 462 | LPS 至 E114 |
| | FIC122 | kg/h | 74.24 | E114 至重组分回收 |
| | FI120 | kg/h | 700 | E114 回流 |
| 温度 | TIC115 | ℃ | 120.50 | E114 温度 |
| 压力 | PI110 | kPa(A) | 35.33 | E114 压力 |

| 位号 | | 单位 | 数值指标 | 备注 |
|---|---|---|---|---|
| | | | T130(醇萃取塔) | |
| 流量 | FIC129 | kg/h | 4144.91 | V130 至 T130 |
| | FIC131 | kg/h | 5371.94 | V140 至 T140 |
| | FI128 | kg/h | 3445.73 | T130 至 T150 |
| 温度 | TI125 | ℃ | 25 | T130 温度 |
| 压力 | PIC117 | kPa(A) | 301.00 | T130 压力 |
| | | | T140(醇回收塔) | |
| 流量 | FIC134 | kg/h | 1400.00 | LPS 至 E141 |
| | FIC135 | kg/h | 2210.81 | V141 至 T140 回流 |
| | FIC137 | kg/h | 779.16 | T140 至 R101 |
| 温度 | TI134 | ℃ | 60 | T140 塔顶温度 |
| | TIC133 | ℃ | 81 | T140 第 19 块塔板温度 |
| | TI132 | ℃ | 89 | T140 第 5 块塔板温度 |
| | TI131 | ℃ | 92 | T140 塔釜温度 |
| | TI135 | ℃ | 95 | 再沸器 E141 至 T140 温度 |
| | TG141 | ℃ | 40 | V141 温度 |
| 压力 | PI121 | kPa(A) | 62.70 | T140 塔顶压力 |
| | PI120 | kPa(A) | 76.00 | T140 塔釜压力 |
| | PIC123 | kPa(A) | 61.33 | V141 压力 |
| | | | T150(醇拔头塔) | |
| 流量 | FIC140 | kg/h | 896.00 | LPS 至 E151 |
| | FIC141 | kg/h | 2194.77 | T150 至 T160 |
| | FIC142 | kg/h | 2026.01 | V151 至 T150 回流 |
| | FIC144 | kg/h | 1241.51 | V151 至 T130 |
| | FIC145 | kg/h | 44.29 | V151 至 V140 |
| 温度 | TI142 | ℃ | 61 | T150 塔顶温度 |
| | TI141 | ℃ | 65 | T150 第 23 块塔板温度 |
| | TIC140 | ℃ | 70 | T150 第 5 块塔板温度 |
| | TI143 | ℃ | 74 | 再沸器 E151 至 T150 温度 |
| | TI139 | ℃ | 71 | T150 塔釜温度 |
| | TG151 | ℃ | 40 | V151 温度 |
| 压力 | PI125 | kPa(A) | 62.66 | T150 塔顶压力 |
| | PI126 | kPa(A) | 72.66 | T150 塔釜压力 |
| | PIC128 | kPa(A) | 61.33 | V151 压力 |
| | | | T160(酯提纯塔) | |
| 流量 | FIC149 | kg/h | 952 | LPS 至 E161 |
| | FIC150 | kg/h | 3286.66 | V161 至 T160 回流 |
| | FIC151 | kg/h | 64.05 | T160 至 T110 |
| | FIC153 | kg/h | 2191.08 | T160 至 MA |
| 温度 | TI151 | ℃ | 38 | T160 塔顶温度 |
| | TI150 | ℃ | 40 | T160 第 15 块塔板温度 |
| | TIC148 | ℃ | 45 | T160 第 5 块塔板温度 |
| | TI152 | ℃ | 64 | 再沸器 E161 至 T160 温度 |
| | TI147 | ℃ | 56 | T160 塔釜温度 |
| | TG161 | ℃ | 36 | V161 温度 |
| 压力 | PI130 | kPa(A) | 21.30 | T160 塔顶压力 |
| | PI131 | kPa(A) | 26.70 | T160 塔釜压力 |
| | PIC133 | kPa(A) | 20.70 | V161 压力 |

## 四、岗位安全要求

① 认识生产装置区的所有物料的理化特性。

② 了解生产装置区的所有物料的闪点、引燃温度、爆炸极限、主要用途、环境危害、燃爆危险、危险特性、防护方法。

③ 在各项实训过程中，严格按照操作规程完成，自觉地培养良好的操作习惯和安全意识。

# 任务一　丙烯酸甲酯开车操作实训

## 一、准备工作

### 1. 启动真空系统

① 打开压力控制阀 PV109 及其前后阀 VD201、VD202，给 T110 系统抽真空。

② 打开压力控制阀 PV123 及其前后阀 VD517、VD518，给 T140 系统抽真空。

③ 打开压力控制阀 PV128 及其前后阀 VD617、VD618，给 T150 系统抽真空。

④ 打开压力控制阀 PV133 及其前后阀 VD722、VD723，给 T160 系统抽真空。

⑤ 打开阀 VD205、VD305、VD504、VD607、VD701，分别给 T110、E114、T140、T150、T160 投用阻聚剂空气。

### 2. V161、T160 脱水

① 打开 VD711 阀，向 V161 内引产品 MA。

② 待 V161 达到一定液位后，启动 P161A/B。打开控制阀 FV150 及其前后阀 VD718、VD719，向 T160 引 MA。

③ 待 T160 底部有一定液位后，关闭控制阀 FV150。

④ 关闭 MA 进料阀 VD711。

### 3. T130、T140 建立水循环

① 打开 V130 顶部手阀 V402，引 FCW 到 V130。

② 待 V130 达到一定液位后，启动 P130A/B。打开控制阀 FV129 及其前后阀 VD410、VD411，将水引入 T130。

③ 打开 T130 顶部排气阀 VD401，并通过排气阀观察 T130 是否装满水。

④ 待 T130 装满水后，关闭排气阀 VD401。同时打开控制阀 LV110 及其前后阀 VD408、VD409，向 V140 注水。打开控制阀 PV117 及其前后阀 VD402、VD403，同时打开阀 VD406，将 T130 顶部物流排至不合格罐，控制 T130 压力 301kPa。

⑤ 待 V140 有一定液位后，启动 P142A/B，打开控制阀 FV131 及其前后阀 VD509、VD510，向 T140 引水。

⑥ 打开阀 V502，给 E142 投冷却水。

⑦ 待 T140 液位达到 50% 后，打开蒸汽阀 XV106。同时打开控制阀 FV134 及其前后阀 VD502、VD503，给 E141 通蒸汽。

⑧ 打开阀 V501，给 E144 投冷却水。

⑨ 启动 P140A/B。打开控制阀 LV115 及其前后阀 VD515、VD516，使 T140 底部液体经 E140、E144 排放到 V130。

⑩ 待 V41 达到一定液位后，启动 P141A/B。打开控制阀 FV135 及其前后阀 VD511、VD512，向 T140 打回流。打开控制阀 FV137 及其前后阀 VD513、VD514。同时打开阀

VD507，将多余水引至不合格罐。

## 二、R101 引粗液并循环升温

① R101 进料前去伴热系统投用 R101 系统伴热。

② 打开控制阀 FV106 及其前后阀 VD101、VD102，向 R101 引入粗液。打开 R101 顶部排气阀 VD117 排气。

③ 待 R101 装满粗液后，关闭排气阀 VD117，打开 VD119。同时打开控制阀 PV101 及其前后阀 VD124、VD125，将粗液排出。调节 PV101 的开度，控制 R101 压力 301kPa。

④ 待粗液循环均匀后，打开控制阀 TV101 及其前后阀 VD122、VD123，向 E301 供给蒸汽。调节 TV101 的开度，控制反应器入口温度为 75℃。

## 三、启动 T110 系统

① 打开阀 VD225、VD224，向 T110、V111 加入阻聚剂。

② 打开阀 V203、V401，分别给 E112、E130 投冷却水。

③ T110 进料前去伴热系统投用 T110 系统伴热。

④ 待 R101 出口温度、压力稳定后，打开去 T110 手阀 VD118，将粗液引入 T110。同时关闭手阀 VD119。

⑤ 待 T110 液位达到 50% 后，启动 P110A/B。打开 FL101A 前后阀 VD111、VD113。打开控制阀 FV109 及其前后阀 VD115、VD116。同时打开 VD109，将 T110 底部物料经 FL101 排出。

⑥ 投用 E114 系统伴热。

⑦ 待 T110 液位达到 50% 后，打开阀 XV103。同时打开控制阀 FV107 及其前后阀 VD214、VD215，启动系统再沸器。

⑧ 待 V111 水相达到一定液位后，启动泵 P112A/B。打开控制阀 FV117 及其前后阀 VD216、VD217。打开阀 VD218、VD213，将水排出，控制水相液位。

⑨ 待 V111 油相液位 LIC103 达到一定液位后，启动 P111A/B。打开控制阀 FV112 及其前后阀 VD208、VD209，给 T110 打回流。打开控制阀 FV113 及其前后阀 VD210、VD211，将部分液体排出。

⑩ 待 T110 液位稳定后，打开控制阀 FV110 及其前后阀 VD206、VD207，将 T110 底部物料引至 E114。

⑪ 待 E114 达到一定液位后，启动 P114A/B。打开阀 V301，向 E114 打循环。

⑫ 待 E114 液位稳定后，打开控制阀 FV122 及其前后阀 VD311、VD312。同时打开 VD310，将物料排出。

⑬ 按 UT114 按钮，启动 E114 转子。

⑭ 打开阀 XV104，同时打开控制阀 FV119 及其前后阀 VD316、VD317，向 E114 通入蒸汽 LP5S。

## 四、反应器进原料

① 打开手阀 VD105，打开控制阀 FV104 及其前后阀 VD120、VD121，新鲜原料进料流量为正常量的 80%，调节控制阀 FV104 的开度，控制流量为 595.8kg/h。

② 打开控制阀 FV101 及其前后阀 VD103、VD104，新鲜原料进料流量为正常量的 80%，调节控制阀 FV101 的开度，控制流量为 1473kg/h。

③ 关闭控制阀 FV106 及其前后阀，停止进粗液。

④ 打开阀 VD108，将 T110 底部物料打入 R101。同时关闭阀 VD109。

### 五、T130、T140 进料

① 打开手阀 VD519，向 T140 输送阻聚剂。

② 关闭阀 VD213、VD212，由至不合格罐改至 T130。

③ 控制 V401 开度，调节 T130 温度为 25℃。

④ 待 T140 稳定后，关闭 V141 去不合格罐手阀 VD507。打开 VD508，将物流引向 R101。

### 六、启动 T150

① 打开手阀 VD620、VD619，向 T150、V151 供阻聚剂。

② 冷却水阀 VD3501、VD3502，E352，E353 冷却器投用。

③ 打开 E152 冷却水阀 VD601，E152 投用。

④ 打开 VD405，将 T130 顶部物料改至 T150。同时关闭去不合格罐手阀 VD406。

⑤ 投用 T150 蒸汽伴热系统。

⑥ 当 T150 底部有一定液位后，启动 P150A/B。打开控制阀 FV141 及其前后阀 VD605、VD606。打开手阀 VD615，将 T150 底部物料排放至不合格罐，控制好塔液面。

⑦ 打开阀 XV107、控制阀 FV140 及其前后阀 VD622、VD621，给 E151 引蒸汽。

⑧ 待 V151 有液位后，启动 P151A/B。打开控制阀 FV142 及其前后阀 VD602、VD603，给 T150 打回流。

⑨ T150 操作稳定后，打开阀 VD613，同时关闭阀 VD614，将 V151 物料从不合格罐改至 T130。

⑩ 开控制阀 FV144 及其前后阀 VD609、VD610。打开阀 VD614，将部分物料排至不合格罐。

⑪ V151 水包出现界位后，打开 FV145 及其前后阀 VD611、VD612，向 V140 切水。调节 FV145 的开度，保持界位正常。

⑫ T150 操作稳定后，打开阀 VD613。同时关闭 VD614，将 V151 物料从不合格罐改至 T130。调节 FV144 的开度，控制 V151 液位为 50%。

⑬ 关闭阀 VD615，同时打开阀 VD616，将 T150 底部物料由至不合格罐改去 T160 进料。调节 FV141 的开度，控制 T150 液位为 50%。

### 七、启动 T160

① 开阀 VD710、VD709，向 T160、V161 供阻聚剂。

② 开阀 V701，E162 冷却器投用。

③ 用 T160 蒸汽伴热系统。

④ T160 有一定的液位，启动 P160A/B。打开控制阀 FV151 及其前后阀 VD716、VD717。同时打开 VD707，将 T160 塔底物料送至不合格罐。

⑤ 打开阀 XV108，打开控制阀 FV149 及其前后阀 VD702、VD703，向 E161 引蒸汽。

⑥ 待 V161 有液位后，启动回流泵 P161A/B。打开塔顶回流控制阀 FV150 及其前后阀 VD718、VD719 打回流。

⑦ 打开控制阀 FV153 及其前后阀 VD720、VD721。打开阀 VD714，将 V161 物料送至不合格罐。调节 FV153 的开度，保持 V161 液位为 50%。

⑧ T160 操作稳定后，关闭阀 VD707。同时打开阀 VD708，将 T160 底部物料由至不合格罐改至 T110。

⑨ 闭阀 VD714，同时打开阀 VD713，将合格产品由至不合格罐改至日罐。

## 八、处理粗液、提负荷

调整控制阀 FV101 开度,把 AA 负荷提高至 1841.36kg/h。调整控制阀 FV104 开度,把 MeOH 负荷提高至 744.75kg/h。

## 任务二　丙烯酸甲酯停车操作实训

### 一、停止供给原料

① 关闭控制阀 FV101 及其前后阀 VD103、VD104。关闭控制阀 FV104 及其前后阀 VD120、VD121。

② 关闭 TV101 及其前后阀 VD122、VD123,停止向 E101 供蒸汽。

③ 关闭手阀 VD713,同时打开阀 VD714,D161 产品由日罐切换至不合格罐。

④ 关闭阀 VD108,停止 T110 底部到 E101 循环的 AA。打开阀 VD109,将 T110 底部物料改去不合格罐。

⑤ 关闭阀 VD508,停从 T140 顶部到 E101 循环的醇。打开阀 VD507,将 T140 顶部物料改去不合格罐。

⑥ 关闭 VD118,同时打开阀 VD119,将 R101 出口由去 T110 改去不合格罐。

⑦ 去伴热系统,停 R101 伴热。

⑧ 当反应器温度降至 40℃,关闭阀 VD119。打开阀 VD110,将 R101 内的物料排出,直到 R101 排空。

⑨ 打开 VD117,泄压。

### 二、停 T110 系统

① 关闭阀 VD224,即停止向 V111 供阻聚剂。关闭阀 VD225,即停止向 T110 供阻聚剂。

② 关闭阀 VD708,停止 T160 底物料到 T110。打开阀 VD707,将 T160 底部物料改去不合格罐。

③ 缓慢减小阀 FV107 的开度,直至关闭阀 FV107,即缓慢停止向 E111 供给蒸汽。

④ 去伴热系统,停 T110 蒸汽伴热。

⑤ 关闭阀 VD212。同时打开阀 VD213,将 V111 出口物料切至不合格罐,同时适当调整 FV129 开度,保证 T130 的进料量。

⑥ 待 V111 水相全部排出后,停 P112A/B。关闭控制阀 FV117 及其前后阀。

⑦ 关闭控制阀 FV110 及其前后阀,停止向 E114 供物料。

⑧ 关闭阀 V301,停止 E114 自身循环。

⑨ 关闭控制阀 FV119 及其前后阀,停止向 E114 供给蒸汽。

⑩ 停止 E114 的转子。

⑪ 关闭阀 VD309。打开阀 VD310,将 E114 底部物料改至不合格罐。

⑫ 将 V111 油相全部排至 T110,停 P111A/B。将 P111A/B 出口(V111 油相侧物料)到 E130 阀 FV113 关闭。

⑬ 打开阀 VD203,将 T110 底物料排放出。待 T110 底物料排尽后,停止 P110A/B。

⑭ 打开阀 VD306,将 E114 底物料排放出。待 E114 底物料排尽后,停止 P114A/B。

### 三、T150 和 T160 停车

① 关闭阀 VD619,即停止向 V151 供阻聚剂。关闭阀 VD709,即停止向 V161 供阻聚

剂。关闭阀 VD620，即停止向 T150 供阻聚剂。关闭阀 VD710，即停止向 T160 供阻聚剂。

② 停 T150 进料，关闭进料阀 VD405。同时打开阀 VD406，将 T130 出口物料排至不合格罐。

③ 停 T160 进料，关闭进料阀 VD616。同时打开阀 VD615，将 T150 出口物料排至不合格罐。

④ 关闭阀 VD613。打开阀 VD614，将 V151 油相改至不合格罐。

⑤ 关闭控制阀 FV140 及其前后阀，停向 E151 供给蒸汽。同时停 T150 的蒸汽伴热。

⑥ 关闭控制阀 FV149 及其前后阀，停向 E161 供给蒸汽。同时停 T160 的蒸汽伴热。

⑦ 待回流罐 V151 的物料全部排至 T150 后，停 P151A/B。待回流罐 V161 的物料全部排至 T160 后，停 P161A/B。

⑧ 打开阀 VD608，将 T150 底物料排放出。T160 底部物料排空后，停 P160A/B。

## 四、T130 和 T140 停车

① 关闭阀 VD519，即停止向 T140 供阻聚剂。

② 当 T130 顶油相全部排出后，关闭控制阀 FV129 及其前后阀，停 T130 萃取水，T130 内的水经 V140 全部去 T140。

③ 关闭控制阀 PV117。关闭控制阀 FV134 及其前后阀，停向 E141 供给蒸汽。

④ 当 T140 内的物料冷却到 40℃以下，打开 VD501 排液。

⑤ 打开阀 VD407，给 T130 排液。

## 五、T110、T140、T150、T160 系统打破真空

① 关闭控制阀 FV109 及其前后阀。关闭控制阀 FV123 及其前后阀。关闭控制阀 FV128 及其前后阀。关闭控制阀 FV133 及其前后阀。

② 关闭阀 VD205、VD305、VD504、VD607、VD701，T110、E114、T140、T150、T160 停止供应阻聚剂空气。

③ 打开阀 VD204、VD505、VD601、VD704，向 V111、V141、V151、V161 充入 LN。

④ 直至 T110、T140、T150、T160 系统达到常压状态，关闭阀 VD204、VD505、VD601、VD704，停 LN。

## 六、紧急事故处理

### 1. AA 进料阀 FV101 卡

事故现象：FIC101 累计流量计量表停止计数，R101 反应器压力温度上升。

事故原因：AA 进料阀 FV101 卡。

处理方法：切换旁路阀，迅速打开旁路阀 V101，同时关闭 FV101 及前后阀。

### 2. P142A 泵坏

事故现象：T140 塔进料流量显示 FIC131 逐渐下降至 0，引起 T140 整塔温度压力的波动，T140 液位降低，V140 液位上升。

事故原因：可能为泵出现故障不能正常工作或是出口管路堵塞。

处理方法：先检查出口管路上各阀门是否工作正常，排除阀门故障后，迅速切换出口泵为 P142B。加大出口调节阀 FV131 开度，调整 V140 液位 LIC111 至正常工况下液位后，再恢复 FV131 开度为 50％。

### 3. T160 塔底再沸器 E161 坏

事故现象：T160 塔内温度持续下降，塔釜液位上升，塔顶汽化量降低，引起回流罐 V161 液位降低。

事故原因：T160 塔底再沸器 E161 坏。

处理方法：按停车步骤快速停车，然后检查维修换热器。

**4. 塔 T140 回流罐 V141 漏液**

事故现象：V141 内液位迅速降低。

事故原因：回流罐 V141 漏液。

处理方法：按停车步骤快速停车，然后检查维修回流罐。

## 思考题

1. 简述生产丙烯酸甲酯的主要原料、辅料及性质，丙烯酸甲酯的性质和用途。

2. 请画出生产丙烯酸甲酯的工艺流程框图。

3. 丙烯酸甲酯生产共有几个工段，其中酯化工段所用的催化剂、每个工段的主要设备是什么？

4. 写出酯化工段的主反应方程式和副反应方程式。

5. 请解释醇萃取及回收、醇拔头的工艺原理。

6. 请画出酯化工段的工艺流程图。

7. 请以酯化工段为例，分析其生产中产生的不正常现象原因，并写出处理方法。

8. 根据自己在各项开车过程的体会，对本工艺过程提出自己的看法。

# 项目四 聚氯乙烯生产操作实训

## 一、原料、产品介绍

### 1. 原料

氯乙烯为塑料工业的重要原料，主要用作制造聚氯乙烯的单体，可由乙烯或乙炔制得。氯乙烯是有毒物质，它与空气形成爆炸混合物，爆炸极限为 4%～22%（体积分数），在加压下更易爆炸，贮运时必须注意容器的密闭及氮封，并应添加少量阻聚剂。氯乙烯的性质见表 4-22。

表 4-22 氯乙烯的性质

| 性质 | 数据 | 性质 | 数据 |
|---|---|---|---|
| 外观 | 无色、易液化气体 | 溶解性 | 微溶于水,溶于乙醇、乙醚、丙酮等 |
| 分子量 | 62.5 | | |
| 临界温度/℃ | 142 | 沸点/℃ | −13.9 |
| 临界压力/MPa | 5.22 | | |

### 2. 产品

聚氯乙烯（Polyvinylchloride，PVC）是由氯乙烯单体聚合而成的高分子化合物。由于在大分子中引入氯原子，使其在难燃、透明、耐折和力学性能等方面均超过聚乙烯，是一种可通过模压、捏合、注塑、压延、吹塑等方式进行加工的产品，是世界五大通用热塑性树脂之一。产品说明见表 4-23 和表 4-24。

**表 4-23　聚氯乙烯的性质**

| 性质 | 数据 | 性质 | 数据 |
|---|---|---|---|
| 外观 | 白色粉末 | 溶解性 | 不溶于水、汽油、酒精、氯乙烯 |
| 分子量 | 40600～111600 | | 溶于酮类、酯类和氯烃类溶剂 |
| 密度/(g/mL) | 1.35～1.45 | 毒性 | 无毒、无臭 |
| 软化点/℃ | 75～85 | | |

**表 4-24　PVC 产品的规格**

| 引进牌号 | 国内牌号 | 用途 |
|---|---|---|
| K-57 | SG-8 | 塑料透明瓶、医用塑料 |
| K-61 | SG-7 | 塑料透明瓶、管件、医用塑料 |
| K-63 | SG-6 | 过氯乙烯 |
| K-67 | SG-5 | 工程塑料、唱片、人造革 |
| K-70 | SG-4 | 工程塑料、软管 |
| K-74 | SG-2 | 电缆绝缘层、护层、纤维 |

## 二、工艺流程简述

### 1. 反应机理

VCM 悬浮聚合，属于均相的自由基型加聚连锁反应，反应的活性中心是自由基，其反应机理分为链引发、链增长、链转移及链终止几个步骤。在光和热或辐射的作用下，烯类单体有可能形成自由基而聚合。但由于 C—C 键能大，须在 300～400℃ 高温下才能开始均裂成自由基。这样的温度远远超过了一般聚合温度。因此，氯乙烯悬浮聚合采用过氧化物或偶氮化合物作引发剂，将液态氯乙烯（VCM）单体在搅拌的作用下分散成小液滴，悬浮于水介质中进行聚合。溶于单体中的引发剂，在聚合温度下分解成自由基，引发 VCM 聚合，而水中溶有分散剂，以防止 VCM 液滴的并聚和防止达到一定转化率后 PVC-VCM 溶胀粒子的粒并。氯乙烯聚合是放热反应，放出的热量由聚合釜夹套中冷却水带走，放热速度与传热速度必须相等，以保证聚合温度的恒定。

### 2. 生产工艺流程

聚氯乙烯生产过程由聚合、汽提、脱水干燥、VCM 回收系统等部分组成，同时还包括主料、辅料供给系统，真空系统等。流程图如图 4-48 所示。

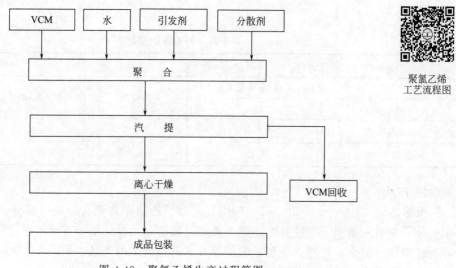

聚氯乙烯
工艺流程图

图 4-48　聚氯乙烯生产过程简图

（1）进料、聚合　首先向反应器内注入脱盐水，启动反应器搅拌，等待各种助剂的进料，水在氯乙烯悬浮聚合中使搅拌和聚合后的产品输送变得更加容易，也是一种分散剂影响着 PVC 颗粒形态。然后加入的是引发剂，氯乙烯聚合是自由基反应，而对烃类来说只有温度在 400～500℃ 以上才能分裂为自由基，这样高的温度远远超过正常的聚合温度，不能得到高分子，因而不能采用热裂解的方法来提供自由基。而采用某些可在较适合的聚合温度下，能产生自由基的物质来提供自由基。如偶氮类，过氧化物类。接下来加入分散剂，它的作用是稳定由搅拌形成的单体油滴，并阻止油滴相互聚集或合并。

对聚合釜加热到预定温度后加入 VCM，VCM 原料包括两部分，一是来自氯乙烯车间的新鲜 VCM，二是聚合后回收的未反应的 VCM，这些回收单体可与新鲜单体按一定比例再次加入到聚合釜中进行聚合反应。二者在搅拌条件下进行聚合反应，控制反应时间和反应温度，当聚合釜内的聚合反应进行到比较理想的转化率时，PVC 的颗粒形态结构性能及疏松情况最好，希望此时进行卸料和回收而不使反应继续下去，就要加入终止剂使反应立即终止。当聚合反应特别剧烈而难以控制时，或是釜内出现异常情况，或者设备出现异常都可加入终止剂使反应减慢或是完全终止。

反应生成物称为浆料，转入下道工序，并放空聚合反应釜，用水清洗反应釜后在密闭条件下进行涂壁操作，涂壁剂溶液在蒸汽作用下被雾化，冷凝在聚合釜的釜壁和挡板上，形成一层疏油亲水的膜，从而减轻了单体在聚合过程中的粘釜现象，然后重新投料生产。

（2）汽提　反应后的 PVC 浆料由聚合釜送至浆料槽，再由汽提塔加料泵送至汽提工段。蒸汽总管来的蒸汽经蒸汽过滤后，对浆料中的 VCM 进行汽提。浆料供料进入到一个热交换器中，并在热交换器中被从汽提塔底部来的热浆料预热。这种浆料之间的热交换的方法可以节省汽提所需的蒸汽，并能通过冷却汽提塔浆料的方法，缩短产品的受热时间。VCM 随汽提汽从浆料中带出。汽提汽冷凝后，排入气柜或去聚合工序回收压缩机，不合格时排空。冷凝水送至聚合工序废水汽提塔。

（3）干燥　汽提后的浆料进入脱水干燥系统，以离心方式对物料进行甩干，由浆料管送入的浆料在强大的离心作用下，密度较大的固体物料沉入转鼓内壁，在螺旋输送器推动下，由转鼓的前端进入 PVC 贮罐，母液则由堰板处排入沉降池。

（4）VCM 回收　生产系统中，含 VCM 的气体均送入气柜暂贮存，气柜的气体经泵送入水分离器，分出液相和气相，液相为水，内含有 VCM 再送到汽提器。气相为 VCM 和氮气进入液化器，经加压冷凝使 VCM 液化，液相 VCM 送 VCM 原料贮槽，不液化的气体外排。

聚氯乙烯生产工艺离心过滤 DCS 图如图 4-49 所示，离心过滤现场图如图 4-50 所示，脱盐水系统 DCS 图如图 4-51 所示，脱盐水系统现场图如图 4-52 所示，真空系统 DCS 图如图 4-53 所示，真空系统现场图如图 4-54 所示，PVC 聚合工段 DCS 图如图 4-55 所示，PVC 聚合工段现场图如图 4-56 所示，PVC 汽提工段 DCS 图如图 4-57 所示，PVC 汽提工段现场图如图 4-58 所示，废水汽提 DCS 图如图 4-59 所示，废水汽提现场图如图 4-60 所示，VCM 回收 DCS 图如图 4-61 所示，VCM 回收现场图如图 4-62 所示。

### 三、主要设备、仪表和阀件

#### 1. 主要设备

聚氯乙烯生产主要设备见表 4-25。

#### 2. 仪表

聚氯乙烯生产主要仪表见表 4-26。

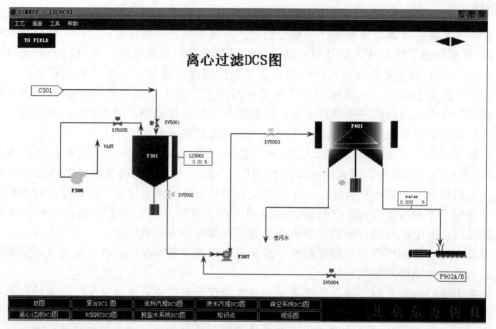

图 4-49　离心过滤 DCS 图

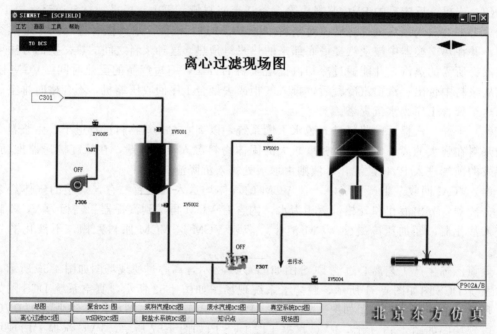

图 4-50　离心过滤现场图

## 四、岗位安全要求

① 严格控制原料气中的各项指标。

② 辅料配制称量时，特别是引发剂的称量，一定坚持两个人互相校对，以防有误，并定期校对称量器具；单体和水的计量采用质量流量计并安装两台进行复核，单体也可用计量槽进行复核，以确保最佳的水油比。聚合应采用双电源以备用；当聚合停水、停电时，可向釜内加高效终止剂终止反应；聚合釜压力应安装报警装置。

③ 严格操作控制，经常巡回检查，发现问题及时处理。

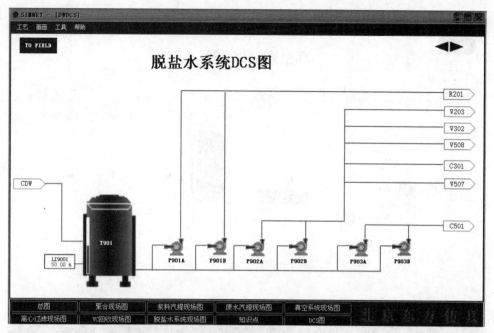

图 4-51　脱盐水系统 DCS 图

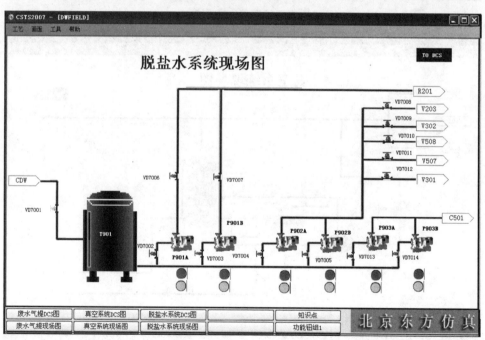

图 4-52　脱盐水系统现场图

# 任务一　冷态开车操作实训

## 一、开车准备

### 1. 脱盐水的准备

① 打开 T901 进水阀 VD7001。

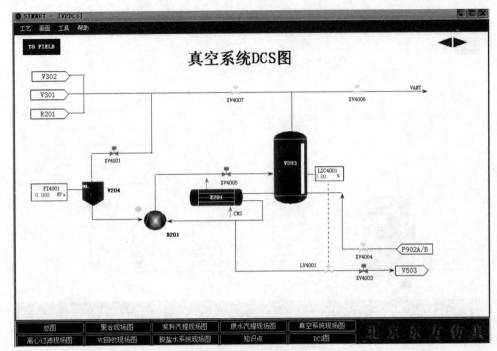

图 4-53　真空系统 DCS 图

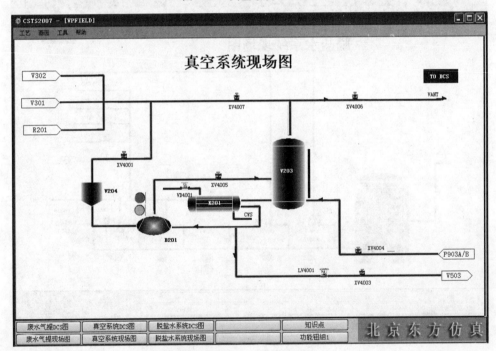

图 4-54　真空系统现场图

② 待液位达到 80％后，关闭阀门 VD7001。

③ 打开泵 P901A/B。

④ 打开泵 P902A/B。

⑤ 打开泵 P903A/B。

**2. 真空系统的准备**

① 打开阀门 XV4004，给 V203 加水。

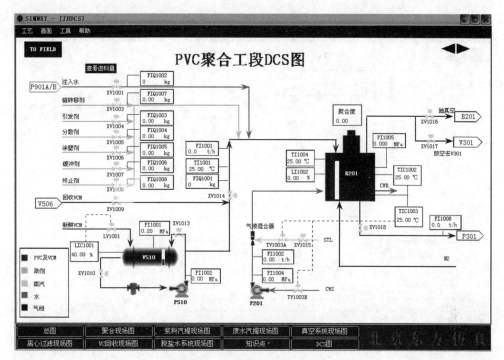

图 4-55　PVC 聚合工段 DCS 图

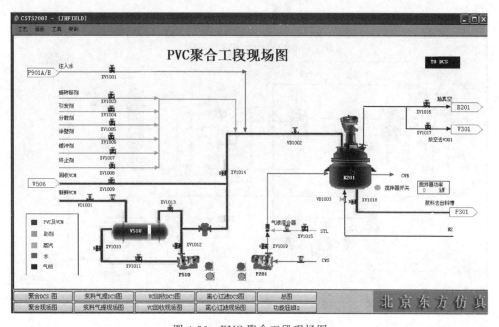

图 4-56　PVC 聚合工段现场图

② 待液位为 40％后，关闭 XV4004。

③ 打开阀门 VD4001，给 E201 换热。

**3. 反应器的准备**

① 打开 VD1003，给反应器 R201 吹 $N_2$。

② 当 R201 压力达到 0.5MPa 后，关闭 $N_2$ 阀门 VD1003。

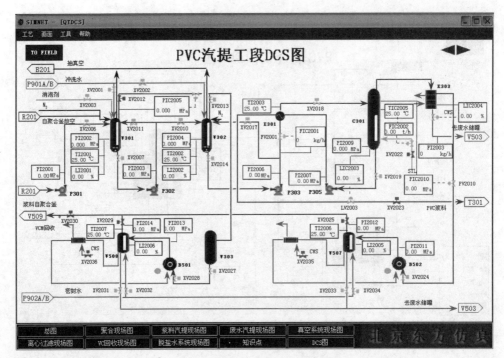

图 4-57　PVC 汽提工段 DCS 图

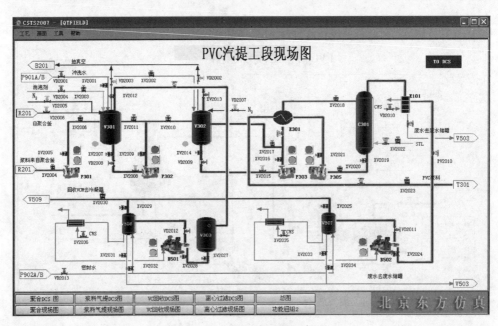

图 4-58　PVC 汽提工段现场图

③ 打开阀门 XV1016。

④ 打开真空泵 B201，给反应器抽真空。

⑤ 当 R201 的压力降为 0.0MPa 后，关闭阀门 XV1016，停止抽真空。

⑥ 打开阀门 XV1006，给反应器涂壁。

⑦ 待涂壁剂进料量满足要求后，关闭阀门 XV1006，停止涂壁。

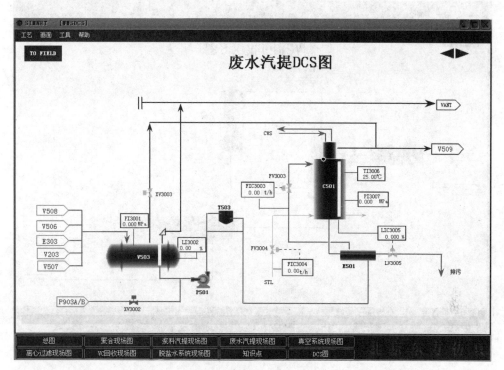

图 4-59　废水汽提 DCS 图

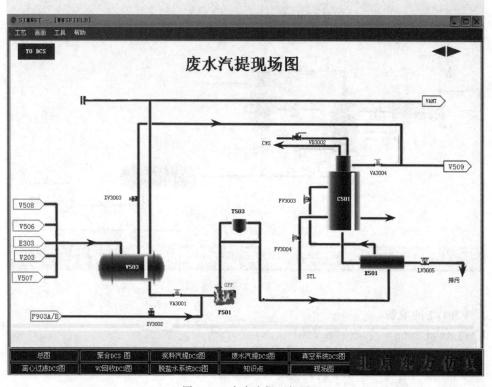

图 4-60　废水汽提现场图

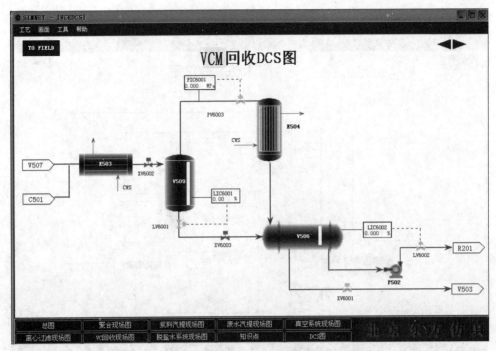

图 4-61　VCM 回收 DCS 图

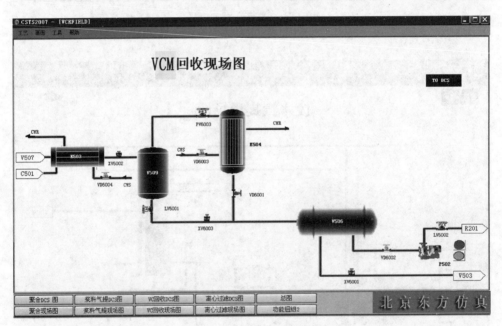

图 4-62　VCM 回收现场图

**4. V301/2 的准备**

① 打开 VD2005，给反应器 V301 吹 $N_2$。

② 打开 VD2007，给反应器 V302 吹 $N_2$。

③ V301 压力达到 0.2MPa 后，关闭 VD2005。

④ V302 压力达到 0.2MPa 后，关闭 VD2007。

⑤ 打开阀门 VD2003 给 V301 抽真空。

表 4-25　主要设备

| 序号 | 设备位号 | 设备名称 | 序号 | 设备位号 | 设备名称 |
|---|---|---|---|---|---|
| 1 | V510 | 新鲜 VCM 贮罐 | 16 | B502 | 连续回收压缩机 |
| 2 | V505 | 回收 VCM 贮罐 | 17 | V507 | 密封水分离器 |
| 3 | P510 | 新鲜 VCM 加料泵 | 18 | V508 | 密封水分离器 |
| 4 | P502 | 回收 VCM 加料泵 | 19 | V503 | 废水贮罐 |
| 5 | R201 | 聚合釜 | 20 | P501 | 废水进料泵 |
| 6 | P301 | 浆料输送泵 | 21 | E501 | 废水热交换器 |
| 7 | V301 | 出料槽 | 22 | C501 | 废水汽提塔 |
| 8 | P302 | 出料槽浆料输送泵 | 23 | E503 | VCM 回收冷凝器 |
| 9 | V302 | 汽提塔进料槽 | 24 | E504 | VCM 二级冷凝器 |
| 10 | P303 | 汽提塔加料泵 | 25 | V506 | RVCM 缓冲罐 |
| 11 | C301 | 浆料汽提塔 | 26 | T301 | 浆料混合槽 |
| 12 | P305 | 汽提塔底泵 | 27 | F401 | 离心分离机 |
| 13 | E301 | 浆料热交换器 | 28 | B201 | 真空泵 |
| 14 | E303 | 塔顶冷凝器 | 29 | V203 | 真空分离罐 |
| 15 | B501 | 间歇回收压缩机 | 30 | E201 | 蒸汽净化冷凝器 |

表 4-26　主要仪表

| 序号 | 仪表号 | 说　　明 | 序号 | 仪表号 | 说　　明 |
|---|---|---|---|---|---|
| 1 | LIC1001 | 新鲜 VCM 贮罐液位控制 | 22 | TI1002 | 聚合釜温度显示 |
| 2 | LI1002 | 回收 VCM 贮罐液位显示 | 23 | TI1003 | 循环水温度显示 |
| 3 | LI1003 | 聚合釜液位显示 | 24 | TI1004 | 出料槽温度显示 |
| 4 | LI1004 | 出料槽液位显示 | 25 | TI1005 | 汽提塔进料槽温度显示 |
| 5 | LI1005 | 汽提塔进料槽液位显示 | 26 | TI1006 | 汽提塔进料温度显示 |
| 6 | LI1006 | 汽提塔液位控制 | 27 | TI1007 | 汽提塔底出料温度显示 |
| 7 | LI1007 | 汽提塔塔顶冷凝器液位控制 | 28 | TI1008 | 汽提塔塔顶温度显示 |
| 8 | LI1008 | 废水汽提塔液位控制 | 29 | TI1009 | 废水汽提塔温度显示 |
| 9 | LI1009 | 浆料混合槽液位显示 | 30 | PI1001 | 聚合釜压力显示 |
| 10 | LIC1010 | 一级冷凝器液位控制 | 31 | PI1002 | 出料泵压力显示 |
| 11 | LIC1011 | VCM 缓冲罐液位控制 | 32 | PI1003 | 出料槽压力显示 |
| 12 | LIC1012 | 真空分离罐液位控制 | 33 | PI1004 | 出料槽浆料输送泵压力显示 |
| 13 | FIC1001 | 注入水流量控制 | 34 | PIC1005 | 气相回收管路压力控制 |
| 14 | FI1002 | 循环水流量显示 | 35 | PI1006 | 汽提塔进料槽压力显示 |
| 15 | FI1003 | 汽提塔进料流量显示 | 36 | PI1007 | 汽提塔加料泵压力显示 |
| 16 | FI1004 | 冷凝液去废水贮罐流量显示 | 37 | PI1008 | 汽提塔塔顶压力显示 |
| 17 | FIC1005 | 浆料汽提塔蒸汽流量控制 | 38 | PI1009 | 汽提塔塔底压力显示 |
| 18 | FIC1006 | 废水汽提塔蒸汽流量控制 | 39 | PDI1010 | 压差控制显示 |
| 19 | FIC1007 | 废水流量控制 | 40 | PI1011 | 废水汽提塔压力显示 |
| 20 | FIC1008 | 一级冷凝器顶部不凝气 | 41 | PI1012 | VCM 缓冲罐压力显示 |
| 21 | TIC1001 | 聚合釜温度控制 | 42 | PI1013 | 真空泵压力显示 |

⑥ 打开阀门 VD2002 给 V302 抽真空。

⑦ 当 V301 处于真空状态后，关闭阀门 VD2003，停止抽真空。

⑧ 当 V302 处于真空状态后，关闭阀门 VD2002，停止抽真空。

⑨ 关闭真空泵 B201，停止抽真空。

## 二、冷态开车

### 1. 反应器加料

① 打开阀门 XV1001，给反应器加水。

② 启动搅拌器开关，开始搅拌。

③ 打开阀门 XV1004，给反应器加引发剂。

④ 打开阀门 XV1005，给反应器加分散剂。

⑤ 打开阀门 XV1007，给反应器加缓冲剂。

⑥ LICA1001 设为自动。

⑦ 打开泵 P510 前阀门 XV1011。

⑧ 打开泵 P501 给反应器加 VCM 单体。

⑨ 打开泵 P510 后阀门 XV1014。

⑩ 按照建议进料量，水进料结束后，关闭 XV1001。

⑪ 按照建议进料量，引发剂进料结束后，关闭 XV1004。

⑫ 按照建议进料量，分散剂进料结束后，关闭 XV1005。

⑬ 按照建议进料量，缓冲剂进料结束后，关闭 XV1007。

⑭ 进料结束后，关闭泵 P510。

⑮ 关闭阀门 XV1014。

### 2. 反应温度控制

① 打开加热泵 P201。

② 当反应器温度接近 64℃时，TIC1002 投自动。

③ TIC1003 投串级。

④ 待反应釜出现约 0.5MPa 的压力降后，打开终止剂阀门 XV1008。

⑤ 按照建议进料量，终止剂进料结束后，关闭 XV1008。

⑥ 打开泵 P301 前阀 XV1018。

⑦ 打开 P301，卸料。

⑧ 打开泵后阀门 XV2005。

⑨ 卸料完毕后关闭泵 P301。

⑩ 关闭阀门 XV1018。

⑪ 关闭阀门 XV2006。

⑫ 关闭反应器温度控制，TICA1003 的 OP 值设定为 50℃。

### 3. V301/2 的操作

① 打开阀门 XV2032，向密封水分离罐 V508 中注入水至液位计显示值为 40%。

② 打开阀门 XV2034，向密封水分离罐 V507 中注入水至液位计显示值为 40%。

③ 打开 V301 搅拌器。

④ 打开阀门 XV2003，向 V301 注入消泡剂。

⑤ 一分钟后关闭阀门 XV2003，停止 V301 注入消泡剂。

⑥ 经过部分单体回收，待 V301 压力基本不变化时，打开泵 P302 前阀门 XV2008。

⑦ 打开 V302 进口阀门 XV2010。

⑧ 启动泵 P302。

⑨ 打开 V302 搅拌器。

⑩ 如果 V301 液位低于 0.1%，关闭泵 P302。

⑪ 关闭 V301 搅拌器。

⑫ 打开泵 P303 前阀 XV2015。

⑬ 启动 C301 进料泵 P303，C301 开始运行。

⑭ FIC2001 投自动。

⑮ 将浆料传输量设定为 51288kg/h。

⑯ 如果 V302 液位低于 0.1％，关闭泵 P303。

⑰ 关闭 V302 搅拌器。

### 4. C301 的操作

① 蒸汽流量控制阀 FIC2002 投自动。

② 设定蒸汽流量为 5t/h。

③ PIC2010 投自动。

④ 将 C301 的压力控制在 0.5MPa 左右。

⑤ 启动压缩机 B502。

⑥ 打开换热器 E503 冷水阀 VD6004。

⑦ 打开换热器 E504 冷水阀 VD6003。

⑧ 打开泵 P305 前阀 XV2019。

⑨ 打开泵 P305，向 T301 卸料。

⑩ C301 液位控制阀 LIC2003 投自动。

⑪ C301 液位在 40％左右。

⑫ 如果 C301 液位低于 0.1％，关闭 P305 泵。

⑬ 汽提塔冷凝器 E303 液位控制阀 LIC2004 投自动。

⑭ E303 液位控制在 30％左右，冷凝水去废水贮槽。

### 5. 料浆成品的处理

① 打开 T301 出料阀 XV5002。

② 启动离心分离系统的进料泵 P307。

③ 启动离心机，调整离心转速，向外输送合格产品。

### 6. 废水汽提

① 打开泵 P501，向设备 C501 注废水。

② FIC3003 投自动。

③ FIC3003 流量控制在 5t/h 左右。

④ FIC3004 投自动。

⑤ FIC3004 流量控制在 5t/h 左右。

⑥ LIC3005 投自动。

⑦ C501 液位控制在 30％左右。

### 7. VCM 回收

① 打开阀门 XV2007。

② 启动间歇回收压缩机 B501。

③ 压力控制阀 PIC6001 投自动，未冷凝的 VCM 进入换热器 E504 进行二次冷凝。

④ V509 压力控制在 0.5MPa 左右。

⑤ 液位控制阀 LIC6001 投自动，冷凝后的 VCM 进入贮罐 V506。

⑥ V509 液位控制在 30％左右。

 **任务二　事故处理操作实训**

事故现象：泵出压力表无显示。

事故原因：泵坏。

处理方法：脱盐水泵 P901A 出现事故以后，启动备用泵 P901B 即可。

### 思考题

1. 目前聚氯乙烯有哪几种生产工艺？各有什么优点？
2. 聚氯乙烯悬浮聚合有哪些特点？
3. 聚氯乙烯合成工艺中每一步有哪些反应？

## 项目五　甲醇合成生产操作实训

### 一、原料、产品介绍

#### 1. 原料

目前大规模工业化生产甲醇用的原料主要为天然气、煤、石油。

#### 2. 产品

甲醇（分子式：$CH_3OH$）又名木醇或木酒精，它是重要有机化工原料和优质燃料，主要用于制造甲醛、醋酸、氯甲烷、甲胺、硫酸二甲酯等多种有机产品，也是农药、医药的重要原料之一。甲醇亦可代替汽油作燃料使用，产品说明见表 4-27。

表 4-27　甲醇的性质

| 性质 | 数据 | 性质 | 数据 |
|---|---|---|---|
| 外观 | 透明、无色液体 | 自燃点/℃ | 47 |
| 熔点/℃ | −97.8 | 相对密度 | 0.7915 |
| 沸点/℃ | 64.8 | 爆炸极限 | 下限 6%，上限 36.5% |
| 闪点/℃ | 12.22 | 溶解性 | 能与乙醇、乙醚、苯、丙酮等大多数有机溶剂相混溶 |
| 毒性 | 有毒，略带酒精味 | | |

目前工业上几乎都是采用一氧化碳、二氧化碳加压催化氢化法合成甲醇。典型的流程包括原料气制造、原料气净化、甲醇合成、粗甲醇精馏等工序。

甲醇生产的总流程长，工艺复杂。甲醇的合成是在高温、高压、催化剂存在下进行的，是典型的复合气-固相催化反应过程。随着甲醇合成催化剂技术的不断发展，目前总的趋势是由高压向低压、中压发展。

高压工艺流程一般指的是使用锌铬催化剂，在 300～400℃、30MPa 高温高压下合成甲醇的过程。自从 1923 年第一次用这种方法合成甲醇成功后，差不多有 50 年的时间，世界上合成甲醇生产都沿用这种方法，仅在设计上有某些细节不同，例如甲醇合成塔内移热的方法有冷管型连续换热式和冷激型多段换热式两大类；反应气体流动的方式有轴向和径向或者二者兼有的混合形式；有副产蒸汽和不副产蒸汽的流程等。近几年来，我国开发了 25～27MPa 压力下在铜基催化剂上合成甲醇的技术，出口气体中甲醇含量 4% 左右，反应温度 230～290℃。

ICI 低压甲醇法为英国 ICI 公司在 1966 年研究成功的甲醇生产方法，从而打破了甲醇合成的高压法的垄断。这是甲醇生产工艺上的一次重大变革，它采用 51-1 型铜基催化剂，合成压力 5MPa。ICI 法所用的合成塔为热壁多段冷激式，结构简单，每段催化剂层上部装有菱形冷激气分配器，使冷激气均匀地进入催化剂层，用以调节塔内温度。

中压法是在低压法研究基础上进一步发展起来的，由于低压法操作压力低，导致设备体积相当庞大，不利于甲醇生产的大型化。因此发展了压力为 10MPa 左右的甲醇合成中压法。它能更有效地降低建厂费用和甲醇生产成本。例如 ICI 公司研究成功了 51-2 型铜基催化剂，其化学组成和活性与低压合成催化剂 51-1 型差不多，只是催化剂的晶体结构不相同，制造成本比 51-1 型昂贵。由于这种催化剂在较高压力下也能维持较长的寿命，从而使 ICI 公司有可能将原有的 5MPa 的合成压力提高到 10MPa，所用合成塔与低压法相同也是四段冷激式，其流程和设备与低压法类似。

## 二、工艺流程简述

### 1. 反应机理

本仿真系统是对低压甲醇合成装置中管束型副产蒸汽合成系统的甲醇合成工段进行的。采用一氧化碳、二氧化碳加压催化氢化法合成甲醇，在合成塔内主要发生的反应为：

$$CO_2 + 3H_2 \rightleftharpoons CH_3OH + H_2O + 49kJ/mol$$

$$CO + H_2O \rightleftharpoons CO_2 + H_2 + 41kJ/mol$$

两式合并后即可得出 CO 生成 $CH_3OH$ 的反应式：

$$CO + 2H_2 \rightleftharpoons CH_3OH + 90kJ/mol$$

### 2. 生产工艺流程

甲醇合成
工艺流程

蒸汽驱动透平带动压缩机运转，提供循环气连续运转的动力，并同时往循环系统中补充 $H_2$ 和混合气（$CO+H_2$），使合成反应能够连续进行。反应放出的大量热通过蒸汽包 F-601 移走，合成塔入口气在中间换热器 E-601 中被合成塔出口气预热至 46℃后进入合成塔 R-601，合成塔出口气由 255℃依次经中间换热器 E-601、精制水预热器 E-602、最终冷却器 E-603 换热至 40℃，与补加的 $H_2$ 混合后进入甲醇分离器 F-602，分离出的粗甲醇送往精馏系统进行精制，气相的一小部分送往火炬，气相的大部分作为循环气被送往压缩机 C-601，被压缩的循环气与补加的混合气混合后经 E-601 进入反应器 R-601。甲醇合成压缩系统 DCS 图如图 4-63 所示，压缩系统现场图如图 4-64 所示，合成系统 DCS 图如图 4-65 所示，合成

离心式空压机

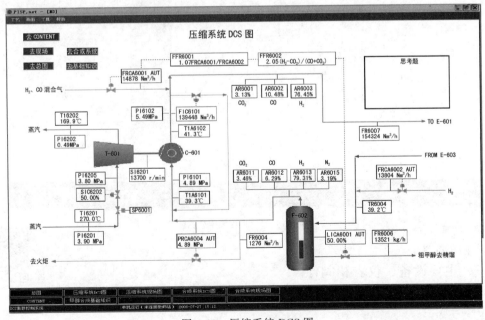

图 4-63　压缩系统 DCS 图

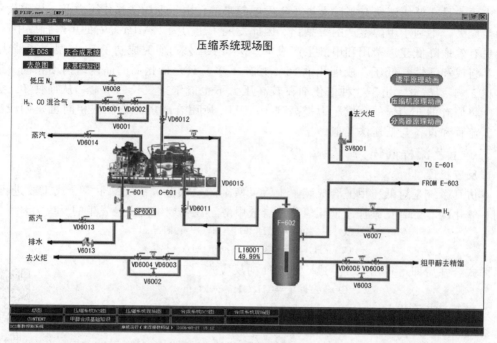

图 4-64　压缩系统现场图

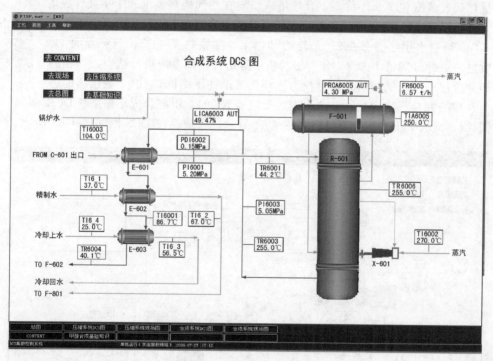

图 4-65　合成系统 DCS 图

系统现场图如图 4-66 所示。

## 三、主要设备、仪表和阀件

### 1. 主要设备

甲醇合成主要设备见表 4-28。

甲醇合成塔
结构

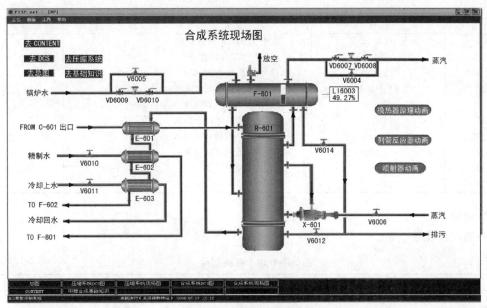

图 4-66　合成系统现场图

**表 4-28　主要设备**

| 设备位号 | 设备名称 | 设备位号 | 设备名称 |
|---|---|---|---|
| T-601 | 透平 | R-601 | 合成塔 |
| F-601 | 汽包 | F-602 | 分离罐 |
| V6013 | 输水阀 | | |

## 2. 仪表

各类仪表见表 4-29。

**表 4-29　各类仪表**

| 序号 | 位号 | 说明 | 正常值 | 单位 |
|---|---|---|---|---|
| 1 | PI6201 | 蒸汽透平 T-601 蒸汽压力 | 3.9 | MPa |
| 2 | PI6202 | 蒸汽透平 T-601 进口压力 | 0.5 | MPa |
| 3 | PI6205 | 蒸汽透平 T-601 出口压力 | 3.8 | MPa |
| 4 | TI6201 | 蒸汽透平 T-601 进口温度 | 270 | ℃ |
| 5 | TI6202 | 蒸汽透平 T-601 出口温度 | 170 | ℃ |
| 6 | SI6201 | 蒸汽透平转速 | 3.8 | r/min |
| 7 | PI6101 | 循环压缩机 C-601 入口压力 | 4.9 | MPa |
| 8 | PI6102 | 循环压缩机 C-601 出口压力 | 5.7 | MPa |
| 9 | TIA6101 | 循环压缩机 C-601 进口温度 | 40 | ℃ |
| 10 | TIA6102 | 循环压缩机 C-601 出口温度 | 44 | ℃ |
| 11 | PI6001 | 合成塔 R-601 入口压力 | 5.2 | MPa |
| 12 | PI6003 | 合成塔 R-601 出口压力 | 5.05 | MPa |
| 13 | TR6001 | 合成塔 R-601 进口温度 | 46 | ℃ |
| 14 | TR6003 | 合成塔 R-601 出口温度 | 255 | ℃ |
| 15 | TR6006 | 合成塔 R-601 温度 | 255 | ℃ |
| 16 | TI6001 | 中间换热器 E-601 热物流出口温度 | 91 | ℃ |
| 17 | TR6004 | 分离罐 F-602 进口温度 | 40 | ℃ |
| 18 | FR6006 | 粗甲醇采出量 | 13904 | kg/h |
| 19 | FR6005 | 汽包 F-601 蒸汽采出量 | 5.5 | t/h |
| 20 | TIA6005 | 汽包 F-601 温度 | 250 | ℃ |
| 21 | PDI6002 | 合成塔 R-601 进出口压差 | 0.15 | MPa |

| 序号 | 位号 | 说明 | 正常值 | 单位 |
|---|---|---|---|---|
| 22 | AD6011 | 循环气中 $CO_2$ 的含量 | 3.5 | % |
| 23 | AD6012 | 循环气中 CO 的含量 | 6.29 | % |
| 24 | AD6013 | 循环气中 $H_2$ 的含量 | 79.31 | % |
| 25 | FFR6001 | 混合气与 $H_2$ 体积流量之比 | 1.07 | |
| 26 | TI6002 | 喷射器 X-601 入口温度 | 270 | ℃ |
| 27 | TI6003 | 汽包 F-601 入口锅炉水温度 | 104 | ℃ |
| 28 | LI6001 | 分离罐 F-602 现场液位显示 | 40 | % |
| 29 | LI6003 | 分离罐 F-602 现场液位显示 | 50 | % |
| 30 | FFR6001 | $H_2$ 与混合气流量比 | 1.07 | |
| 31 | FFR6002 | 新鲜气中 $H_2$ 与 CO 比 | 2.05~2.15 | |

**3. 阀件**

各类阀件见表 4-30。

**表 4-30　各类阀件**

| 阀件位号 | 阀件名称 | 阀件位号 | 阀件名称 |
|---|---|---|---|
| VD6001 | FRCA6001 前阀 | V6002 | PRCA6004 副线阀 |
| VD6002 | FRCA6001 后阀 | V6003 | LICA6001 副线阀 |
| VD6003 | PRCA6004 前阀 | V6004 | PRCA6005 副线阀 |
| VD6004 | PRCA6004 后阀 | V6005 | LICA6003 副线阀 |
| VD6005 | LICA6001 前阀 | V6006 | 开工喷射器蒸汽入口阀 |
| VD6006 | LICA6001 后阀 | V6007 | FRCA6002 副线阀 |
| VD6007 | PRCA6005 前阀 | V6008 | 低压 $N_2$ 入口阀 |
| VD6008 | PRCA6005 后阀 | V6010 | E602 冷物流入口阀 |
| VD6009 | LICA6003 前阀 | V6011 | E603 冷物流入口阀 |
| VD6010 | LICA6003 后阀 | V6012 | R601 排污阀 |
| VD6011 | 压缩机前阀 | V6014 | F601 排污阀 |
| VD6012 | 压缩机后阀 | V6015 | C601 开关阀 |
| VD6013 | 透平蒸汽入口前阀 | SP6001 | T601 入口蒸汽电磁阀 |
| VD6014 | 透平蒸汽入口后阀 | SV6001 | R601 入口气安全阀 |
| V6001 | FRCA6001 副线阀 | SV6002 | F601 安全阀 |

## 四、岗位安全要求

① 生产装置区的所有物料（如合成气、甲醇等）均为易燃、易爆、有毒，要建立环境及安全监测制度，控制排放量及污染因子浓度，包括空间及地沟等处尘毒浓度必须控制在最高容许浓度之内（一氧化碳 $30mg/m^3$，甲醇 $50mg/m^3$），对超标区域，查明原因，及时采取措施进行整改。

② 甲醇合成是在高温高压条件下进行，要杜绝超温、超压、超负荷运行。操作人员要会熟练使用消防及气防器材，对生产过程出现的异常情况能够采取积极主动的应急处理方法和措施。

③ 在各项实训过程中，严格按照操作规程完成，自觉地培养良好的操作习惯和安全意识。

 ## 任务一　冷态开车操作实训

## 一、开工前的准备

① 仪表空气、中压蒸汽、锅炉给水、冷却水及脱盐水均已引入界区内备用。

② 盛装开工废甲醇的废油桶已准备好。

③ 仪表校正完毕。

④ 催化剂还原彻底。

⑤ 粗甲醇贮槽皆处于备用状态，全系统在催化剂升温还原过程中出现的问题都已解决。

⑥ 净化运行正常，新鲜气质量符合要求，总负荷≥30％。

⑦ 压缩机运行正常，新鲜气随时可导入系统。

⑧ 本系统所有仪表再次校验，调试运行正常。

⑨ 精馏工段已具备接收粗甲醇的条件。

⑩ 总控，现场照明良好，操作工具、安全工具、交接班记录、生产报表、操作规程、工艺指标齐备，防毒面具、消防器材按规定配好。

⑪ 微机运行良好，各参数已调试完毕。

## 二、冷态开车

### 1. 引锅炉水

① 开汽包 F-601 锅炉水入口前阀 VD6009（可与 $N_2$ 置换同时进行）。

② 开汽包 F-601 锅炉水入口后阀 VD6010。

③ 开汽包 F-601 锅炉水入口控制阀 LICA6003（为加快速度也可同时开启副线 V6005）。

④ LICA6003 接近 50％时投自动，如果液位难以控制，可先手动调节再投自动。

### 2. $N_2$ 置换

① 缓慢开启低压 $N_2$ 入口阀 V6008（随时调整）。

② 开启 PRCA6004 前阀 VD6003。

③ 开启 PRCA6004 后阀 VD6004。

④ 开启 PRCA6004（随时调整，为加快速度也可同时开启副线 V6002）。

⑤ 当 PI6001 接近 0.5MPa、系统中含氧量降至 0.25％以下时，关闭 V6008。

⑥ 关闭 PRCA6004，进行 $N_2$ 保压（此时系统压力 PI6001 不能超过 1MPa）。

质量指标：系统压力 PI6001 0.35～0.7MPa，系统中含氧量 AR6019 0～0.35％。

### 3. 建立循环

① 开启 FIC6101，防止压缩机喘振，当 PI6102 大于压力 PI6001 且压缩机运转正常后关闭。

② 开启压缩机 C-601 前阀 VD6011。

③ 开启透平 T-601 前阀 VD6013。

④ 开启透平 T-601 后阀 VD6014。

⑤ 开启透平 T-601 控制阀 SIC6202。

⑥ 开启 VD6015，投用压缩机。

⑦ PI6102 大于 PI6001 后，开启压缩机 C-601 后阀 VD6012。

### 4. $H_2$ 置换充压

① 现场开启 V6007，进行 $H_2$ 置换、充压（随时调整，可与反应器升温同时进行）。

② 开启 PRCA6004（随时调整）。

③ 将 $N_2$ 的体积含量 AR6015 降至 1％。

④ 将系统压力 PI6001 升至 2.0MPa（此时不能超过 3.5 MPa）。

⑤ $N_2$ 的体积含量和系统压力合格后，关闭 V6007。

⑥ $N_2$ 的体积含量和系统压力合格后，关闭 PRCA6004。

质量指标：$N_2$ 的体积含量 AR6015，1％±1％；系统压力 PI6001，2MPa±0.5MPa。

### 5. 投原料气

① 开启 FRCA6001 前阀 VD6001。

② 开启 FRCA6001 后阀 VD6002。

③ 开启 FRCA6001（缓开），同时注意调节 SIC6202，保证循环压缩机的正常运行。

④ 开启 FRCA6002（和 FRCA6001 体积近似）。

⑤ 系统压力 PI6001 升至 5.0MPa（此时不能超过 5.5 MPa）。

⑥ 系统压力 PI6001 在 5.0MPa 时，关闭 FRCA6001。

⑦ 系统压力 PI6001 在 5.0MPa 时，关闭 FRCA6002。

质量指标：系统压力 PI6001，4.5～5.4MPa。

> 注：系统压力主要靠混合气入口量 FRCA6001、$H_2$ 入口量 FRCA6002、放空量 FRCA6004 以及甲醇在分离罐中的冷凝量来控制；在原料气进入反应塔前有一安全阀，当系统压力高于 5.7MPa 时，安全阀会自动打开，当系统压力降回 5.7MPa 以下时，安全阀自动关闭，从而保证系统压力不致过高。

### 6. 反应器升温

① 开启喷射器 X-601 的蒸汽入口阀 V6006（随时调整）。

② 开 V6010，投用换热器 E-602。

③ 开 V6011，投用换热器 E-603，使 TR6004 不超过 100℃。

④ 开启汽包蒸汽出口前阀 VD6007。

⑤ 开启汽包蒸汽出口后阀 VD6008。

⑥ 将汽包蒸汽出口控制器 PRCA6005 投自动，设为 4.3MPa，若变化较快可手动调节。

> 注：反应器的温度主要是通过汽包来调节，如果反应器的温度较高并且升温速度较快，这时应将汽包蒸汽出口开大，增加蒸汽采出量，同时降低汽包压力，使反应器温度降低或温升速度变小；如果反应器的温度较低并且升温速度较慢，这时应将汽包蒸汽出口关小，减少蒸汽采出量，慢慢升高汽包压力，使反应器温度升高或温降速度变小；如果反应温度仍然偏低或温降速度较大，可通过开启开工喷射器 X-601 来调节。

### 7. 调至正常

① 关闭开工喷射器 X-601 的蒸汽入口阀 V6006。

② 缓慢开启 FRCA6001（随时调整），调节 SIC6202，使入口原料气中 $H_2$ 与 CO 的体积比为（7～8）：1，最终加量至正常（14877Nm³/h）。

③ 缓慢开启 FRCA6002（根据循环气中 $H_2$ 含量随时调整），投料达正常时 FFR6001 约为 1。

> 注：循环量主要是通过透平来调节。由于循环气组分多，所以调节起来难度较大，不可能一蹴而就，需要一个缓慢的调节过程。调平衡的方法是：通过调节循环气量和混合气入口量使反应入口气中 $H_2$/CO（体积比）在 7～8 之间，同时通过调节 FRCA6002，使循环气中 $H_2$ 的含量尽量保持在 79% 左右，同时逐渐增加入口气的量直至正常（FRCA6001 的正常量为 14877Nm³/h，FRCA6002 的正常量为 13804Nm³/h），达到正常后，新鲜气中 $H_2$ 与 CO 之比（FFR6002）在 2.05～2.15 之间。

④ 将 PRCA6004 投自动，设为 4.90MPa。

⑤ 开启粗甲醇采出现场前阀 VD6005。

⑥ 开启粗甲醇采出现场后阀 VD6006。

⑦ 将 LICA6001 投自动，设为 40%，若液位变化较快，可手动控制。

⑧ 调至正常后，在总图上将"F602 液位高或 R601 温度高联锁"打向 INTERLOCK。

⑨ 调至正常后，在总图上按"F601 液位低联锁"打向 INTERLOCK。

质量指标：新鲜气中 $H_2$ 与 CO 比 FFR6002，2.1±0.5；循环气中 $CO_2$ 的含量 AR6011，3.5%±0.5%；循环气中 CO 的含量 AR6012，6.29%±0.5%；循环气中 $H_2$ 的含量 AR6013，79.31%；分离罐液位 LICA6001，40%±10%；汽包液位 LICA6003，

50％±20％；系统压力 PI6001，4.2～5.6MPa；反应器温度 TR6006，215～275℃；汽包温度 TIA6005，210～265℃。

注：合成原料气在反应器入口处各组分的含量是通过混合气入口量 FRCA6001、$H_2$ 入口量 FRCA6002 以及循环量来控制的，冷态开车时，由于循环气的组成没有达到稳态时的循环气组成，需要慢慢调节才能达到稳态时的循环气的组成。调节组成的方法是：

① 如果增加循环气中 $H_2$ 的含量，应开大 FRCA6002、增大循环量并减小 FRCA6001，经过一段时间后，循环气中 $H_2$ 含量会明显增大。

② 如果减小循环气中 $H_2$ 的含量，应关小 FRCA6002、减小循环量并增大 FRCA6001，经过一段时间后，循环气中 $H_2$ 含量会明显减小。

③ 如果增加反应塔入口气中 $H_2$ 的含量，应开大 FRCA6002 并增加循环量，经过一段时间后，入口气中 $H_2$ 含量会明显增大。

④ 如果降低反应塔入口气中 $H_2$ 的含量，应关小 FRCA6002 并减小循环量，经过一段时间后，入口气中 $H_2$ 含量会明显减小。

## 任务二  正常停车和紧急停车操作实训

### 一、正常停车

#### 1. 停原料气
① 将 F-602 液位或 R-601 温度高联锁 Bypass。
② 将 F-601 液位低联锁 Bypass。
③ 将 FRCA6001 改为手动，关闭。
④ 现场关闭 FRCA6001 前阀 VD6001 和后阀 VD6002。
⑤ 将 FRCA6002 改为手动，关闭。
⑥ 将 PRCA6004 改为手动，关闭。

#### 2. 开蒸汽
开蒸汽阀 V6006，投用 X-601，使 TR6006 维持在 210℃以上。

#### 3. 汽包降压
① 残余气体反应一段时间后，关蒸汽阀 V6006。
② 将 PRCA6005 改为手动调节，逐渐降压。
③ 将 LICA6003 改为手动，关闭。
④ 关闭 LICA6003 的前阀 VD6010 和后阀 VD6009。

#### 4. R-601 降温
① 手动调节 PRCA6004，使系统泄压，同时调节 SIC6202。
② 开启现场阀 V6008，进行 $N_2$ 置换，使 ［$H_2$］＋［$CO_2$］＋［CO］＜1％（体积分数）。
③ 保持 PI6001 在 0.5MPa 时，关闭 V6008。
④ 关闭 PRCA6004。
⑤ 关闭 PRCA6004 的前阀 VD6003 和后阀 VD6004。

#### 5. 停 C/T601
① 关 VD6015，停用压缩机。
② 逐渐关闭 SIC6202。
③ 关闭现场阀 VD6013。
④ 关闭现场阀 VD6014。

⑤ 关闭现场阀 VD6011。

⑥ 关闭现场阀 VD6012。

**6. 停冷却水**

① 关闭现场阀 V6010。

② 关闭现场阀 V6011。

## 二、紧急停车

**1. 停原料气**

① 将 F-602 液位或 R-601 温度高联锁 Bypass。

② 将 F-601 液位低联锁 Bypass。

③ 将 FRCA6001 改为手动，关闭，现场关闭 FRCA6001 前阀 VD6001、后阀 VD6002。

④ 将 FRCA6002 改为手动，关闭。

⑤ 将 PRCA6004 改为手动，关闭。

**2. 停压缩机**

① 关 VD6015，停用压缩机。

② 逐渐关闭 SIC6202。

③ 关闭现场阀 VD6013。

④ 关闭现场阀 VD6014。

⑤ 关闭现场阀 VD6011。

⑥ 关闭现场阀 VD6012。

**3. 泄压**

① 将 PRCA6004 改为手动，全开。

② 当 PI6001 降至 0.3MPa 以下时，将 PRCA6004 关小。

**4. $N_2$ 置换**

① 开 V6008，进行 $N_2$ 置换。

② 当 ［CO］＋［$H_2$］＜5％后，用 0.5MPa 的 $N_2$ 保压。

# 任务三　正常运行管理和事故处理操作实训

## 一、正常运行管理

在实训过程中，密切注意各工艺参数的变化，维持生产过程运行稳定。正常工况下的工艺参数指标见表 4-31。

表 4-31　正常工况工艺参数指标

| 工位号 | 正常指标 | 备　注 |
| --- | --- | --- |
| LICA6001 | 40％±10％ | 分离罐液位控制 |
| LICA6003 | 50％±20％ | 汽包液位控制 |
| PI6001 | 4.0～5.7MPa | 系统压力控制 |
| PRCA6005 | 4.0～4.8MPa | 系统汽包压力控制 |
| TR6006 | 210～280℃ | 反应器温度控制 |
| TIA6005 | 200～270℃ | 汽包温度控制 |
| FFR6002 | 2.05～2.15 | 新鲜气中 $H_2$ 与 CO 比控制 |
| AR6011 | 3.5％±0.5％ | 循环气中 $CO_2$ 的含量 |
| AR6012 | 6.29％±0.5％ | 循环气中 CO 的含量 |
| AR6013 | 79.3％±1.0％ | 循环气中 $H_2$ 的含量 |
| AR6015 | 3.18％±0.5％ | 循环气中 $N_2$ 的含量 |

## 二、事故处理操作实训

注重事故现象的分析、判断能力的培养。处理事故过程中，要迅速、准确、无误。

### 1. 分离罐液位高或反应器温度高联锁

事故现象：分离罐 F-602 的液位 LICA6001 高于 70％，或反应器 R-601 的温度 TR6006 高于 270℃。原料气进气阀 FRCA6001 和 FRCA6002 关闭，透平电磁阀 SP6001 关闭。

事故原因：F-602 液位高或 R-601 温度高联锁。

处理方法：① 等联锁条件消除后，按"SP6001 复位"按钮，透平电磁阀 SP6001 复位；
　　　　　② 手动开启进料控制阀 FRCA6001 和 FRCA6002。

### 2. 汽包液位低联锁

事故现象：汽包 F-601 的液位 LICA6003 低于 5％，温度高于 100℃；锅炉水入口阀 LICA6003 全开。

事故原因：F-601 液位低联锁。

处理方法：等联锁条件消除后，手动调节锅炉水入口控制阀 LICA6003 至正常。

### 3. 混合气入口阀 FRCA6001 阀卡

事故现象：混合气进料量变小，造成系统不稳定。

事故原因：控制阀 FRCA6001 阀卡。

处理方法：开启混合气入口副线阀 V6001，将流量调至正常。

### 4. 透平坏

事故现象：透平运转不正常，循环压缩机 C601 停。

事故原因：透平坏。

处理方法：同紧急停车，修理透平。

### 5. 催化剂老化

事故现象：反应速度降低，各成分的含量不正常，反应器温度降低，系统压力升高。

事故原因：催化剂失效。

处理方法：同正常停车，更换催化剂后重新开车。

### 6. 循环压缩机坏

事故现象：压缩机停止工作，出口压力等于入口，循环不能继续，导致反应不正常。

事故原因：循环压缩机坏。

处理方法：同紧急停车，修好压缩机后重新开车。

### 7. 反应塔温度高报警

事故现象：反应塔温度 TR6006 高于 265℃但低于 270℃。

事故原因：反应塔温度高报警。

处理方法：① 全开汽包上部 PRCA6005 控制阀，释放蒸汽热量；
　　　　　② 打开现场锅炉水进料旁路阀 V6005，增大汽包的冷水进量；
　　　　　③ 将程控阀门 LICA6003 手动，全开，增大冷水进量；
　　　　　④ 手动打开现场汽包底部排污阀 V6014；
　　　　　⑤ 手动打开现场反应塔底部排污阀 V6012；
　　　　　⑥ 待温度稳定下降之后，观察下降趋势，当 TR6006 在 260℃时，关闭排污阀 V6012；
　　　　　⑦ 将 LICA6003 调至自动，设定液位为 50％；
　　　　　⑧ 关闭现场锅炉水进料旁路阀门 V6005；
　　　　　⑨ 关闭现场汽包底部排污阀 V6014；

⑩ 将 PRCA6005 投自动，设定为 4.3MPa。

**8. 反应塔温度低报警**

事故现象：反应塔温度 TR6006 高于 210℃但低于 220℃。

事故原因：反应塔温度低报警。

处理方法：① 将锅炉水调节阀 LICA6003 调为手动，关闭；

② 缓慢打开喷射器入口阀 V6006；

③ 当 TR6006 温度为 255℃时，逐渐关闭 V6006。

**9. 分离罐液位高报警**

事故现象：分离罐液位 LICA6001 高于 65%，但低于 70%。

事故原因：分离罐液位高报警。

处理方法：① 打开现场旁路阀 V6003；

② 全开 LICA6001；

③ 当液位低于 50%之后，关闭 V6003；

④ 调节 LICA6001，稳定在 40%时投自动。

**10. 系统压力 PI6001 高报警**

事故现象：系统压力 PI6001 高于 5.5MPa，但低于 5.7MPa。

事故原因：系统压力 PI6001 高报警。

处理方法：① 关小 FRCA6001 的开度至 30%，压力正常后调回；

② 关小 FRCA6002 的开度至 30%，压力正常后调回。

**11. 汽包液位低报警**

事故现象：汽包液位 LICA6003 低于 10%，但高于 5%。

事故原因：汽包液位低报警。

处理方法：① 开现场旁路阀 V6005；

② 全开 LICA6003，增大入水量；

③ 当汽包液位上升至 50%，关现场 V6005；

④ LICA6003 稳定在 50%时，投自动。

 **思考题**

1. 甲醇合成工段的主要任务是什么？

2. 甲醇的主要反应有哪些？主要工艺影响是什么？

3. 气体为什么要循环利用？

4. 压缩机循环段的作用是什么？

5. 空速的定义及对甲醇合成的影响是什么？如何增加空速？

6. 压力对甲醇产生有何影响？压力选择原则是什么？如何控制系统压力？

7. 温度对甲醇产生有何影响？温度选择原则是什么？合成塔温度为什么能通过汽包压力来控制？

8. 新鲜气中的 $H_2/CO$ 比是如何确定的？目的是什么？指标为多少？

9. 吹除气为什么设置在分离器后面？其目的是什么？

10. 催化剂钝化的目的和方法是什么？系统压力如何维持？

11. 为什么入甲醇分离器的物料温度要控制在 40℃以下？

## 项目六　甲醇精制生产操作实训

### 一、工艺流程简述

#### 1. 多组分精馏

工业上常遇到的精馏操作是多组分精馏。根据挥发度的差异，可将各组分逐个分离。

对 $n$ 个组分的混合液作精馏分离时，为 $n$ 个高纯度的产品，需要 $(n-1)$ 个塔，因为一个多组分精馏塔只能分离出一个高纯度的组分，最后一个塔才能分得两个高纯度产品。这样，多个塔就可以不同的方案加以组织，产生多种流程。工业上多组分分离流程的选择不仅要考虑经济上的优化，使设备费用与操作费用之和最少，同时还要兼顾所分离混合物的各组分性质（如热敏性，聚合结焦倾向等）以及对产品纯度的要求。通常可按如下规则制定流程的初选方案：

① 把进料组分首先按摩尔分数接近 0.5∶0.5 进行分离；

② 当进料各组分摩尔分数相近，且按挥发度排序两两间相对挥发度相近时，可按把组分逐一从塔顶取出的顺序排列流程；

③ 当进料各组分按挥发度排序两两间相对挥发度差别较大时，可按相对挥发度递减的方向排列流程；

④ 当进料各组分摩尔分数差别较大时，按摩尔分数递减的方向排列流程；

⑤ 产品纯度要求高的留在最后分离。

必须根据具体情况，对多方案作经济比较，决定合理的流程。

在多组分精馏中，塔顶、塔底产品中的各组分浓度不能全部规定，而只能各自规定其中之一。因为在精馏塔分离能力一定的条件下，当塔顶与塔底产品中规定某一组分的含量达到要求时，其他组分的含量将在相同条件下按其挥发度的大小而被相应地确定。

为简化塔顶、塔底产品组分含量的估算，常使用关键组分的概念。所谓关键组分就是在进料中选取两个组分（大多数情况下是挥发度相邻的两组分），它们对多组分的分离起着控制作用。挥发度大的关键组分称为轻关键组分（l），为达到分离要求，规定它在塔底产品中的组成不能大于某给定值。挥发度小的关键组分称为重关键组分（h），为达到分离要求，规定它在塔顶产品中的组成不能大于某给定值。必须指出，同样的进料，对不同的分离方案而言，关键组分是不同的。

当选取的关键组分按挥发度排序是两个相邻组分，而且两者挥发度差异较大，同时分离要求也较高，即塔顶重关键组分摩尔分数和塔底轻关键组分摩尔分数控制得都较低时，可以认为比轻关键组分还不易挥发的组分（简称轻组分）全部从塔顶蒸出，在塔釜中含量极小，可以忽略；比重关键组分还不易挥发的组分（简称重组分）全部从塔釜排出，在塔顶中含量极小，可以忽略。这样多组分精馏可简化为双组分精馏处理。

#### 2. 生产工艺过程

从甲醇合成工段来的粗甲醇进入粗甲醇预热器（E-0401）与预塔再沸器（E-0402）、加压塔再沸器（E-0406B）和回收塔再沸器（E-0414）来的冷凝水进行换热后进入预塔（D-0401），经 D-0401 分离后，塔顶气相为二甲醚、甲酸甲酯、二氧化碳、甲醇等蒸气，经二级冷凝后，不凝气通过火炬排放，冷凝液中补充脱盐水返回 D-0401 作为回流液，塔釜为甲醇水溶液，经 P-0403 增压后用加压塔（D-0402）塔釜出料液在 E-0405 中进行预热，然后进入 D-0402。

经 D-0402 分离后，塔顶气相为甲醇蒸气，与常压塔（D-0403）塔釜液换热后部分返回 D-0402 打回流，部分采出作为精甲醇产品，经 E-0407 冷却后送中间罐区产品罐，塔釜出料液在 E-0405 中与进料换热后作为 E-0403 塔的进料。

在 D-0403 中甲醇与轻重组分以及水得以彻底分离，塔顶气相为含微量不凝气的甲醇蒸气，经冷凝后，不凝气通过火炬排放，冷凝液部分返回 D-0403 打回流，部分采出作为精甲醇产品，经 E-0410 冷却后送中间罐区产品罐，塔下部侧线采出杂醇油作为回收塔（D-0404）的进料。塔釜出料液为含微量甲醇的水，经 P-0409 增压后送污水处理厂。经 D-0404 分离后，塔顶产品为精甲醇，经 E-0415 冷却后部分返回 D-0404 回流，部分送精甲醇罐，塔中部侧线采出异丁基油送中间罐区副产品罐，底部的少量废水与 D-0403 塔底废水合并。

甲醇精制工艺流程

根据以上叙述，本工段采用四塔（3+1）精馏工艺，包括预塔、加压塔、常压塔及甲醇回收塔。预塔的主要目的是除去粗甲醇中溶解的气体（如 $CO_2$、CO、$H_2$ 等）及低沸点组分（如二甲醚、甲酸甲酯），加压塔及常压塔的目的是除去水及高沸点杂质（如异丁基油），同时获得高纯度的优质甲醇产品。另外，为了减少废水排放，增设甲醇回收塔，进一步回收甲醇，减少废水中甲醇的含量。

该工艺特点：①三塔精馏加回收塔工艺流程的主要特点是热能的合理利用；②采用双效精馏方法，将加压塔塔顶气相的冷凝潜热用作常压塔塔釜再沸器热源。

废热回收：其一是将天然气蒸汽转化工段的转化气作为加压塔再沸器热源；其二是加压塔辅助再沸器、预塔再沸器冷凝水用来预热进料粗甲醇；其三是加压塔塔釜出料与加压塔进料充分换热。

甲醇精制预塔 DCS 图如图 4-67 所示，加压塔 DCS 图如图 4-68 所示，常压塔 DCS 图如图 4-69 所示，回收塔 DCS 图如图 4-70 所示。

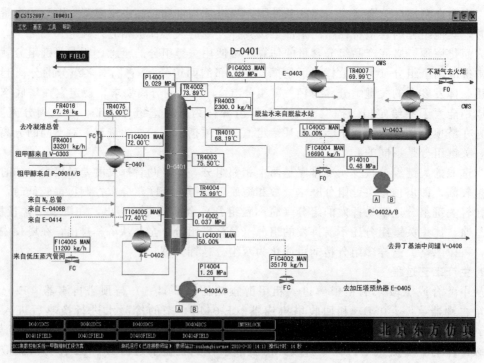

图 4-67　甲醇精制预塔 DCS 图

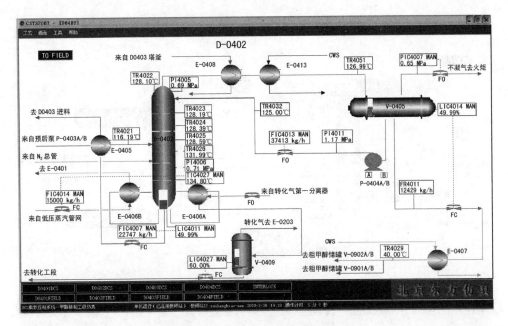

图 4-68　甲醇精制加压塔 DCS 图

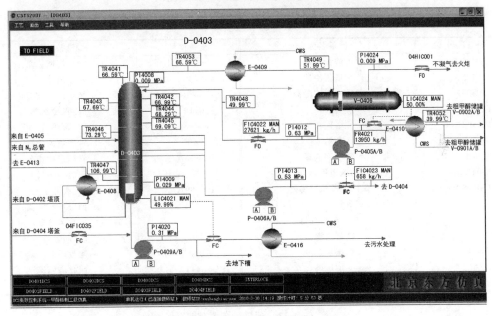

图 4-69　甲醇精制常压塔 DCS 图

## 二、主要设备、仪表和阀件

### 1. 主要设备

甲醇精制生产主要设备见表 4-32。

### 2. 仪表

（1）预塔　各类仪表见表 4-33。

（2）加压塔　各类仪表见表 4-34。

（3）常压塔　各类仪表见表 4-35。

（4）甲醇回收塔　各类仪表见表 4-36。

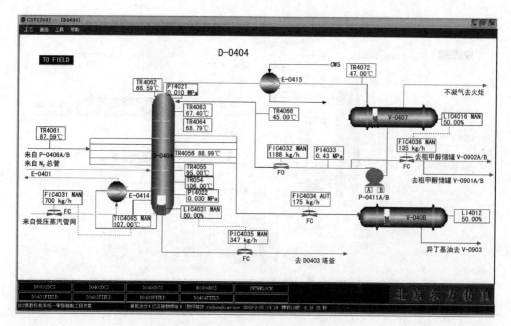

图 4-70　D-0404 回收塔 DCS 图

### 表 4-32　主要设备

| 设备位号 | 设备名称 | 设备位号 | 设备名称 |
|---|---|---|---|
| E-0401 | 粗甲醇预热器 | P-0404A/B | 加压塔回流泵 |
| E-0402 | 预塔再沸器 | E-0409 | 常压塔冷凝器 |
| E-0403 | 预塔一级冷凝器 | E-0410 | 精甲醇冷却器 |
| D-0401 | 预塔 | E-0416 | 废水冷却器 |
| P-0402A/B | 预塔回流泵 | D-0403 | 常压塔 |
| P-0403A/B | 预后泵 | V-0406 | 常压塔回流罐 |
| V-0403 | 预塔回流罐 | P-0405A/B | 常压塔回流泵 |
| E-0405 | 加压塔预热器 | P-0406A/B | 回收塔进料泵 |
| E-0406A | 加压塔蒸汽再沸器 | P-0409A/B | 废液泵 |
| E-0406B | 加压塔转化气再沸器 | E-0414 | 回收塔再沸器 |
| E-0407 | 精甲醇冷却器 | E-0415 | 回收塔冷凝器 |
| E-0408 | 冷凝再沸器 | D-0404 | 回收塔 |
| E-0413 | 加压塔二冷 | V-0407 | 回收塔回流罐 |
| D-0402 | 加压塔 | P-0411A/B | 回收塔回流泵 |
| V-0405 | 加压塔回流罐 | | |

### 表 4-33　预塔的各类仪表

| 位号 | 说明 | 类型 | 正常值 | 工程单位 |
|---|---|---|---|---|
| FR4001 | D-0401 进料量 | AI | 33201 | kg/h |
| FR4003 | D-0401 脱盐水流量 | AI | 2300 | kg/h |
| FIC4002 | D-0401 塔釜采出量控制 | PID | 35176 | kg/h |
| FIC4004 | D-0401 塔顶回流量控制 | PID | 16690 | kg/h |
| FIC4005 | D-0401 加热蒸汽量控制 | PID | 11200 | kg/h |
| TIC4001 | D-0401 进料温度控制 | PID | 72 | ℃ |
| TR4075 | E-0401 热侧出口温度 | AI | 95 | ℃ |
| TR4002 | D-0401 塔顶温度 | AI | 73.9 | ℃ |
| TR4003 | D-0401 Ⅰ与Ⅱ填料间温度 | AI | 75.5 | ℃ |
| TR4004 | D-0401 Ⅱ与Ⅲ填料间温度 | AI | 76 | ℃ |

| 位号 | 说明 | 类型 | 正常值 | 工程单位 |
|---|---|---|---|---|
| TR4005 | D-0401 塔釜温度控制 | PID | 77.4 | ℃ |
| TR4007 | E-0403 出料温度 | AI | 70 | ℃ |
| TR4010 | D-0401 回流液温度 | AI | 68.2 | ℃ |
| PI4001 | D-0401 塔顶压力 | AI | 0.03 | MPa |
| PIC4003 | D-0401 塔顶气相压力控制 | PID | 0.03 | MPa |
| PI4002 | D-0401 塔釜压力 | AI | 0.038 | MPa |
| PI4004 | P-0403A/B 出口压力 | AI | 1.27 | MPa |
| PI4010 | P-0402A/B 出口压力 | AI | 0.49 | MPa |
| LIC4005 | V-0403 液位控制 | PID | 50 | % |
| LIC4001 | D-0401 塔釜液位控制 | PID | 50 | % |

表 4-34　加压塔的各类仪表

| 位号 | 说明 | 类型 | 正常值 | 工程单位 |
|---|---|---|---|---|
| FIC4007 | D-0402 塔釜采出量控制 | PID | 22747 | kg/h |
| FIC4013 | D-0402 塔顶回流量控制 | PID | 37413 | kg/h |
| FIC4014 | E-0406B 蒸汽流量控制 | PID | 15000 | kg/h |
| FR4011 | D-0402 塔顶采出量 | AI | 12430 | kg/h |
| TR4021 | D-0402 进料温度 | AI | 116.2 | ℃ |
| TR4022 | D-0402 塔顶温度 | AI | 128.1 | ℃ |
| TR4023 | D-0402 Ⅰ与Ⅱ填料间温度 | AI | 128.2 | ℃ |
| TR4024 | D-0402 Ⅱ与Ⅲ填料间温度 | AI | 128.4 | ℃ |
| TR4025 | D-0402 Ⅱ与Ⅲ填料间温度 | AI | 128.6 | ℃ |
| TR4026 | D-0402 Ⅱ与Ⅲ填料间温度 | AI | 132 | ℃ |
| TIC4027 | D-0402 塔釜温度控制 | PID | 134.8 | ℃ |
| TR4051 | E-0413 热侧出口温度 | AI | 127 | ℃ |
| TR4032 | D-0402 回流液温度 | AI | 125 | ℃ |
| TR4029 | E-0407 热侧出口温度 | AI | 40 | ℃ |
| PI4005 | D-0402 塔顶压力 | AI | 0.70 | MPa |
| PIC4007 | D-0402 塔顶气相压力控制 | PID | 0.65 | MPa |
| PI4011 | P-0404A/B 出口压力 | AI | 1.18 | MPa |
| PI4006 | D-0402 塔釜压力 | AI | 0.71 | MPa |
| LIC4014 | V-0405 液位控制 | PID | 50 | % |
| LIC4011 | D-0402 塔釜液位控制 | PID | 50 | % |

表 4-35　常压塔的各类仪表

| 位号 | 说明 | 类型 | 正常值 | 工程单位 |
|---|---|---|---|---|
| FIC4022 | D-0403 塔顶回流量控制 | PID | 27621 | kg/h |
| FR4021 | D-0403 塔顶采出量 | AI | 13950 | kg/h |
| FIC4023 | D-0403 侧线采出异丁基油量控制 | PID | 658 | kg/h |
| TR4041 | D-0403 塔顶温度 | AI | 66.6 | ℃ |
| TR4042 | D-0403 Ⅰ与Ⅱ填料间温度 | AI | 67 | ℃ |
| TR4043 | D-0403 Ⅱ与Ⅲ填料间温度 | AI | 67.7 | ℃ |
| TR4044 | D-0403 Ⅲ与Ⅳ填料间温度 | AI | 68.3 | ℃ |
| TR4045 | D-0403 Ⅳ与Ⅴ填料间温度 | AI | 69.1 | ℃ |
| TR4046 | D-0403 Ⅴ填料与塔盘间温度 | AI | 73.3 | ℃ |
| TR4047 | D-0403 塔釜温度控制 | AI | 107 | ℃ |
| TR4048 | D-0403 回流液温度 | AI | 50 | ℃ |
| TR4049 | E-0409 热侧出口温度 | AI | 52 | ℃ |
| TR4052 | E-0410 热侧出口温度 | AI | 40 | ℃ |
| TR4053 | E-0409 入口温度 | AI | 66.6 | ℃ |

| 位号 | 说明 | 类型 | 正常值 | 工程单位 |
|---|---|---|---|---|
| PI4008 | D-0403 塔顶压力 | AI | 0.01 | MPa |
| PI4024 | V-0406 平衡管线压力 | AI | 0.01 | MPa |
| PI4012 | P-0405A/B 出口压力 | AI | 0.64 | MPa |
| PI4013 | P-0406A/B 出口压力 | AI | 0.54 | MPa |
| PI4020 | P-0409A/B 出口压力 | AI | 0.32 | MPa |
| PI4009 | D-0403 塔釜压力 | AI | 0.03 | MPa |
| LIC4024 | V-0406 液位控制 | PID | 50 | % |
| LIC4021 | D-0403 塔釜液位控制 | PID | 50 | % |

表 4-36　甲醇回收塔的各类仪表

| 位号 | 说明 | 类型 | 正常值 | 工程单位 |
|---|---|---|---|---|
| FIC4032 | D-0404 塔顶回流量控制 | PID | 1188 | kg/h |
| FIC4036 | D-0404 塔顶采出量 | PID | 135 | kg/h |
| FIC4034 | D-0404 侧线采出异丁基油量控制 | PID | 175 | kg/h |
| FIC4031 | E-0414 蒸汽流量控制 | PID | 700 | kg/h |
| FIC4035 | D-0404 塔釜采出量控制 | PID | 347 | kg/h |
| TR4061 | D-0404 进料温度 | PID | 87.6 | ℃ |
| TR4062 | D-0404 塔顶温度 | AI | 66.6 | ℃ |
| TR4063 | D-0404 Ⅰ与Ⅱ填料间温度 | AI | 67.4 | ℃ |
| TR4064 | D-0404 第Ⅱ层填料与塔盘间温度 | AI | 68.8 | ℃ |
| TR4056 | D-0404 第 14 与 15 间温度 | AI | 89 | ℃ |
| TR4055 | D-0404 第 10 与 11 间温度 | AI | 95 | ℃ |
| TR4054 | D-0404 塔盘 6、7 间温度 | AI | 106 | ℃ |
| TRC4065 | D-0404 塔釜温度控制 | AI | 107 | ℃ |
| TR4066 | D-0404 回流液温度 | AI | 45 | ℃ |
| TR4072 | E-0415 壳程出口温度 | AI | 47 | ℃ |
| PI4021 | D-0404 塔顶压力 | AI | 0.01 | MPa |
| PI4033 | P-0411A/B 出口压力 | AI | 0.44 | MPa |
| PI4022 | D-0404 塔釜压力 | AI | 0.03 | MPa |
| LIC4016 | V-0407 液位控制 | PID | 50 | % |
| LIC4031 | D-0404 塔釜液位控制 | PID | 50 | % |

## 三、岗位安全要求

① 粗甲醇为易燃、易爆、有毒，要建立环境及安全监测制度，控制排放量及污染因子浓度，包括空间及地沟等处尘毒浓度必须控制在最高容许浓度之内（甲醇 50 mg/m$^3$）；对超标区域，查明原因，及时采取措施进行整改。

② 操作人员要会熟练使用消防及气防器材，对生产过程出现的异常情况能够采取积极主动的应急处理方法和措施。

③ 在各项实训过程中，严格按照操作规程完成，自觉地培养良好的操作习惯和安全意识。

# 任务一　冷态开车操作实训

## 一、开车前准备

① 打开预塔冷凝器 E-0403 的冷却水阀 VA4006。

② 打开二级冷凝器的冷却水阀 VA4008。

③ 打开加压塔冷凝器 E-0413 的冷却水阀 VA4018。

④ 打开冷凝器 E-0407 的冷却水阀 VA4021。

⑤ 打开常压塔冷凝器 E-0409 的冷却水阀 VA4027。

⑥ 打开冷凝器 E-0410 的冷却水阀 VA4026。

⑦ 打开冷凝器 E-0416 的冷却水阀 VA4033。

⑧ 打开回收塔冷凝器 E-0415 的冷却水阀 VA4045。

⑨ 打开 $N_2$ 阀，给加压塔充压至 0.65atm。

⑩ 关闭 VD4043。

## 二、冷态开车

### 1. 预塔、加压塔和常压塔开车

① 开粗甲醇预热器 E-0401 的进口阀门，向预塔 D-0401 进料。

② 待塔顶压力大于 0.02MPa 时，调节预塔排气阀 FV4003 开度，使塔顶压力维持在 0.03MPa 左右。

③ 待预塔 D-0401 塔底液位超过 80％后，打开泵 P-0403A 的入口阀，启动泵 P-0403A，打开泵 P-0403A 出口阀。

④ 手动打开调节阀 FV4002，向加压塔 D-0402 进料。

⑤ 当加压塔 D-0402 塔底液位超过 60％后，手动打开塔釜液位调节阀 FV4007，向常压塔 D-0403 进料。

⑥ 通过调节 FV4005 开度，给再沸器 E-0402 加热。

⑦ 通过调节阀门 PV4007 的开度，使加压塔回流罐压力维持在 0.65MPa。

⑧ 通过调节 FV4014 开度，给再沸器 E-0406B 加热。

⑨ 通过调节 TV4027 开度，给再沸器 E-0406A 加热。

⑩ 通过调节阀门 HV4001 的开度，使常压塔回流罐压力维持在 0.01MPa。

⑪ 开脱盐水阀 VA4005。

⑫ 开回流泵 P-0402A 入口阀 VD4006，启动泵 P-0402A，开泵 P-0402A 出口阀。

⑬ 手动打开调节阀 FV4004，维持回流罐 V-0403 液位在 40％以上。

⑭ 开回流泵入口阀 VD4010，启动泵 P-0404A，开泵出口阀。

⑮ 手动打开调节阀 FV4013，维持回流罐 V-0405 液位在 40％以上。

⑯ 回流罐 V-0405 液位无法维持时，逐渐打开 LV4014。

⑰ 打开 VA4052，采出塔顶产品。

⑱ 开回流泵 P-0405A 入口阀，启动泵 P-0405A，开泵 P-0405A 出口阀。

⑲ 手动打开调节阀 FV4022，维持回流罐 V-0406 液位在 40％以上。

⑳ 回流罐 V-0406 液位无法维持时，逐渐打开 FV4024，打开 VA4054，采出塔顶产品。

质量指标：预塔回流罐 V-0403 液位 LIC4005；50％±10％；加压塔回流罐 V-0405 液位 LIC4014，50％±10％；常压塔回流罐 V-0406 液位 LIC4024，50％±10％。

### 2. 回收塔开车

① 常压塔侧线采出杂醇油作为回收塔 D-0404 进料，分别打开侧线采出阀 VD4029。

② 开侧线采出阀 VD4030。

③ 开侧线采出阀 VD4031。

④ 开侧线采出阀 VD4032。

⑤ 开回收塔进料泵入口阀，启动泵，开泵出口阀。

⑥ 手动打开调节阀 FV4023（开度＞40％）。

⑦ 打开回收塔进料阀 VD4033。

⑧ 打开回收塔进料阀 VD4034。

⑨ 打开回收塔进料阀 VD4035。

⑩ 打开回收塔进料阀 VD4036。

⑪ 打开回收塔进料阀 VD4037。

⑫ 待塔 D-0404 塔底液位超过 50％后，手动打开流量调节阀 FV4035，与 D-0403 塔底污水合并。

⑬ 通过调节 FV4031 开度，给再沸器 E-0414 加热。

⑭ 通过调节阀门 VA4046 的开度，使回收塔压力维持在 0.01MPa。

⑮ 开回流泵 P-0411A 入口阀，启动泵 P-0411A，开泵 P-0411A 出口阀。

⑯ 手动打开调节阀 FV4032，维持回流罐 V-0407 液位在 40％以上。

⑰ 回流罐 V-0407 液位无法维持时，逐渐打开 FV4036。

⑱ 打开 VA4056，采出塔顶产品。

质量指标：回收塔回流罐 V-0407 液位 LIC4016，50％±10％。

**3. 调节至正常**

① 待预塔塔压稳定后，将 PIC4003 设置为自动，设定 PIC4003 为 0.03MPa。

② 进料温度稳定在 72℃后，将 TIC4001 设置为自动。

③ 将调节阀 FV4004 开至 50％，将 FIC4004 设置为自动，设定 FIC4004 为 16690kg/h。

④ 将 LIC4005 设为自动，设定 LIC4005 为 50％，将 FIC4004 设为串级。

⑤ 将调节阀 FV4002 开至 50％，将 FIC4002 设置为自动，设定 FIC4002 为 35176kg/h。

⑥ 将 LIC4001 设为自动，设定 LIC4001 为 50％，将 FIC4002 设为串级。

⑦ 将调节阀 FV4005 开至 50％，将 FIC4005 设置为自动，设定 FIC4005 为 11200kg/h。

⑧ 将 TIC4005 设为自动，设定 TIC4005 为 77.4℃，将 FIC4005 设为串级。

⑨ 将 LIC4014 设为自动，设定 LIC4014 为 50％。

⑩ 将调节阀 FV4013 开至 50％，将 FIC4013 设置为自动，设定 FIC4013 为 37413kg/h。

⑪ 将调节阀 FV4007 开至 50％，将 FIC4007 设置为自动，设定 FIC4007 为 22747kg/h。

⑫ 将 LIC4011 设为自动，设定 LIC4011 为 50％，将 FIC4007 设为串级。

⑬ 将调节阀 FV4014 开至 50％，将 FIC4014 设置为自动，设定 FIC4014 为 15000kg/h。

⑭ 将 TIC4027 设为自动，设定 TIC4027 为 134.8℃，将 FIC4014 设为串级。

⑮ 将 LIC4024 设为自动，设定 LIC4024 为 50％，将 LIC4021 设为自动，设定 LIC4021 为 50％。

⑯ 将调节阀 FV4036 开至 50％，将 FIC4036 设置为自动，设定 FIC4036 为 135kg/h。

⑰ 将 LIC4016 设为自动，设定 LIC4016 为 50％，将 FIC4036 设为串级。

⑱ 将调节阀 FV4035 开至 50％，将 FIC4035 设置为自动，设定 FIC4035 为 346kg/h。

⑲ 将 LIC4031 设为自动，设定 LIC4031 为 50％。

⑳ 将调节阀 FV4031 开至 50％，将 FIC4031 设置为自动，设定 FIC4031 为 700kg/h。

㉑ 将 TIC4065 设为自动，设定 TIC4065 为 107℃，将 FIC4031 设为串级。

质量指标：

① 预塔塔压 PIC4003：(0.03±0.01)MPa。

② 进料温度 TIC4001：(72±5)℃。

③ 预塔塔顶回流量 FIC4004：(16690±100)kg/h。

④ 预塔塔釜液位 LIC4001：50％±5％。

⑤ 预塔塔釜量 FIC4002：(35176±100)kg/h。

⑥ 预塔塔釜温度 TIC4005：(77.4±5)℃。

⑦ 预塔塔釜加热蒸汽流量 FIC4005：(11200±50)kg/h。

⑧ 加压塔压力 PI4005：(0.7±0.1)MPa。

⑨ 加压塔塔顶回流量 FIC4013：(37413±100)kg/h。

⑩ 加压塔塔釜液位 LIC4011：50％±5％。

⑪ 加压塔塔釜采出流量 FIC4007：(22747±100)kg/h。

⑫ 加压塔塔釜温度 TIC4027：(134.8±8)℃。

⑬ 预塔塔釜加热蒸汽流量 FIC4005：(11200±50)kg/h。

⑭ 常压塔塔釜液位 LICA4021：50%±5%。

⑮ 回收塔塔顶采出流量 FIC4036：(135±10)kg/h。

⑯ 回收压塔塔釜液位 LIC4031：50%±5%。

⑰ 回收塔塔釜采出流量 FIC4035：(346±10)kg/h。

⑱ 回收塔塔釜温度 TIC4065：(107±8)℃。

⑲ 回收塔加热蒸汽流量 FIC4031：(700±50)kg/h。

 ## 任务二　正常停车操作实训

### 一、预塔停车

① 手动逐步关小进料阀 VA4001，使进料降至正常进料量的 70%。

② 断开 LIC4001 和 FIC002 的串级，手动开大 FV4002，使液位 LICA001 降至 30%。

③ 停预塔进料，关闭调节阀 VA4001。

④ 停预塔加热蒸汽，关闭阀门 FV4005。

⑤ 关闭加压塔进料泵出口阀 VD4004，停泵 P-0403A，关泵入口阀 VD4003。

⑥ 手动关闭 FV4002。

⑦ 打开塔釜泄液阀 VA4012，排出不合格产品。

⑧ 关闭脱盐水阀门 VA4005。

⑨ 断开 LIC4005 和 FIC4005 的串级，手动开大 FV4004，将回流罐内液体全部打入精馏塔，降低塔内温度。

⑩ 当回流罐液位降至<5%，停回流，关闭调节阀 FV4004。

⑪ 关闭泵出口阀 VD4005，停泵 P-0402A，关闭泵入口阀 VD4006。

⑫ 当塔压降至常压后，关闭 FV4003。

⑬ 预塔温度降至 30℃左右时，关冷凝器冷凝水，关 VA4008。

⑭ 当塔釜液位降至 0%，关闭泄液阀 VA4012。

### 二、加压塔停车

① 关闭精甲醇采出阀 VA4052。

② 打开粗甲醇阀 VA4053。

③ 手动开大 LV4014，使液位 LICA014 降至 20%。

④ 手动关闭 LV4014。

⑤ 停加压塔加热蒸汽，关闭阀门 FV4014。

⑥ 关闭阀门 TV4027。

⑦ 断开 LIC4011 和 FIC4007 的串级，手动关闭 FV4007。

⑧ 打开塔釜泄液阀 VA4023，排出不合格产品。

⑨ 手动开大 FV4013，将回流罐内液体全部打入精馏塔，以降低塔内温度。

⑩ 当回流罐液位降至<5%，停回流，关闭调节阀 FV4013。

⑪ 关闭泵出口阀 VD4009，停泵 P-0404A，关闭泵入口阀 VD4010。

⑫ 塔釜液位降至 5%左右，开大 PV4007 进行降压。

⑬ 当塔压降至常压后，关闭 PV4007。

⑭ 加压塔温度降至 30℃ 左右时，关冷凝器冷凝水。

⑮ 关 VA4021。

⑯ 当塔釜液位降至 0 后，关闭泄液阀 VA4023。

### 三、常压塔停车

① 关闭精甲醇采出阀 VA4054。

② 打开粗甲醇阀 VA4055。

③ 手动开大 FV4024，使液位 LICA024 降至 20％。

④ 手动开大 FV4021，使液位 LICA021 降至 30％。

⑤ 手动关闭 FV4024。

⑥ 打开塔釜泄液阀 VA4035，排出不合格产品。

⑦ 手动开大 FV4022，将回流罐内液体全部打入精馏塔，以降低塔内温度。

⑧ 当回流罐液位降至＜5％，停回流，关闭调节阀 FV4022。

⑨ 关闭泵出口阀 VD4013，停泵 P-0405A，关闭泵入口阀 VD4014。

⑩ 关闭侧采产品出口阀 FV4023。

⑪ 关闭阀 VD4029、关阀 VD4030、关阀 VD4031、关阀 VD4032。

⑫ 关闭回收塔进料泵 P-0406A 的出口阀 VD4018，停泵 P-0406A，关闭泵入口阀 VD4017。

⑬ 当塔压降至常压后，关闭 HV4001。

⑭ 常压塔温度降至 30℃ 左右时，关冷凝器冷凝水。

⑮ 关 VA4026、VA4033。

⑯ 当塔釜液位降至 0 后，关闭泄液阀 VA4035、关闭阀 VA4051。

### 四、回收塔停车

① 关闭精甲醇采出阀 VA4056。

② 打开粗甲醇阀 VA4057。

③ 关闭回收塔进料阀 VD4033。

④ 关 VD4034、VD4035、VD4036。

⑤ 停回收塔加热蒸汽阀 FV4031。

⑥ 断开 LIC4016 和 FIC4036 的串级，手动开大 FV4036，使液位 LICA016 降至 20％。

⑦ 手动开大 FV4035，使液位 LIC4031 降至 30％。

⑧ 手动关闭 FV4036。

⑨ 手动开大 FV4032，将回流罐内液体全部打入精馏塔，以降低塔内温度。

⑩ 当回流罐液位降至＜5％，停回流，关闭调节阀 FV4032。

⑪ 关闭泵出口阀 VD4025，停泵 P-0411A，关闭泵入口阀 VD4026。

⑫ 关闭侧采产品出口阀 FV4034。

⑬ 关闭阀 VD4038、VD4039、VD4040、VD4041、VD4042。

⑭ 当塔压降至常压后，关闭 VA4046。

⑮ 回收塔温度降至 30℃ 左右时，关冷却器冷凝水。

⑯ 当塔釜液位降至 0 后，关闭污水阀 FV4035。

⑰ 关闭釜底废液泵 P-0409A 的出口阀 VD4022，停泵 P-0409A，关闭入口阀 VD4021。

⑱ 手动关闭 FV4021。

## 任务三　事故处理操作实训

注重事故现象的分析、判断能力的培养。处理事故过程中，要迅速、准确、无误。

## 一、回流控制阀 FV4004 阀卡

事故现象：回流量减小，塔顶温度上升，压力增大。

事故原因：回流控制阀 FV4004 阀卡。

处理方法：打开旁路阀 VA4009，保持回流。具体步骤如下：

   ① 将 FIC4004 设为手动模式；

   ② 打开旁通阀 VA4009，保持回流。

质量指标：① 预塔塔顶温度 TR4002，$(73.9\pm2)$℃；

   ② 预塔塔釜温度 TR4005，$(77.4\pm2)$℃；

   ③ 回流罐液位 LICA4005，50％$\pm$3％；

   ④ V-0403 回流量 FIC4004，$(16690\pm300)$kg/h。

## 二、回流泵 P-0402A 故障

事故现象：P-0402A 断电，回流中断，塔顶压力、温度上升。

事故原因：回流泵 P-0402A 泵坏。

处理方法：启动备用泵 P-0402B。具体步骤如下：

   ① 开备用泵入口阀 VD4008；

   ② 启动备用泵 P-0402B；

   ③ 开备用泵出口阀 VD4007；

   ④ 关泵出口阀 VD4005；

   ⑤ 停泵 P-0402A；

   ⑥ 关泵入口阀 VD4006。

质量指标：① 预塔塔顶温度 TR4002，$(73.9\pm2)$℃；

   ② 预塔塔釜液位 LIC4001，50％$\pm$5％。

## 三、回流罐 V-0403 液位超高

事故现象：回流罐 V-0403 液位超高。

事故原因：回流罐 V-0403 液位超高。

处理方法：① 打开泵 P-0402B 前阀 VD4008，启动泵 P-0402B，打开泵 P-0402B 后阀 VD4007；

   ② 将 FIC4004 设为手动模式；

   ③ 当 V0403 液位接近正常液位时，关闭泵 P-0402B 后阀 VD4007，关闭泵 P-0402B，关闭泵 P-0402B 前阀 VD4008；

   ④ 及时调整阀 FV4004，使 FIC4004 流量稳定在 16690kg/h 左右；

   ⑤ LIC4005 稳定在 50％后，将 FIC4004 设为串级。

质量指标：回流罐液位 LIC4005，50％$\pm$3％；V-0403 回流量 FIC4004，$(16690\pm500)$kg/h。

 **思考题**

1. 请解释以下概念：多组分精馏的关键组分、清晰分割法。

2. 多组分精馏流程方案的选择基本原则是什么？

3. 本工段采用四塔（3+1）精馏工艺包括哪些塔系？各起什么作用？

4. 本工段采用四塔（3+1）精馏工艺特点是什么？有哪些节能措施？

5. 简述四塔（3+1）粗甲醇精馏工艺流程。

6. 结合实际例子简要说明串级调节的基本原理和作用。

# 参 考 文 献

[1] 陆恩赐.化工过程模拟.北京：化学工业出版社，2011.

[2] 吴重光.仿真技术.北京：化学工业出版社，2012.

[3] 吴重光.化工仿真实习指南.3版.北京：化学工业出版社，2012.

[4] 郝晓刚，段东红.化工原理.2版.北京：科学出版社，2019.

[5] 张秀玲，刘爱珍.化工原理.北京：化学工业出版社，2015.

[6] 钟秦，陈迁乔.化工原理.4版.北京：国防工业出版社，2019.

[7] 何衍庆，黄海燕集散控制系统原理及应用.3版.北京：化学工业出版社，2009.

[8] 刘代俊，蒋文伟，张昭.化学过程工艺学.2版.北京：化学工业出版社，2014.

[9] 陈群.化工生产安全技术.2版.北京：中国石化出版社，2018.